# Mathematischer Einführungskurs für Informatiker

## Diskrete Strukturen

Von Dr. rer. nat. Walter Oberschelp
o. Professor an der Technischen Hochschule Aachen

und Dr. rer. nat. Detlef Wille
Akad. Rat an der Technischen Universität Hannover

1976. Mit 67 Figuren, 52 Beispielen und 31 Aufgaben

B. G. Teubner Stuttgart

**Prof. Dr. rer. nat. Walter Oberschelp**

Geboren 1933 in Herford. Von 1953 bis 1959 Studium der Mathematik, Physik und Mathematischen Logik in Göttingen, Tübingen und Münster. Promotion 1958 bei H. Hermes in Münster. 1. Staatsexamen 1959 in Münster. Von 1958 bis 1961 wiss. Assistent am Institut für Mathematische Logik der Universität Münster. Von 1961 bis 1962 Studienreferendar in Münster, anschließend 2. Staatsexamen. Von 1962 bis 1966 wiss. Assistent am Mathematischen Institut der Technischen Universität Hannover. 1966 Habilitation für Mathematik an der Technischen Universität Hannover. Von 1967 bis 1968 Gastprofessor an der University of Illinois, Urbana (USA). 1966 Hochschuldozent, 1970 Abteilungsvorsteher und Professor an der Technischen Universität Hannover. Seit 1971 o. Professor für Angewandte Mathematik, insbesondere Informatik an der Technischen Hochschule Aachen.


**Dr. rer. nat. Detlef Wille**

Geboren 1942 in Magdeburg. Von 1964 bis 1969 Studium der Mathematik und Geographie in Hannover, 1. Staatsexamen 1969 in Hannover. Promotion 1971 bei W. Oberschelp in Hannover. Von 1969 bis 1972 wiss. Assistent am Mathematischen Institut der Technischen Universität Hannover und von 1972 bis 1974 an der Technischen Hochschule Aachen. Seit 1974 Akad. Rat am Mathematischen Institut der Technischen Universität Hannover.

CIP-Kurztitelaufnahme der Deutschen Bibliothek

**Oberschelp, Walter**
Mathematischer Einführungskurs für Informatiker :
diskrete Strukturen / von Walter Oberschelp u.
Detlef Wille. — 1. Aufl. — Stuttgart : Teubner,
1976.
(Leitfäden der angewandten Mathematik und
Mechanik ; Bd. 35) (Teubner-Studienbücher : Informatik)
ISBN 3-519-02333-4
NE: Wille , Detlef :

© B. G. Teubner, Stuttgart 1976

Printed in Germany
Druck: J. Beltz, Hemsbach/Bergstraße
Binderei: G. Gebhardt, Ansbach
Umschlaggestaltung: W. Koch, Sindelfingen

Vorwort

Der vorliegende Text ist entstanden aus einer Lehrveranstaltung, die im Sommersemester 1974 von W. Oberschelp (Vorlesung) und D. Wille (Übung) unter dem Titel "Diskrete Strukturen" an der RWTH Aachen gehalten wurde. Sie wandte sich hauptsächlich an Studenten des Hauptfaches Informatik und an Mathematiker mit dem Nebenfach Informatik im zweiten oder vierten Fachsemester.

Die meisten Studienpläne der Informatik in Deutschland sehen eine Vorlesung dieses oder ähnlichen Titels für das Grundstudium vor. Über den stofflichen Inhalt herrscht allerdings nur insoweit Einigkeit, als hier mathematische Grundlagen der Informatik, soweit sie diskreter Natur sind (d.h. endlich oder abzählbar unendlich), behandelt werden sollen. Doch welche Stoffgebiete gehören dazu? Ist darunter etwa das ins Abzählbare ausgedehnte Gebiet der "Finite Mathematics" der englischen Literatur zu verstehen?

Einige uns bekannt gewordene Konzeptionen von Fachkollegen schienen nicht auf die Aachener Studiensituation übertragbar zu sein. Insbesondere werden die allgemeine Theorie der Mengen, Relationen und Funktionen zusammen mit den logischen Grundlagen einerseits und eine Einführung in Gruppen, Ringe, Körper und Vektorräume andererseits hier durch andere Vorlesungen abgedeckt. Dagegen können aber "neutrale" Vorlesungen über Graphentheorie oder Kombinatorik, obwohl sehr wichtig für Informatiker, kaum an die Stelle einer Vorlesung über Diskrete Strukturen treten. Der Leser wird erkennen, daß folgende Gesichtspunkte in den Vordergrund gestellt wurden:

1. Es sollen Motivationen für alle Begriffe soweit wie möglich aus der Datenverarbeitung entnommen werden. Deshalb ist der absolute Vorrang endlicher Probleme evident. Die Zusammenfassung von Klassen solcher Probleme zu einheitlich behandelbaren Problemklassen führt dann aber auch zu abzählbar unendlichen Strukturen.

2. Die Durchführung soll streng auf mathematisch-begrifflicher Ebene erfolgen. Die im Vordergrund stehenden pragmatischen Gesichtspunkte machen aber eine Gliederung des gesamten Stoffes allein nach begriffshierarchischen Gesichtspunkten unmöglich. Deshalb wird der breit gehaltene Abschnitt 1 die grundlagentheoretischen Gesichtspunkte vorweg zumindest skizzenhaft erörtern. Immerhin läßt sich der Stoff dann dahingehend gliedern, daß nach der Darstellung weiterer Hilfsmittel aus Kombinatorik und Wahrschein-

lichkeitstheorie zunächst Grundstrukturen (Abschnitte 4 bis 7) und
sodann spezielle Strukturen unter Hervorhebung des Optimierungsge-
sichtspunktes (Abschnitte 8 bis 11) behandelt werden.

3. Es wird häufig der dynamische Charakter der eingeführten Strukturen hervorgehoben; insbesondere werden Verhaltenseigenschaften
beim Änderungsdienst, welche häufig - z.B. bei linearen Listen -
die einzig nichttrivialen Aspekte bringen, betont. Dieser Gesichtspunkt identifiziert diesen Text insbesondere als die Basis einer
Theorie der Datenstrukturen. Der Einfluß, den das epochale Werk von
K n u t h (vgl. [30] ausgeübt hat, muß deutlich hervorgehoben werden.

Die Entwicklung der Mathematik in den letzten Jahren hat u.E. deutlich gezeigt, welche große Zukunft eine quantitative Theorie der
endlichen Strukturen besitzt, eine Theorie, welche vom Standpunkt
der statisch-klassischen Mathematik noch als prinzipiell weitgehend
trivial abgetan werden konnte. Es ist aber auch wichtig, den hier
vertretenen Interessenkreis nach der dynamisch-algorithmischen Seite hin abzugrenzen und ihn auch als eine quantitative Fortentwick-
lung dieser Richtung zu sehen: In einer anwendungsorientierten
Theorie diskreter Strukturen wird eine Frage erst dann als relevant
angesehen, wenn sie - über den bloßen Beweis für die Existenz eines
programmierbaren Lösungsverfahrens hinaus - eine Theorie zuläßt,
welche möglichst globale Resultate liefert und Methoden verwendet,
die nicht nur im bloßen Aufschreiben kurzschrittiger Kalküle bestehen, sondern mindestens im Prinzip die jeweils erforderliche
Schrittzahl abzuschätzen erlaubt.

Das dargebotene Übungsmaterial soll keine prinzipiell neuen Probleme aufwerfen, sondern lediglich zur Illustration und gelegent-
lichen Vertiefung des Textes dienen.

Die Verfasser danken Frau R. Steup und Herrn U. Steup für das sorg-
fältige Schreiben und die graphische Gestaltung des Textes sowie
für viele wertvolle Hinweise.


Aachen, im Sommer 1976                      W. Oberschelp, D. Wille

# Inhalt

# 1. Grundlagen

Die Absicht dieses Buches besteht darin, den Leser mit gewissen
"diskreten" mathematischen Modellen vertraut zu machen, welche zur
Behandlung von Phänomenen der Informatik geeignet sind. Damit ergibt sich - wie bei jeder mathematischen Disziplin - die Frage nach
den axiomatischen Grundlagen. Eine Antwort erfolgt zunächst durch
Zurückgehen auf die mengentheoretisch-logischen Grundbegriffe, die
fundamental für die gesamte Mathematik sind (vgl. z.B. H a l m o s
[20]). Der Weg von diesen allgemeinen Grundbegriffen bis in unsere
Theorie hinein ist dann sogar erstaunlich kurz; denn die in der Informatik verwendeten Modelle - z.B. der Listen- oder der Graphen-
begriff - sind i.a. recht elementar und ziemlich direkt aus mengentheoretischen Grundkonstruktionen gewinnbar.

Im Hinblick auf unsere speziellen Interessen an dynamischen Ent-
wicklungs- und Änderungsmöglichkeiten der darzustellenden Modelle
muß aber auch eine grundlagentheoretische Diskussion des Algorith-
men-Begriffes in möglichst quantitativer Fassung zumindest ge-
streift werden.

Beide Gesichtspunkte, die statisch-mengentheoretische und die dyna-
misch-algorithmentheoretische Grundlegung, sollen in Abschnitt 1
vorwiegend unter prinzipiellem Blickwinkel betrachtet werden. Es
ist natürlich unmöglich, eine detaillierte Darstellung auf wenigen
Seiten zu geben, ebensowenig wie es übrigens unmöglich ist, alle
hier benötigten "fortgeschrittenen" mathematischen Techniken im
Text selbst zu entwickeln. Ein tieferes Verständnis diskreter
Strukturen setzt gewisse Kenntnisse aus den Grundlagen wie auch mathematische Vorkenntnisse speziellerer Natur voraus. Unsere Darstellung kann nur insofern als in sich abgeschlossen bezeichnet werden,
als zur gegebenen Zeit Literaturangaben die Möglichkeit zu einer
vollständigen Ergänzung geben. Man benötigt eben zum tieferen Verständnis der Informatik gewisse mathematische Vorkenntnisse, von
denen dieses Buch nur einen - wenn auch wesentlichen - Teil dar-
bieten kann.

## 1.1 Mengentheoretisch-logische Grundlagen

Die Sprache der Logik ist die Basis allen mathematischen Denkens.
Der Gebrauch der Junktoren der Aussagenlogik, insbesondere von

"nicht", "und", "oder", "wenn-so" und "genau dann wenn" (in Zeichen $\neg, \wedge, \vee, \rightarrow, \leftrightarrow$) wird in der üblichen - klassischen - Weise durch die bekannten Wahrheitstafeln festgelegt. Es ist bequem, die beiden Wahrheitswerte mit 0 (falsch) und 1 (wahr) zu identifizieren. Dann wird bekanntlich durch die folgende Tabelle (A, B seien irgendwelche Aussagen) der "extensionale" Gebrauch der Junktoren festgelegt:

| A | B | $\neg A$ | $A \wedge B$ | $A \vee B$ | $A \rightarrow B$ | $A \leftrightarrow B$ |
|---|---|---|---|---|---|---|
| 0 | 0 | 1 | 0 | 0 | 1 | 1 |
| 0 | 1 | 1 | 0 | 1 | 1 | 0 |
| 1 | 0 | 0 | 0 | 1 | 0 | 0 |
| 1 | 1 | 0 | 1 | 1 | 1 | 1 |

Auch die prädikatenlogischen Quantoren "für alle x" und "es gibt ein x" (in Zeichen $\forall x$, $\exists x$) haben die übliche Bedeutung (zur Logik vgl. man bei H e r m e s [24] I, § 6). Um den sog. Grundlagenstreit der Logik über die hier gültigen Gesetze zwischen den Vertretern der klassischen Logik und etwa den Intuitionisten braucht man sich glücklicherweise in der Theorie der diskreten Strukturen wenig zu kümmern, da zumindest im Endlichen die Ergebnisse dieser Theorien kaum differieren. Aus Bequemlichkeit - und im Einklang mit dem auf diesem Gebiet von allen Autoren durchgängig vertretenen Standpunkt - wird damit die klassische Terminologie und Beweismethodik auch von uns vertreten, ohne daß auf Formalisierungen Wert gelegt würde. Es ist wohl nicht erforderlich, ein Axiomensystem der Logik anzugeben, da dies bekanntlich prinzipiell möglich ist.

Der einzige über die logischen Begriffe hinausgehende notwendige Grundbegriff der Mathematik ist der Mengenbegriff mit der Elementbeziehung x∈y. In der Mengenlehre (vgl. z.B. [20]) hat man gezeigt, daß aus geeigneten Axiomen - z.B. dem System ZF von Z e r m e l o und F r a e n k e l - alle anderen Begriffe der Mathematik definierbar sind, insbesondere der Gleichheitsbegriff für Mengen, das geordnete Paar, Tupel, Relationen, Funktionen, die Begriffe "endlich", "abzählbar unendlich", "natürliche Zahl" und damit speziell die Nachfolgerfunktion. Insbesondere wird die natürliche Zahl n mit einer geeigneten Menge definiert, die anschaulich gesprochen "n Elemente" hat. Diese Universalität des Mengenbegriffes läßt sich etwa dadurch veranschaulichend verstehen, daß ein fiktiver "Schüler aus der Retorte", welcher außer der Logik nur den Mengen-

begriff kennen würde und den man zum Glauben an ZF überredet hätte,
im Prinzip mit dieser Basis die gesamte Mathematik lernen und verstehen könnte.

Für uns sind nur einige Stationen dieses Ideal-Lehrganges von Bedeutung: Zunächst werden häufig die Schlußweisen der sog. Mengen-
algebra mit der leeren Menge $\emptyset$ als "kleinster" Menge verwendet.
Als "größte" Menge (sog. Grundmenge) kann je nach Situation eine
der bereits axiomatisch gesicherten Mengen auftreten, besonders
häufig die Menge $\mathbb{N} = \{0,1,2,\ldots\}$ aller natürlichen Zahlen, ferner
z.B. die Mengen $\Sigma^*$ der Worte über einem endlichen Alphabet
$\Sigma = \{\sigma_1, \sigma_2, \ldots, \sigma_n\}$. Der Begriff des Alphabet-Zeichens ist natürlich
ebenfalls im Prinzip auf den Mengenbegriff zurückführbar, denn man
kann Alphabete auf dem Weg über geeignete Codierungen mit speziellen Mengen von natürlichen Zahlen und damit grundsätzlich mit speziellen Mengen von Mengen identifizieren. Der mit mengentheoretischen Begriffen definierbare Begriff des geordneten Paares führt
zum allgemeineren Tupelbegriff; damit kann man das direkte Produkt
$M_1 \times \ldots \times M_k$ von Mengen $M_1, \ldots, M_k$ einführen: Hierunter ist die Menge
aller k-Tupel $(x_1, \ldots, x_k)$ mit $x_i \in M_i$ zu verstehen $(i=1, \ldots, k)$.
Teilmengen solcher direkten Produkte heißen Relationen über
$M_1 \times \ldots \times M_k$. So ist z.B. eine zweistellige Relation P über $X \times Y$ eine
Menge von geordneten Paaren der Form $(x,y)$ mit $x \in X$ und $y \in Y$, kurz
$P = \{(x,y) \mid x \in X \wedge y \in Y \wedge H(x,y)\}$. H ist dabei eine "Bedingung", der x
und y genügen müssen und die die spezielle Relation P charakteri-
siert. Unzulässige Bedingungen, welche zu Antinomien führen und
die in der axiomatischen Mengenlehre z.B. durch vorsichtige Wahl
eines "Komprehensionsaxioms" ausgeschlossen werden müssen, spielen
in unserem Zusammenhang keine Rolle.

Man kann einstellige Relationen P über M in naheliegender Fortsetzung dieser Ideen interpretieren als Teilmengen P von M und damit als Eigenschaften über M.

Besonders wichtig ist der Fall, daß alle $M_i$ übereinstimmen, etwa
gleich M sind. Dann heißt P Relation über M, und man schreibt $M^k$
statt $M \times M \times \ldots \times M$ als sog. direkte Potenz von M. Man kann ohne Be-
schränkung der Allgemeinheit (kurz: o.b.d.A.) diese Voraussetzung
immer machen, indem man $M := M_1 \cup M_2 \ldots \cup M_k$ setzt und alle Komponenten
von Tupeln als Elemente von M ansieht.

Wir kommen damit zu den sog. Relationssystemen: Gegeben sei eine
"Grundmenge" M und dazu eine Menge von Relationen $P_1, \ldots, P_m$ über

M, d.h. jedem $P_i$ ist eine positive Stellenzahl $\sigma(P_i) \in \mathbb{N}$ zugeordnet, so daß also $P_i$ eine Menge von $\sigma(P_i)$-Tupeln ist. Wie üblich faßt man alle Bestimmungsmengen eines Relationssystems zu einem Tupel zusammen:

Definition 1.1 $R = (M, P_1, \ldots P_k)$ heißt Relationssystem oder eine Relationsstruktur oder kurz eine Struktur über M.

Es wird häufig von speziellen Eigenschaften einer Relation die Rede sein; z.B. werden Äquivalenzrelationen und die Tatsache, daß durch sie elementefremde ("disjunkte") Zerlegungen von M induziert werden, eine große Rolle spielen. Besonders wichtig sind ferner funktionale Relationen oder Funktionen (meist mit kleinen Buchstaben f,... bezeichnet), bei denen für jedes $(x_1, \ldots, x_m)$ aus der Relation der "Funktionswert" $x_m$ durch die "Argumente" $x_1, \ldots, x_{m-1}$ eindeutig bestimmt ist. Für jede Funktion f teilt man die Grundmenge M bzw. geeignete direkte Potenzen von M derart auf, daß alle Argumente-Tupel $(x_1, \ldots, x_{m-1})$ insgesamt eine Menge $D \subseteq M^{m-1}$ bilden (Argumentbereich, engl. domain), während die Funktionswerte eine Menge $R \subseteq M$ (Wertebereich, engl. range) bilden. Häufig ist es sogar bequemer, unter R eine geeignete Obermenge des genauen Wertebereiches von f zu verstehen. Die Tatsache, daß f eine Funktion von D nach R ist, wird häufig durch f: $D \to R$ symbolisiert.

Folgende spezielle Funktionstypen sind besonders wichtig: f heißt injektiv, wenn keine zwei verschiedenen Argumente-Tupel zu übereinstimmenden Funktionswerten führen; f heißt surjektiv, wenn R der genaue Wertebereich von f ist; f heißt dann Abbildung auf R.

Ist f injektiv und surjektiv, so heißt f bijektiv. Bijektive Funktionen sind u.a. deshalb wichtig, weil bei ihnen D und R "gleichmächtig" sind. Aus dieser Beobachtung ergibt sich bei einem systematischen Aufbau umgekehrt die Möglichkeit, die Gleichmächtigkeit beliebiger Mengen A, B durch die Existenz einer bijektiven Funktion f: $A \to B$ zu definieren.

Ein wichtiger Spezialfall sind Relationen mit Wertebereich $R = \{0, 1\}$. Hier sind die Booleschen Funktionen (vgl. Abschnitt 4) einzuordnen.

Für dieses Buch sind nur solche Relationssysteme $R = (M, P_1, \ldots, P_k)$ relevant, für die M endlich oder abzählbar unendlich ist. Hierzu treffen wir folgende Definition:

Definition 1.2 Ein Relationssystem $R = (M, P_1, \ldots, P_k)$ heißt diskrete
Struktur genau dann, wenn M endlich oder abzählbar unendlich ist.
Ist M endlich, so heißt $R$ endliche Struktur.

Es sei erwähnt, daß der hier vorkommende Begriff der Endlichkeit
einer Menge rein mengentheoretisch definiert werden kann, ebenso
das abzählbar Unendliche.

Eine Sonderstellung im Bereich der diskreten Strukturen nehmen die
sog. diskreten algebraischen Strukturen ein. Zu den algebraischen
Strukturen gehören z.B. Gruppen, Ringe, Ideale und Körper. Eine
diskrete Gruppe $(G, \cdot)$ z.B. kann angesehen werden als ein Relations-
system $G = (G, V, I, E)$ über abzählbarem G mit $\sigma(V) = 3$, $\sigma(I) = 2$, $\sigma(E) = 1$,
wobei V ("Verknüpfung") und I ("Inverses") funktional sind und
$V(x, y, z)$ bedeutet, daß $x \cdot y = z$ ist, ferner $I(x, y)$ besagt, daß $y = x^{-1}$
ist. Schließlich bedeutet $E(x)$, daß x das Einselement von G ist.
Die Relationen V, I und E sind bekanntlich teilweise gegenseitig
durcheinander definierbar. Man überlegt sich leicht, wie die Grup-
penaxiome in der Terminologie von $G$ zu schreiben sind. Das Assozia-
tivgesetz $(x \cdot y) \cdot z = x \cdot (y \cdot z)$ schreibt sich z.B. in der Form

$$Vxyt \wedge Vtzu \wedge Vyzw \wedge Vxwv \rightarrow u = v$$

Dabei sind t und w Bezeichnungen für $x \cdot y$ bzw. $y \cdot z$, und u ist die
linke Seite, v die rechte Seite der behaupteten Gleichung. Dieses
Beispiel erläutert auch die allgemeine Tatsache, daß die Verwendung
von Funktionszeichen (im Beispiel die zweistellige Funktion $\cdot$) mit
der Möglichkeit, sog. Funktionsterme (z.B. $x \cdot y$, $y \cdot z$ etc.) zu bilden
und dieses Vorgehen zu iterieren, keine grundsätzliche Erweiterung
derjenigen Ausdrucksmöglichkeiten liefert, welche allein durch die
Verwendbarkeit von Relationszeichen gegeben sind. Deshalb wird im
folgenden die Verwendung von Funktionszeichen und die Bildung von
Funktionstermen als im Prinzip eliminierbare Abkürzung stets gestattet sein.

Algebraische Strukturen gehören zu den sog. Algebren, d.s. solche
Relationssysteme, bei denen alle Relationen funktional sind und bei
denen die Wertebereiche R gleich M gewählt werden müssen, also keine echten Teilmengen von M hierfür ausreichen. Innerhalb der Algebren soll der Begriff der algebraischen Struktur hier nicht
scharf definiert werden. Man könnte hierunter rein pragmatisch die
üblicherweise in den Lehrbüchern der Algebra abgehandelten Strukturen verstehen. Eine systematische Abgrenzung müßte sich auf die
für die Algebra grundlegenden Begriffe wie Homomorphie und Iso-

morphie beziehen. Die Theorie der Kategorien (vgl. z.B. bei
S c h u b e r t [55]) liefert Ansätze für eine solche Unterschei-
dung. Jedoch können Homomorphie- und Isomorphiebegriffe auch interessant sein für Strukturen, die i.a. nicht in der Algebra behandelt werden, z.B. für Ordnungen, Verbände und Boolesche Funktionen
(vgl. Abschnitt 4). Die speziellen Probleme algebraischer Strukturen sollen in diesem Buch weitgehend ausgeklammert werden. Es wird
ferner nur an einigen Beispielen exemplarisch bis ins Detail erläutert werden, daß die betrachteten Strukturen wirklich als diskrete
Strukturen im Sinne der obigen Festlegung aufgefaßt werden können.

Eine wichtige scheinbare Verallgemeinerung des Begriffs der Relationsstruktur soll noch erwähnt werden, die sich aber bei genauerem
Zusehen ebenfalls in das bisher behandelte Begriffsgebäude einordnet: Manchmal (z.B. in Abschnitt 9) kommt es bei den Tupeln über
der Grundmenge nicht auf Zugehörigkeit oder Nichtzugehörigkeit zu
einer Relation an (also im Prinzip auf die Zuordnung eines Wahr-
heitswertes zu Tupeln), sondern den Tupeln werden Werte eines allgemeineren, i.a. abzählbaren Bereiches zugeordnet. Die Interpretation einer solchen sog. bewerteten Relation P als gewöhnliche Relation geschieht ähnlich wie bei der Ersetzung von Funktionen durch
Relationen: Ist der Bereich etwa $\mathbb{N}$, so kann z.B. die Tatsache, daß
ein Paar (x,y) aus M×M bei P den Wert $n \in \mathbb{N}$ erhält, dadurch umschrie-
ben werden, daß auf das Tripel (x,y,n) aus M×M×$\mathbb{N}$ eine Relation $\overline{P}$
zutrifft, welche sich aus P kanonisch (d.h. zwingend, ohne weite-
ren Freiheitsgrad) ergibt: $\overline{P}$ trifft auf alle anderen Tripel (x,y,m)
mit m≠n nicht zu. Somit hat $\overline{P}$ eine um eins höhere Stellenzahl als
P und ist zudem noch funktional. Gewöhnliche Relationen und bewertete Relationen sind also gar nicht begrifflich, sondern höchstens
psychologisch voneinander unterscheidbar.

1.2 Grundlagen aus der Algorithmen-Theorie

Der Begriff der diskreten Struktur $R$ = (M,$P_1$,...,$P_k$) ist für abzählbar unendliches M für die Zwecke der Informatik noch zu allgemein. Es sind hier nur solche Relationen $P_i$ brauchbar, bei denen
sich die Zugehörigkeit eines beliebigen Tupels $(x_1,...,x_{\sigma(P_i)})$
zu $P_i$ auch stets effektiv entscheiden läßt. Die Theorie der Berechenbarkeit (vgl. z.B. [23]) liefert eine genaue Definition

dieses Begriffes. Anschaulich bedeutet Berechenbarkeit, daß es einen Algorithmus – konkretisierbar als ein Programm für einen universellen Computer – geben muß, welcher für beliebig vorgelegte Tupel $(x_1,...,x_{\sigma(P_i)})$ in endlich vielen Schritten entscheidet, ob $P_i$ dieses Tupel enthält oder nicht. Im folgenden werden – falls erforderlich- solche Algorithmen umgangssprachlich beschrieben. Dabei wird es je nach Kenntnisgrad des Lesers mehr oder weniger leicht sein, von hier den Weg bis zur tatsächlichen Implementierung der Algorithmen durch Rechnerprogramme zu gehen. Um den Text auch für nicht-technisch Interessierte lesbar zu machen, wurde auf die Darstellung der skizzierten Algorithmen in der häufig verwendeten Schreibweise des sog. Pidgin-ALGOL verzichtet.

Auch innerhalb des Bereiches der effektiv entscheidbaren Relationen gibt es noch präzisierbare Schwierigkeitsunterschiede; das bloße Wissen von der Existenz eines Lösungsverfahrens ist i.a. noch keine Garantie für die Verfügbarkeit eines Berechnungsprogrammes, welches in "vernünftiger" Zeit eine Lösung liefert. Ein Paradebeispiel ist die sog. Ackermann-Funktion $A(x,y)$, die in jedem Textbuch (vgl. z.B. [23]) über berechenbare Funktionen auftritt und die aufgrund ihrer Definition durch ein einfach aussehendes Rekursionsschema sehr leicht als effektiv berechenbar nachgewiesen werden kann. Es ist aber z.B. völlig unmöglich, $A(6,6)$ in der üblichen Nomenklatur, in der unsere Zahlen dargestellt werden, überhaupt auch nur annähernd zu beschreiben, geschweige denn in wenigen Schritten zu berechnen.

Somit entsteht also über den Wunsch nach effektiven Berechnungsverfahren hinaus das Bedürfnis nach einer Theorie der "vernünftig berechenbaren", heute allgemein effizient genannten Relationen und Funktionen. Wie soll der Bereich des Effizienten festgelegt werden? Natürlich wird man Verfahren, welche die Berechnung von Summen und Produkten natürlicher Zahlen erfordern, als effizient ansehen, und auch das Auftreten von Funktionen wie $2^n$ oder n! bietet mit Hilfe von Logarithmen keine großen Probleme, zumindest bei der approximativen Berechnung. Approximative Berechnungen sind dabei als Kernverfahren aus der numerischen Mathematik anzusehen und gehören als Methoden zur Diskretisierung von ursprünglich "kontinuierlichen" Problemen legitim in den Bereich der Berechenbarkeit und sicher auch in den Bereich dieses Buches. Damit ist das Auftreten von (evtl. approximativ) tabellierten Funktionen – wie hochgradig transzendent sie auch sein mögen - sicherlich kein Hindernis für die Effizienz von Berechnungsverfahren. Die Probleme liegen nicht in der Schwierigkeit bei der Durchführung _eines_ Einzelschrittes, sondern in der Tatsache, daß i.a. eine hohe Zahl von Einzelschritten erforderlich ist, so daß die Übersicht über die Auswirkungen des Verfahrens, die i.a. _lokal_ bei der Durchführung eines einzigen Schrittes besteht, _global_ verloren geht. Damit ergibt sich als realistisches Komplexitätsmaß die erforderliche Schrittzahl, meist präzisiert im Sinne eines der üblichen Maschinenkonzepte, etwa für die sog. Random-Access-Maschine (vgl. z.B. [2]), die in ihrer Konzeption einem Assembler-programmierten realen Rechner ziemlich nahe kommt.

Für ein einziges Problem hat es offenbar wenig Sinn, ein Komplexitätsmaß einzuführen. Es gibt nämlich auf sehr billige Weise hierfür einfache Lösungsverfahren ad hoc, nämlich die sofortige Angabe der richtigen Lösung ohne Zwischenschritte. Es ist also nur sinnvoll, Komplexitätsmaße auf ganze (i.a. unendliche) Klassen von Problemen zu beziehen. So ist z.B. das Problem,zu entscheiden, ob eine Boolesche Formel eine Tautologie ist (vgl. Abschnitt 4.1), interessant als Frage für die Klasse _aller_ Booleschen Funktionen. Die i.a. schrittweise verlaufende Lösung - bekannt ist hier das systematische Testen aller Wahrheitswertbelegungen - hängt in natürlicher Weise von der Länge der gegebenen Formel - allgemeiner des gegebenen Inputs - ab. Versteht man etwa unter der Länge n einer Booleschen Formel die Anzahl der in ihr vorkommenden Variablen, wobei mehrfach vorkommende Variablen nur einfach gezählt werden, so wird man mit dem obigen Standard-Prüfverfahren im schlimmsten Fall $2^n$ Belegungen durchzutesten haben. In der Meßmethode für die Input-Länge und in der Auswahl des Maschinenkonzeptes bei der Abzählung der Schrittzahl steckt natürlich eine gewisse Willkür. In der _Komplexitätstheorie_ behält man diese Willkür unter Kontrolle durch Überlegungen, welche zeigen, daß die Schrittzahlen verschiedener Maschinenmodelle sich häufig nur um konstante Faktoren unterscheiden oder allenfalls polynomial in der Input-Länge ineinander umrechenbar sind. Damit gewinnt die Klasse $P$ der in polynomialer Schrittzahl lösbaren Problemklassen (d.h. derjenigen Problemklassen, für die bei der Input-Länge n die Schrittzahl durch ein festes, nur von der Klasse abhängiges Polynom P(n) beschränkt werden kann) ein absolutes Interesse. Höchstens die

Problemklassen, welche in $P$ liegen, scheinen effizient lösbar zu sein. Wir werden uns aus Platzgründen leider darauf beschränken müssen, gelegentlich zu erörtern, ob ein beschriebener Algorithmus polynomial ist und ggf. ein geeignetes Polynom angeben. Viele Probleme sind aber bis heute noch offen: Es ist z.B. z.Z. unentschieden, ob das oben skizzierte Tautologie-Problem für Boolesche Formeln einer Problemklasse aus $P$ entspricht. Die skizzierte exponentielle Zeit-Abschätzung für das Standard-Test-Verfahren läßt eher das Gegenteil vermuten.

## 1.3 Zusammenfassung

Die skizzierten Grundlagenfragen sollen uns im folgenden keineswegs auf ein durchgängiges Entwickeln und Beachten einer durch die Grundlagen bestimmten Begriffs-Hierarchie festlegen. Gegen einen Wunsch, begrifflich-systematisch vorzugehen, stellen sich die durch die Anwendungen gegebenen pragmatischen Gliederungs-Erfordernisse und die Tatsache, daß weite Teile der an sich zu den diskreten Strukturen gehörigen Gebiete woanders, z.B. in der Algebra, abgehandelt werden. Der an systematischen Fragen interessierte Leser soll durch die gegebenen Hinweise lediglich eine Idee davon erhalten, daß es im Prinzip möglich wäre, die Theorie der diskreten Strukturen als eine streng systematische, auf den Grundlagen der Mathematik konsequent aufbaubare axiomatische Theorie zu entwickeln.

## 2. Elementare Kombinatorik und erzeugende Funktionen

Aus der Fülle der verschiedensten Problemstellungen, die man unter dem Begriff Kombinatorik zusammenfassen kann, sollen hier einige wichtige elementare Anzahlprobleme behandelt werden. Die dabei hergeleiteten Formeln werden in späteren Abschnitten teilweise wieder benutzt, wenn etwa extremale elementare Wahrscheinlichkeiten, Mächtigkeiten von Mengen usw. bestimmt werden.

Eine Übersicht über die Vielfalt kombinatorischer Problemstellungen geben z.B. A i g n e r [3], C o m t e t [9], R i o r d a n [50], R y s e r [51].

Alle in diesem Abschnitt vorkommenden Mengen sollen - wenn nicht ausdrücklich anders gesagt - endlich sein. Für solche endlichen Mengen M bezeichnen wir mit | M | die Anzahl der Elemente von M. Außerdem verabreden wir folgendes:

Wenn keine andere Vereinbarung getroffen wird, benutzen wir für Anzahlen von Mengen die entsprechenden kleinen Buchstaben, also m für $|M|$, $n_1$ für $|N_1|$ usw.

Die folgenden elementaren Aussagen über Anzahlen werden bei der Herleitung fast aller hier angegebenen Anzahlformen in irgendeiner Weise benötigt. Sie stehen in unmittelbarem Zusammenhang mit den in Abschnitt 1 skizzierten Axiomen, Definitionen und Sätzen der Mengenlehre.

Satz 2.1

a) Ist $M \cap N = \emptyset$, so ist $|M \cup N| = m+n$

b) Ist $M \subseteq N$, so ist $|N \setminus M| = n-m$

c) $|M \times N| = m \cdot n$

d) Ist $M = N_1 \cup \ldots \cup N_k$ Vereinigung paarweise elementfremder (disjunkter) n-elementiger Mengen, so ist $k = \frac{m}{n}$.

e) M und M' seien bijektiv aufeinander abbildbar. Dann ist m = m'.


## 2.1 Binomialkoeffizienten

Sei $\mathbb{N}^* = \{1,2,3,\ldots\} = \mathbb{N} \setminus \{0\}$ die Menge der natürlichen Zahlen ohne Null.

Definition 2.1 Seien n,k∈ℕ.

a) $0! := 1$

$n! := 1 \cdot 2 \cdot 3 \cdot \ldots \cdot n$ für $n \geq 1$      (lies: n-Fakultät)

b) $\binom{n}{k} := \dfrac{n!}{k!\,(n-k)!}$    für $n \geqslant k$      (lies: n über k)

$\binom{0}{k} := 0$          für $k > 0$

c) $(n)_k := \dfrac{n!}{(n-k)!}$    für $n \geqslant k$      (lies: k unter n)

Die Zahlen $\binom{n}{k}$ heißen <u>Binomialkoeffizienten</u> (siehe Satz 2.3).

Nach Definition 2.1 folgt

$\binom{n}{k} = \dfrac{n(n-1)\ (n-2)\ \ldots(n-k+1)}{k!}$ und $(n)_k = n(n-1)(n-2)\ldots(n-k+1)$.

Häufig ist es zweckmäßig, $\binom{n}{k}$ und $(n)_k$ nicht nur für $n \in \mathbb{N}$ zu definieren. Wegen der obigen Gleichungen kann man Definition 2.1 sinn-
voll erweitern zu:

$$\left.\begin{aligned} \binom{x}{k} &:= \frac{x(x-1)(x-2)\ \ldots\ (x-k+1)}{k!} \\[2mm] (x)_k &:= x(x-1)(x-2)\ \ldots\ (x-k+1) \end{aligned}\right\} \text{für } x \in \mathbb{R}$$

Über einer n-elementigen Menge N wollen wir nun im wesentlichen
sechs Anzahlprobleme lösen. Da diese Anzahlen nicht von der Bezeichnung der Elemente von N abhängen, können wir o.B.d.A. annehmen, daß $N = \{1, 2, \ldots, n\}$ ist.
Für das Wort "Anzahl" führen wir als Zeichen $\#$ ein (engl.: sharp,
das Notenkreuz):
z.B. $\#$(k-Tupel über N)      lies: Anzahl der k-Tupel über N.
Sei $0 \leqslant k \leqslant n$. Es sollen nun Formeln hergeleitet werden für

$\alpha$) die $\#$(k-Tupel über N) $\left.\phantom{\begin{matrix}a\\b\end{matrix}}\right\}$ wenn    1) Wiederholungen verboten sind.

$\beta$) die $\#$(k-Mengen über N) $\phantom{\Big\}}$        2) Wiederholungen erlaubt sind.

Unter $\alpha 1$ ist also gesucht

$|\{(a_1, \ldots, a_k)\,|\,a_i \in N$ für $i = 1, \ldots, k$ und $|\{a_1, \ldots, a_k\}| = k\}|$,

unter $\alpha 2$ die Anzahl $|\{(a_1, \ldots, a_k)\,|\,a_i \in N$ für $i = 1, \ldots, k\}|$,

unter $\beta 1$ die Anzahl $|\{A\,|\,A \subseteq N \land |A| = k\}|$. Bei $\beta 2$ sind ungeordnete Aus-
wahlen von k Elementen aus N gemeint, wobei Wiederholungen er-
laubt sind. Solch eine Auswahl ist z.B. im Fall $N = \{1, 2, 3, 4\}$ und
$k = 3$ dadurch gegeben, daß man zweimal die 4 und einmal die 1 aus-
wählt. Diese Auswahl schreiben wir unter Einführung eines speziellen Klammersymbols in der Form $\{1, 4, 4\}$ (sog. <u>Multimengen</u>). Der Begriff der Multimenge muß nicht als neuer Grundbegriff in die Mathematik eingeführt werden. Er ist im Prinzip aus dem Tupelbegriff und damit letztlich (vgl. Abschnitt 1.1) aus dem Mengenbe-

griff definierbar, nämlich durch

$$\{a_1,\ldots,a_n\} := \{(a_1,\ldots,a_n),(a_{\pi(1)},\ldots,a_{\pi(n)}),\ldots\},\ \text{wobei}\ \pi\ \text{alle}$$

Vertauschungen der Stellen von 1 bis n bedeutet. So ist z.B.
$\{1,4,4\} = \{(1,4,4),(4,1,4),(4,4,1)\}$.

Diese Definition, welche keine Reihenfolge bevorzugt, bewirkt, daß
zwei Multimengen genau dann gleich sind, wenn sie entsprechende
Elemente mit jeweils gleicher Vorkommenszahl enthalten. Eine Multimenge A heißt Teil-Multimenge einer Multimenge B, wenn jedes
Tupel in A Anfang eines Tupels von B ist.

Ein weiteres Beispiel für den soeben erläuterten Trick, ungeordnete Strukturen auf geordnete zurückzuführen, wird in Abschnitt
6.1 erörtert werden bei der Konstruktion ungeordneter Bäume aus
geordneten Bäumen.

Wir benutzen für diese Anzahlen die Bezeichnungen der folgenden
Tabelle.

| | Name | Bezeichnung für die Anzahl | Beispiel mit $N=\{1,2,3,4\}$, k=3 |
|---|---|---|---|
| $\alpha 1$ | k-Permutation | $w(n,k)$ | $(1,3,4)$ |
| $\alpha 2$ | k-Variation | $v(n,k)$ | $(1,1,4)$ |
| $\beta 1$ | k-Kombination | $c(n,k)$ | $\{1,2,3\}$ |
| $\beta 2$ | k-Repetition | $r(n,k)$ | $\{1,4,4\}$ |

Satz 2.2

a) $w(n,k) = (n)_k$
b) $v(n,k) = n^k$

c) $c(n,k) = \binom{n}{k}$
d) $r(n,k) = \binom{n+k-1}{k}$

Beweis: a) Für die erste Komponente bei der Bildung von k-Tupeln
hat man n Möglichkeiten, für die zweite Komponente nur noch n-1
Möglichkeiten usw., für die k-te Komponente schließlich nur noch
n-k+1 Möglichkeiten. Mit Satz 2.1 folgt daher die Behauptung. Im
Spezialfall k=n ist $w(n,k) = n!$. Man spricht dann von Permutationen
schlechthin.

b) Da Wiederholungen erlaubt sind, hat man für jede Komponente n
Möglichkeiten. Also folgt nach Satz 2.1 $v(n,k) = n^k$.

c) Wir teilen die k-Permutationen in disjunkte Klassen ein. Zu
einer Klasse gehören alle Permutationen, die aus den gleichen k
Elementen aus N gebildet werden können, also nach a) jeweils k!
Stück. Jede solche Klasse läßt sich in kanonischer Weise mit einer

k-Kombination identifizieren. Nach Satz 2.1 und Definition 2.1 folgt

$$c(n,k) = \frac{(n)_k}{k!} = \binom{n}{k} \; .$$

d) Wir versuchen, jede k-Repetition als eine k-Kombination über einer Menge mit n+k-1 Elementen zu interpretieren, so daß c) anwendbar ist. Sei $R_{n,k} := \{1,\ldots,n,x_1=x_2,x_2=x_3,\ldots,x_{k-1}=x_k\}$. Es darf nicht schockieren, daß diese Menge aus zwei ganz verschiedenen Typen von Elementen besteht, nämlich einerseits aus Zahlen, andererseits aus Gleichungen. Es gilt $|R_{n,k}|=n+k-1$.

Einer k-Kombination aus $R_{n,k}$ entspricht genau eine k-Repetition aus N und umgekehrt. Ist nämlich eine k-Kombination aus $R_{n,k}$ gegeben, so ordne man die darin vorkommenden Zahlen (es kommt wenigstens eine Zahl vor!) der Größe nach und wiederhole sie gemäß den Gleichungen. Dadurch entsteht eine k-Repetition über N. Für n=10 und k=8 entspricht so der k-Kombination

$\{1,3,5,6,9,x_2=x_3,x_3=x_4,x_7=x_8\}$ z.B. die k-Repetition

$\{1,3,3,3,5,6,9,9\}$ und umgekehrt.

Mit c) und Satz 2.1 folgt nun die Behauptung.

Für die Binomialkoeffizienten $\binom{n}{k}$ stellen wir einige wichtige Identitäten zusammen. Besondere Beachtung verdient dabei die sog. Pascal-Identität unter b), auf die wir anschließend noch eingehen werden.

Satz 2.3  Seien $n,k\in\mathbb{N}$ und $x,y\in\mathbb{R}$.

a) $\binom{n}{k} = \binom{n}{n-k}$ 
   b) $\binom{n+1}{k} = \binom{n}{k}+\binom{n}{k-1}$  für k>0

c) $\binom{n}{k} = \sum_{i=0}^{k} \binom{n-1-i}{k-1}$  für $n>k\geqslant 0$ 
   d) $(x+y)^n = \sum_{i=0}^{n} \binom{n}{i}x^i y^{n-i}$

e) $\sum_{i=0}^{n} \binom{n}{i} = 2^n$ 
   f) $\sum_{i=0}^{n} (-1)^n\binom{n}{i} = 0$

g) $\sum_{i=0}^{n} \binom{n}{i}^2 = \binom{2n}{n}$

h) Inversionsformel)

(f_n) und (g_n) seien relle Zahlenfolgen mit $f_n = \sum_{i=0}^{n} \binom{n}{i}g_i$.

Dann gilt: $g_n = \sum_{i=0}^{n}(-1)^{n-i}\binom{n}{i}f_i$

Wir beweisen nur a), b) und g). Die anderen Beweise findet man z.B. bei R i o r d a n [50].

a) Ist trivial, da jeder k-Auswahl eineindeutig eine (n-k)-Aus-
wahl entspricht.

b) Auf wieviel Arten kann man k Elemente aus $\{1,2,\ldots,n,n+1\}$ auswählen? Es sind zwei sich ausschließende Möglichkeiten denkbar,
die eine vollständige Fallunterscheidung liefern:

1. n+1 wird nicht ausgewählt.

2. n+1 wird ausgewählt.

Im ersten Fall werden die k Elemente also aus $\{1,\ldots,n\}$ ausgewählt; das geht nach Satz 2.2 auf $\binom{n}{k}$ Arten.

Im zweiten Fall müssen aus $\{1,\ldots,n\}$ noch k-1 Elemente ausgewählt werden. Das geht auf $\binom{n}{k-1}$ Arten. Nach Satz 2.1 ist zu
addieren, und die Behauptung folgt.

Eine solche Argumentation, die Bestimmung der Gesamtanzahl durch
Summation der Anzahlen in sich ausschließenden Fällen, bei denen
ein Fall durch die Isolierung eines Einzelelementes definiert
wird, nennt man ein Pascal-Argument. Die Pascal-Identität b) gestattet es, die Binomialkoeffizienten rekursiv zu berechnen. Man
erhält das bekannte abgebildete Pascal-Schema. Die Pfeile darin
sollen die Berechnungsvorschrift andeuten.

| n\k | 0 | 1 | 2 | 3 | 4 | 5 | ... |
|---|---|---|---|---|---|---|---|
| 0 | 1 | 0 | 0 | 0 | 0 | 0 | |
| 1 | 1 | 1 | 0 | 0 | 0 | 0 | |
| 2 | 1 | 2 | 1 | 0 | 0 | 0 | |
| 3 | 1 | 3 | 3 | 1 | 0 | 0 | |
| 4 | 1 | 4 | 6 | 4 | 1 | 0 | |
| 5 | 1 | 5 | 10 | 10 | 5 | 1 | |
| . | | | . | | | | |
| . | | | . | | | | |

g) Wir führen den Beweis - wie auch bei a) und b) - durch eine
kombinatorische Interpretation: Die Anzahl der Auswahlen von n
aus 2n Dingen ist einerseits $\binom{2n}{n}$. Andererseits teile man die
2n-elementige Menge in zwei gleichgroße Hälften ein. Jeder Auswahl von n Dingen entspricht eine Auswahl von i Dingen aus der
einen und von n-i Dingen aus der anderen Hälfte $(i=0,\ldots,n)$.
Bei festem i ist die Anzahl dieser Auswahlen $\binom{n}{i} \cdot \binom{n}{n-i} = \binom{n}{i}^2$
nach a). Aufsummieren (vgl. Satz 2.1.a) liefert die Behauptung.

Bemerkung: Der binomische Satz (Satz 2.3.d)) läßt sich für beliebiges $a \in \mathbb{R}$ verallgemeinern zu $(1+x)^a = \sum\limits_{i=0}^{\infty} \binom{a}{i} x^i$ (für $|x|<1$). Die Teile e) und f) von Satz 2.3 folgen aus d) sofort für x=y=1 bzw. für x=1, y=-1.

## 2.2 Partitionszahlen und Stirlingsche Zahlen 2. Art

Wir wollen noch zwei weitere Anzahlprobleme behandeln.

1. Wie groß ist die Anzahl S(n,k) der Zerlegungen von N in k disjunkte nichtleere Klassen?
S(n,k) bezeichnet bekanntlich auch die #(Äquivalenzrelationen über N mit genau k Klassen). Die Zahlen S(n,k) sind unter dem Namen Stirlingsche Zahlen 2. Art bekannt.

### Beispiel 2.1

Für N={1,2,3,4} und k=2 erhält man folgende Zerlegungen:

$$Z_1 = \{\{1,2,3\},\{4\}\} \qquad Z_5 = \{\{1,2\},\{3,4\}\}$$
$$Z_2 = \{\{1,2,4\},\{3\}\} \qquad Z_6 = \{\{1,3\},\{2,4\}\} \qquad \text{also } S(4,2)=7$$
$$Z_3 = \{\{1,3,4\},\{2\}\} \qquad Z_7 = \{\{1,4\},\{2,3\}\}$$
$$Z_4 = \{\{2,3,4\},\{1\}\}$$

2. Identifiziert man noch Zerlegungen gleichen Typs, d.h. in obigem Beispiel $Z_1$ bis $Z_4$ und $Z_5$ bis $Z_7$, so erhält man die Partitionszahlen p(n,k). p(n,k) gibt also an, auf wieviele Arten man die Zahl n in genau k Summanden zerlegen kann.

S(n,k) und p(n,k) sind bisher für $1 \leqslant k \leqslant n$ definiert. Üblich sind ferner die Definitionen:

p(0,0) := S(0,0) := 1
p(n,0) := S(n,0) := 0   für n>0
p(n,k) := S(n,k) := 0   für k>n

Die Partitionszahlen und die Stirlingschen Zahlen 2. Art lassen sich rekursiv berechnen. Es gilt der folgende Satz:

Satz 2.4   Sei $1 \leqslant k \leqslant n$. Dann gilt:
a) $S(n+1,k)=S(n,k-1)+k \cdot S(n,k)$
b) $p(n,k)=p(n-k,k)+p(n-1,k-1)$

Beweis: a) Wir benutzen ein Pascal-Argument.
Sei $\overline{N}:=\{1,\ldots,n+1\}$. Jede Zerlegung von $\overline{N}$ in k Klassen ist Fortsetzung einer Zerlegung von N.

1. Fall: n+1 liegt allein in einer Klasse.

Dazu lassen sich S(n,k-1) Zerlegungen von N finden, so daß sich insgesamt eine Zerlegung von $\overline{N}$ ergibt.

2. Fall: n+1 liegt nicht allein in einer Klasse.

Man betrachte die S(n,k) Zerlegungen von N in k Klassen. Für jede Zerlegung kann n+1 in jede der k Klassen hineingenommen werden. Das liefert in diesem Fall k·S(n,k) Zerlegungen von $\overline{N}$. Nach Satz 1 liefert Addition die Behauptung.

b) Zerlegungen von n können durch ein dreieckiges Punktschema dargestellt werden. Dieses Punktschema heißt <u>Ferrers-Graph</u> oder <u>Young-Tableau</u> der Zerlegung.

Beispiel 2.2          10 = 4 + 2 + 2 + 1 + 1

Young-Tableau hierzu:

Durch Betrachtung von Ferrers-Graphen lassen sich einige Aussagen über Partitionszahlen leicht beweisen.

Zum Beweis der angegebenen Rekursion zerlegen wir die Partitionen von n in k Summanden in zwei Klassen:

(I)     Partitionen, bei denen die Summanden $\geq 2$ sind.

(II)    Partitionen, bei denen wenigstens ein Summand =1 ist.

(I) : Die Ferrers-Graphen dieser Zerlegungen besitzen in jeder Reihe mindestens zwei Punkte. Wegnahme eines Punktes in jeder Reihe liefert daher eine Zerlegung von n-k in genau k Summanden.

(II) : Die Ferrers-Graphen dieser Zerlegungen besitzen in der letzten Reihe genau einen Punkt. Wegnahme dieses Punktes liefert eine Zerlegung von n-1 in genau k-1 Summanden. In Klasse (II) gibt es daher p(n-1,k-1) Zerlegungen von n.

Satz 2.1 liefert nun die Behauptung.

Mit Hilfe der angegebenen Rekursionen ergeben sich die folgenden Anfangswerte für p(n,k) und S(n,k). Die Pfeile deuten dabei wieder die Berechnungsvorschrift nach den Rekursionen an.

|       |   |   | S(n,k) |   |   |   |   |
| n \ k | 0 | 1 | 2  | 3 | 4 | 5 | 6 |
|-------|---|---|----|---|---|---|---|
| 0 | 1 | 0 | 0  | 0  | 0  | 0  | 0 |
| 1 | 0 | 1 | 0  | 0  | 0  | 0  | 0 |
| 2 | 0 | 1 | 1  | 0  | 0  | 0  | 0 |
| 3 | 0 | 1 | 3  | 1  | 0  | 0  | 0 |
| 4 | 0 | 1 | 7  | 6  | 1  | 0  | 0 |
| 5 | 0 | 1 | 15 | 25 | 10 | 1  | 0 |
| 6 | 0 | 1 | 31 | 90 | 65 | 15 | 1 |

|       |   |   | p(n,k) |   |   |   |   |
| n \ k | 0 | 1 | 2 | 3 | 4 | 5 | 6 |
|-------|---|---|---|---|---|---|---|
| 0 | 1 | 0 | 0 | 0 | 0 | 0 | 0 |
| 1 | 0 | 1 | 0 | 0 | 0 | 0 | 0 |
| 2 | 0 | 1 | 1 | 0 | 0 | 0 | 0 |
| 3 | 0 | 1 | 1 | 1 | 0 | 0 | 0 |
| 4 | 0 | 1 | 2 | 1 | 1 | 0 | 0 |
| 5 | 0 | 1 | 2 | 2 | 1 | 1 | 0 |
| 6 | 0 | 1 | 2 | 3 | 2 | 1 | 1 |

<u>Aufgabe 2.1:</u> Sei

$p_1(n,k) := \#$ (Zerlegungen von n, bei denen der größte Summand k ist)
und

$p_2(n,k) := \#$ (Zerlegungen von n in höchstens k Summanden).

Es gilt a) $p_1(n,k) = p(n,k)$ und b) $p_2(n,k) = p(n+k,k)$.

zu a): Eine Bijektion zwischen den entsprechenden Partitionsmengen ist dadurch gegeben, daß man dem Ferrers-Graphen G einer Partition von n in k Summanden den Ferrers-Graphen G* zuordnet, der aus G dadurch entsteht, daß man die Spalten von G als Zeilen von G* auffaßt. G* repräsentiert dann eine Partition von n, bei der der größte Summand k ist.

Für b) geben wir in der folgenden Figur nur eine entsprechende Bijektion an.

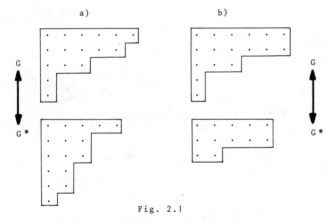

a)                    b)

Fig. 2.1

Mittels Satz 2.3.h) läßt sich die folgende explizite Formel für die Stirlingschen Zahlen 2. Art herleiten (vgl. z.B. C o m t e t [9]).

<u>Satz 2.5</u>
$$S(n,k) = \frac{1}{k!} \sum_{i=0}^{k} (-1)^{k-i} \binom{k}{i} i^n$$

Im Rahmen der Kombinatorik ist außerdem die folgende Eigenschaft der Stirlingschen Zahlen 2. Art recht interessant.

<u>Satz 2.6</u>
$$x^n = \sum_{k=0}^{n} S(n,k)(x)_k$$

Vielfach wird diese Gleichung als Definition für die Stirlingschen Zahlen 2. Art benutzt, und die anderen hier angegebenen Eigenschaften werden hergeleitet.


## 2.3 Erzeugende Funktionen

Häufig ist es sinnvoll und bequem, Anzahlen (z.B. die Zahlen $c(n,k)$) als Koeffizienten eines Polynoms bzw. einer Potenzreihe in x zu "speichern". Das zugehörige Polynom bzw. die Potenzreihe nennt man dann die erzeugende Funktion für diese Anzahlen. In Hinblick auf den nächsten Abschnitt wollen wir hier - wie häufig üblich - erzeugende Funktionen allgemeiner für beliebige reelle Zahlenfolgen $(f_n)$ definieren.

<u>Definition 2.2</u> $(f_n)$ sei reelle Zahlenfolge.
Dann heißt $F(x) = \sum_{i=0}^{\infty} f_i x^i$ <u>erzeugende Funktion</u> für $(f_n)$.

<u>Beispiel 2.2</u> Sei $f_n := \#$ (Teilmengen einer n-elementigen Menge). Nach Satz 2.3 gilt $f_n = 2^n$. Damit folgt

$$F(x) = \sum_{i=0}^{\infty} 2^i x^i = \frac{1}{1-2x} \text{ für } |2x| < 1.$$

Man kann also $\frac{1}{1-2x}$ als erzeugende Funktion für die $f_n$ ansehen. Der Identitätssatz für Potenzreihen liefert, daß bei Entwicklung von $\frac{1}{1-2x}$ in eine Potenzreihe um $x_0 = 0$ als Koeffizienten die $f_n$ auftreten.

<u>Beispiel 2.3</u> Sei n fest. Die erzeugende Funktion $F(x)$ für die Anzahlen $c(n,k)$ ist das Polynom $\sum_{k=0}^{n} c(n,k) x^k$. Man erhält
$$F(x) = \sum_{k=0}^{n} c(n,k) x^k = \sum_{k=0}^{n} \binom{n}{k} x^k = (1+x)^n.$$

Die folgenden Beispiele sollen zeigen, wie man mit Hilfe von erzeugenden Funktionen explizite Anzahlformeln herleiten kann. Zu

den Rechnungen sei folgendes bemerkt:
Wir betrachten die erzeugenden Funktionen als formale Potenzreihen,
an denen algebraische Operationen vorgenommen werden (Additionen,
Multiplikationen usw.). In einer Theorie der formalen Potenzreihen
(vgl. z.B. N i v e n [45]) kann man zeigen, daß Formeln, die sich
durch einen Koeffizientenvergleich nach Ausführung algebraischer
Operationen an formalen Potenzreihen ergeben, stets richtig sind.
Daher kann man in diesem Falle auf Konvergenzuntersuchungen verzichten.

<u>Beispiel 2.4</u> <u>Fibonacci-Folge</u> (vgl. z.B. W o r o b j o w [61])
Aus dem Jahre 12o2 stammt das folgende Problem von L e o n a r d o
v o n P i s a (anderer Name: filius Bonacci):
Wieviel Kaninchenpaare existieren nach einem Jahr, wenn zu Jahres-
beginn ein geschlechtsreifes Paar vorhanden ist, Geschlechtsreife
nach jeweils 2 Monaten eintritt und jedes geschlechtsreife Paar
jeden Monat ein neues Paar erzeugt?
Wir variieren und verallgemeinern das Problem etwas, setzen Un-
sterblichkeit voraus, bezeichnen mit $f_n$ die Anzahl der Kaninchenpaare im n-ten Monat und wählen die Anfangsbedingungen $f_o = 0$ und
$f_1 = 1$.
Unter der zusätzlichen (vom Ursprungsproblem abweichenden) Annahme,
daß das jetzt im ersten Monat vorhandene Kaninchenpaar ebenfalls
erst nach 2 Monaten geschlechtsreif wird, ergibt sich für $n \geqslant 2$
leicht die Rekursion $f_n = f_{n-1} + f_{n-2}$.
Damit erhält man für $F(x) := \sum_{i=0}^{\infty} f_i x^i$ :

$$F(x) = x + \sum_{i=2}^{\infty} f_i x^i = x + \sum_{i=2}^{\infty} (f_{i-1} + f_{i-2}) x^i$$

$$= x + x \cdot \sum_{i=2}^{\infty} f_{i-1} x^{i-1} + x^2 \sum_{i=2}^{\infty} f_{i-2} x^{i-2} = x + x \cdot F(x) + x^2 \cdot F(x)$$

Löst man diese Funktionalgleichung nach $F(x)$ auf, so folgt

$$F(x) = \frac{x}{1-x-x^2} \quad \text{und durch Partialbruchzerlegung}$$

$$F(x) = \frac{1}{\sqrt{5}} \left( \frac{1}{1 - \frac{\sqrt{5}+1}{2}x} - \frac{1}{1 + \frac{\sqrt{5}-1}{2}x} \right)$$

Die Summenformel für die unendliche geometrische Reihe liefert nun
die explizite Formel $f_n = \frac{1}{\sqrt{5}} \left( (\frac{1}{2}(\sqrt{5} + 1))^n - (-\frac{1}{2}(\sqrt{5}-1))^n \right)$.

Mit $a_n := \frac{1}{\sqrt{5}} \left( \left(\frac{1}{2}(\sqrt{5} + 1)\right) \right)^n$ folgt $|f_n - a_n| = \frac{1}{\sqrt{5}} \left(\frac{\sqrt{5}-1}{2}\right)^n < \frac{1}{2}$ für alle n.

Zur Berechnung von $f_n$ genügt es also, $a_n$ zu berechnen. $f_n$ ergibt sich dann als die zu $a_n$ nächstgelegene ganze Zahl. Als Lösung des Problems des L e o n a r d o   v o n   P i s a  hat man offenbar $f_{14}$ zu berechnen. Nach den obigen Überlegungen folgt aus $a_{14} = 377{,}00053$ sofort $f_{14} = 377$.

Bemerkung: Für die Fibonacci-Zahlen $f_n$ läßt sich auch eine kombinatorische Interpretation angeben. Man kann zeigen ( C o m t e t [9]), daß $f_{n+2}$ die Anzahl derjenigen Teilmengen T von $\{1, \ldots, n\}$ ist, die die Eigenschaft besitzen, keine zwei benachbarten Zahlen aus $\{1, \ldots, n\}$ zu enthalten.

Beispiel 2.5 Catalansche Zahlen (siehe  C o m t e t [9], sowie N i v e n [45])

Man betrachte das "Produkt" $p_1 * p_2 * p_3 * \ldots * p_n$ mit nicht assoziativer Verknüpfung *. Es ist erst nach Setzen von Klammern definiert. Auf wieviel Arten läßt sich das Produkt aus n Faktoren korrekt klammern?

Die gesuchte Anzahl sei $a_n$. Man erhält $a_2 = 1$, $a_3 = 2$ usw..

Sei $a_1 := 1$ und $A(x) := \sum_{n=1}^{\infty} a_n x^n$. Wir werden wiederum mit Hilfe von $A(x)$ eine explizite Formel für $a_n$ herleiten. Zunächst zeigen wir:

$$a_n = \sum_{k=1}^{n-1} a_k a_{n-k}$$

Sind nämlich Klammern korrekt gesetzt, so werden bei der Berechnung sukzessive Multiplikationen durchgeführt, bis schließlich eine letzte Multiplikation das Produkt aller Faktoren $p_1, \ldots, p_n$ ergibt. Bei diesen Multiplikationen wird für ein gewisses k mit $1 \leqslant k \leqslant n-1$ das Ergebnis des "Produkts" $p_1 * \ldots * p_k$ mit dem Ergebnis des "Produkts" $p_{k+1} * \ldots * p_n$ multipliziert. Gibt man nun ein solches k vor, so können die ersten k Faktoren auf $a_k$ Arten korrekt geklammert werden, die letzten n-k Faktoren auf $a_{n-k}$ Arten. Daraus folgt direkt die angegebene Rekursion.

Mit dieser Rekursion erhält man nun:

$$A(x) = x + \sum_{n=2}^{\infty} a_n x^n = x + \sum_{n=2}^{\infty} x^n \left( \sum_{k=1}^{n-1} a_k a_{n-k} \right) = x + \sum_{i,j \geqslant 1} a_i a_j x^{i+j}$$

$$= x + \left( \sum_{i=1}^{\infty} a_i x^i \right) \left( \sum_{j=1}^{\infty} a_j x^j \right) = x + (A(x))^2$$

Die erhaltene Gleichung $(A(x))^2 - A(x) + x = 0$ für $A(x)$ hat die Lösung $A(x) = \frac{1}{2}(1 \pm \sqrt{1-4x})$. Der verallgemeinerte binomische Satz liefert für die Wurzel

$$(1-4x)^{1/2} = \sum_{n=0}^{\infty} \binom{1/2}{n}(-4x)^n =: \sum_{n=0}^{\infty} b_n x^n.$$

Für $b_n$ folgt:

$$b_n = \frac{\frac{1}{2}(\frac{1}{2}-1)(\frac{1}{2}-2)\cdots(\frac{1}{2}-n+1)}{n!}(-4)^n = -\frac{1\cdot 3\cdot 5\cdots(2n-3)}{n!}2^n$$

$$= -2\frac{(2n-2)!}{n!(n-1)!}$$

Da das Vorzeichen der Wurzel einheitlich festgelegt ist und z.B. für $n=1$ das negative Vorzeichen gewählt werden muß, gilt $A(x) = \frac{1}{2}(1-\sqrt{1-4x})$. Damit ergibt sich durch Koeffizientenvergleich:

$$a_n = \frac{(2n-2)!}{n!(n-1)!} = \frac{1}{n}\binom{2n-2}{n-1} \quad \underline{\text{(Catalansche Zahlen)}}$$

**Bemerkung:** Wegen des Zusammenhangs zwischen geordneten Bäumen und "korrekten Klammerfolgen" spielen die Catalanschen Zahlen bei verschiedenen anderen Anzahlproblemen eine Rolle (vgl. z.B. Abschnitt 6.4)

<u>Aufgabe 2.2</u> Sei $p_n := \sum_{k=1}^{n} p(n,k)$ und $P(x) := 1 + \sum_{n=1}^{\infty} p_n x^n$.

Dann gilt $P(x) = \dfrac{1}{\prod\limits_{i=1}^{\infty}(1-x^i)}$.

Lösungs-Skizze: $p_n$ ist die Anzahl der möglichen summativen Zerlegungen von $n$. Man betrachtet nun das unendliche Produkt

$$(1+x+x^2+x^3+\ldots)(1+x^2+x^4+x^6+\ldots)(1+x^3+x^6+\ldots)(1+x^4+\ldots)\cdot\ldots,$$

multipliziert formal aus und sammelt nach Potenzen von $x$. Als Koeffizient von $x^n$ erhält man eine Summe von Einsen und zwar für jede Möglichkeit, $x^n$ als Produkt von Potenzen zur Basis $x$ darzustellen, genau eine Eins. Also gilt:

$$P(x) = (1+x+x^2+\ldots)(1+x^2+x^4+\ldots)(1+x^4+x^6+\ldots)\cdot\ldots = \dfrac{1}{\prod\limits_{i=1}^{\infty}(1-x^i)}$$

# 3. Einführung in die diskrete Wahrscheinlichkeitstheorie

## 3.1 Grundbegriffe

Die folgende Einführung in die diskrete Wahrscheinlichkeitstheorie
wird aus zwei Gründen bewußt sehr knapp gehalten:
1. Es wird nur auf solche Begriffe eingegangen, die im weiteren
Verlauf dieses Buches benötigt werden.
2. Ein kurzer Abriß reicht für die meisten Zwecke der Informatik
voll aus.
Für weitergehende wahrscheinlichkeitstheoretische Untersuchungen·
sei auf die Literatur verwiesen, z.B.  F e l l e r  [14].

Wir betrachten eine beliebige endliche Menge $\Omega$ , die wir Stichprobenraum nennen.

Definition 3.1  Die Potenzmenge $P(\Omega)$ heißt der Ereignisraum zu $\Omega$.
Jedes $A \in P(\Omega)$ heißt Ereignis. Ist $w \in \Omega$, so heißt $\{w\}$ atomares Ereignis.
Atomare Ereignisse sind (bis auf die Nullmenge) die kleinsten
(nämlich einelementige) Ereignisse.
Die 6 möglichen Würfe eines Würfels bilden z.B. einen Stichprobenraum $\Omega_W := \{w_1, \ldots, w_6\}$. Dabei sei $w_i$ das Ereignis, daß die Zahl i
gewürfelt wird. $\{w_2, w_4, w_6\} \in P(\Omega_W)$ ist dann z.B. das Ereignis, daß
eine gerade Zahl gewürfelt wird.

Definition 3.2  $p : P(\Omega) \longrightarrow [0,1]$ heißt Wahrscheinlichkeitsfunktion
(W-Funktion) wenn gilt:
1. Wenn $A \cap B = \emptyset$, so $p(A \cup B) = p(A) + p(B)$
2. $p(\Omega) = 1$

Definiert man für $\Omega_W$ z.B. $p(\{w_i\}) := \frac{1}{6}$ für alle i, so ist durch
die Bedingungen 1. und 2. aus Definition 3.2 eindeutig eine W-
Funktion auf $\Omega_W$ festgelegt, und es folgt $p(\{w_2, w_4, w_6\}) = \frac{3}{6} = \frac{1}{2}$ .

Definition 3.3  Ist p eine W-Funktion auf $\Omega$ und gilt für alle
$w_1, w_2 \in \Omega$, daß $p(\{w_1\}) = p(\{w_2\}) = \frac{1}{|\Omega|}$, so heißt p Gleichverteilung auf $\Omega$.
Im Falle der Gleichverteilung lassen sich Wahrscheinlichkeiten
nach der folgenden Laplace'schen Formel berechnen.

Satz 3.1  (L a p l a c e)
p sei Gleichverteilung auf $\Omega$, $A \in P(\Omega)$. Dann gilt:  $p(A) = \frac{|A|}{|\Omega|}$

(in Worten: $p(F) = \frac{\#(\text{günstigen Fälle})}{\#(\text{möglichen Fälle})}$ )

Der Beweis folgt mittels vollständiger Induktion über $|A|$ direkt aus Definition 3.3

Beispiel 3.1   Sei

$\Omega_p := \{\pi | \pi = (a_1, \ldots, a_n)$ ist Permutation der Zahlen $1, \ldots, n\}$. Die Schreibweise $\pi = (a_1, \ldots, a_n)$ ist dabei so zu verstehen, daß $\pi(i) = a_i$ gilt. $\Omega_p$ ist also der Stichprobenraum der n! Permutationen der Zahlen $1, \ldots, n$. Es liege Gleichverteilung vor, d.h. die Wahrscheinlichkeit, bei beliebiger Auswahl einer Permutation aus $\Omega_p$ eine fest vorgegebene Permutation zu erhalten, ist $\frac{1}{n!}$ . Betrachtet man z.B. $A = \{\pi | \pi = (n, a_2, \ldots, a_n)\} \subseteq \Omega_p$, so folgt $|A| = (n-1)!$ und Satz 3.1 liefert daher $p(A) = \frac{|A|}{|\Omega_p|} = \frac{(n-1)!}{n!} = \frac{1}{n}$ .

Definition 3.4   Jede Abbildung $\varphi : \Omega \to \gamma \subseteq \mathbb{R}$ heißt Zufallsgröße oder (eigentlich besser) Zufallsfunktion.

Definition 3.5   p sei W-Funktion auf $\Omega$, $\varphi : \Omega \to \gamma$ eine Zufallsgröße. Die Funktion $p_\varphi : P(\gamma) \to [0,1]$ mit $p_\varphi(S) := p(\{w \in \Omega | \varphi(w) \in S\})$ heißt die durch p induzierte Wahrscheinlichkeitsverteilung von $\varphi$.

$p_\varphi(S)$ ist also die Wahrscheinlichkeit (für das Ereignis), daß $\varphi$ einen Wert aus S annimmt.

Verabredung:   Liegt $\varphi$ fest und gilt $\gamma = \{a_0, a_1, \ldots\}$, so setzt man $p_k := p_\varphi(\{a_k\})$ und nennt $p_k$ die Wahrscheinlichkeit für $a_k$.

Auf dem Würfelstichprobenraum $\Omega_W$ ist durch $\varphi_W(w_i) = i$ eine Zufallsgröße $\varphi_W : \Omega_W \to \{1, \ldots, 6\}$ definiert. Für diese Zufallsgröße erhält man bei Gleichverteilung $p_1 = p_2 = \ldots = p_6 = \frac{1}{6}$ .

Auf $\Omega_p$ (vgl. Beispiel 3.1) ist durch $\varphi_p(\pi) := \#$ (Maximum-Änderungen beim Lesen der Permutation $\pi$ von links nach rechts) eine Zufallsgröße $\varphi_p : \Omega_p \to \{0, \ldots, n-1\}$ definiert. Bei Gleichverteilung folgt hier:

$P_0 = p_\varphi(\{0\}) = p(A) = \frac{1}{n}$   (mit der oben definierten Menge A)

.

.

.

$P_{n-1} = p_\varphi(\{n-1\}) = p(\{\pi \in \Omega_p | \varphi(\pi) = n-1\}) = p(\{(1,2,3,\ldots,n)\}) = \frac{1}{n!}$

<u>Definition 3.6</u>  Eine Zufallsgröße $\varphi : \Omega \to \gamma$ mit $\gamma \subseteq \mathbb{N}$ heißt <u>natür-</u>
<u>liche Zufallsgröße</u>. Wir denken uns die Elemente von $\gamma$ o.B.d.A. so
numeriert, daß $a_i = i$ ist.

Im folgenden beschränken wir uns beinahe immer auf natürliche Zufallsgrößen. Das bedeutet für die Belange der Informatik keine
Einschränkung der Allgemeinheit, da man z.b. dezimale Meßwerte
durch Multiplikation mit geeigneten Zehnerpotenzen oder negative
Zahlen durch Addition mit genügend großen natürlichen Zahlen in
den Bereich der natürlichen Zahlen hineintransformieren kann.
Sei $\varphi$ eine Zufallsgröße. Die Wahrscheinlichkeiten $p_i$ für das Auftreten von $a_i$ ($i=0,1,2,...$) beschreiben in gewissem Sinne die Wahrscheinlichkeitsverteilung von $\varphi$. Für die $p_i$ gilt nach Definition
3.5 stets $p_i \geqslant 0$ und $\Sigma p_i = 1$. Wir nennen daher in Übereinstimmung mit
Definition 2.2 $f(x) := \sum_i p_i x^i$ die <u>erzeugende Funktion</u> für $\varphi$ bei $p$.
Polynome dieser Art wollen wir stochastische Polynome nennen.

<u>Definition 3.7</u>  Ein <u>Polynom</u> $\sum_i p_i x^i$ heißt <u>stochastisch</u>, falls
1. $p_i \geqslant 0$ für alle i
2. $\sum_i p_i = 1$

Wir wollen nun die wichtigen wahrscheinlichkeitstheoretischen Be-
griffe <u>Erwartungswert</u>, <u>Varianz</u> und <u>Streuung</u> von Zufallsgrößen $\varphi$
definieren.

<u>Definition 3.8</u>
$E(\varphi) := \sum_{a_i \in \gamma} a_i \cdot p_i$  heißt <u>Erwartungswert</u> von $\varphi$.

$V(\varphi) := \sum_{a_i \in \gamma} (a_i - E(\varphi))^2 p_i$  heißt Varianz von $\varphi$.

$\sigma(\varphi) := \sqrt{V(\varphi)}$  heißt <u>Streuung</u> von $\varphi$.

Der Erwartungswert (= gewogener Mittelwert) von $\varphi$ ist gleich der
(mit den jeweiligen Wahrscheinlichkeiten) gewogenen Summe aller
möglichen Werte von $\varphi$. Betrachtet man das Quadrat der Abweichung
von $\varphi$ vom Erwartungswert $E(\varphi)$ als neue Zufallsgröße $\psi := (\varphi - E(\varphi))^2$
zur alten Wahrscheinlichkeitsfunktion $p$, so ist die Varianz von $\varphi$
gerade der Erwartungswert von $\psi$. $\psi$ ist i.a. auch dann keine natürliche Zufallsgröße mehr, wenn $\varphi$ es ist. $V(\varphi)$ ist ein Maß für die
mittlere Abweichung zwischen $\varphi$ und $E(\varphi)$, wobei sich wegen der
Quadratbildung Vorzeichenunterschiede herausheben. Die Wurzel bei
der Streuung - gezogen aus einer offenbar nichtnegativen Zahl -

hebt die Quadratbildung bei $\psi$ in gewissem Sinne wieder heraus. Speziell für eine <u>natürliche</u> Zufallsgröße $\varphi$ gilt ein interessanter Zusammenhang zwischen den soeben definierten Größen und gewissen Ableitungen des zugehörigen stochastischen Polynoms $f(x)$.

<u>Satz 3.2</u> $\varphi$ sei eine natürliche Zufallsgröße mit Wahrscheinlichkeitsfunktion p und erzeugender Funktion $f(x)$. Dann gilt

a) $E_f := f'(1) = E(\varphi)$

b) $V_f := f''(1) + f'(1) - (f'(1))^2 = V(\varphi)$.

Beweis: Da bei natürlichen Zufallsgrößen $a_i = i$ gilt, folgt nach Definition 3.8

a) $E(\varphi) = \sum_i i \cdot p_i = f'(1)$. Mit der Abkürzung E für $E(\varphi)$ gilt ferner

b) $V(\varphi) = \sum_i (i-E)^2 p_i = \sum i^2 p_i - 2E \sum i \cdot p_i + E^2 \sum p_i$

$\qquad = \Sigma i(i-1)p_i + \Sigma i \cdot p_i - 2E^2 + E^2$

$\qquad = f''(1) + f'(1) - E^2 = f''(1) + f'(1) - (f'(1))^2$ .

Zu der Würfel-Zufallsgröße $\varphi_W$ lautet die erzeugende Funktion

$f(x) = \frac{1}{6}(x+x^2+x^3+x^4+x^5+x^6)$. Mit

$f'(x) = \frac{1}{6}(1+2x+3x^2+4x^3+5x^4+6x^5)$ und $f''(x) = \frac{1}{6}(2+6x+12x^2+20x^3+30x^4)$

folgt $E(\varphi_W) = \frac{1}{6} \cdot 21 = 3,5$ sowie $V(\varphi_W) = \frac{35}{12}$ und $\sigma(\varphi_W) = \sqrt{\frac{35}{12}} \approx 1,708$.

Hierbei war anschaulich klar, daß man bei einem Wurf im Mittel 3,5 erreichen wird.

Der folgende Satz macht eine Aussage über das Produkt von stochastischen Polynomen. Er kann zur Berechnung von Erwartungswerten und Varianzen für Summen von <u>natürlichen</u> Zufallsgrößen benutzt werden, falls diese Zufallsgrößen "<u>stochastisch unabhängig</u>" sind (vgl. F e l l e r [14], Kap. XI).

<u>Satz 3.3</u> $f_1, \ldots, f_n$ seien stochastische Polynome. Dann gilt

a) $F := f_1 \cdot f_2 \cdot \ldots \cdot f_n$ ist stochastisches Polynom,

b) $E_F = \sum_{i=1}^{n} E_{f_i}$ sowie c) $V_F = \sum_{i=1}^{n} V_{f_i}$ .

(Zur Terminologie von b) und c) vgl. die in Satz 3.2 eingeführte Schreibweise)

Beweis: Wir beweisen den Satz nur für n=2 und schreiben $f_1 =: f$ und $f_2 =: g$. Der Rest folgt leicht durch vollständige Induktion. Statt $f(1)$ schreiben wir zur Verdeutlichung auch $f(x/1)$.

Zu a)  (f·g)(x/l) = f(x/l)g(x/l) = l, da f und g stochastische
Polynome sind.

Zu b)

$E_F$ = (f•g)'(x/l)                 (Definition von $E_F$ in Satz 3.2)

  = (f'•g + f•g')(x/l)             (nach einer Differentiationsregel)

  = f'(1)g(1) + f(1)g'(1)          (Rechnen mit Polynomen)

  = f'(1) + g'(1)                  (g,f sind stochastische Polynome)

  = $E_f$ + $E_g$                  (Definition von $E_f$, $E_g$ in Satz 3.2)

c) beweist man entsprechend.


## 3.2  Zwei Anwendungen

I. Eine hübsche Anwendung von Satz 3.3 (vgl.  K n u t h [30], Kap.
1.2.10) liefert für die in Beispiel 3.1 angegebene Zufallsgröße
$\varphi_P$ mit $\varphi_P(\pi)$ = # (Maximum-Änderungen beim Lesen der Permutation $\pi$
von links nach rechts) den Erwartungswert und die Varianz.
Sei hierzu n⩾1 fest vorgegeben und $p_{n,k}$ die Wahrscheinlichkeit dafür, daß bei einem beliebigen $\pi$ über 1,...,n genau k Maximum-Änderungen nötig sind. Dann ist zu dem stochastischen Polynom

$$f_n(x) := p_{n,0} + p_{n,1}x + p_{n,2}x^2 + \ldots + p_{n,n-1}x^{n-1}$$

$E_{f_n}$ und $V_{f_n}$ zu bestimmen. Dazu werden wir den folgenden Satz benutzen.

__Satz 3.4__   $f_n(x) = \frac{1}{x+n}\binom{x+n}{n}$

Der Beweis wird mittels einiger Lemmas geführt.

__Lemma 3.1__   Sei $a_{n,k}$ := #(Permutationen von 1,...,n mit genau k
Maximum-Änderungen). Dann gilt:  $a_{n,k} = a_{n-1,k-1} + (n-1)a_{n-1,k}$

Beweis:  Die $a_{n,k}$ Permutationen $\pi$ werden in 2 disjunkte Klassen
aufgeteilt. Sodann wird ein Pascal-Argument verwendet.
1. Fall: $\pi$=( ,...,n), d.h. hinten steht das größte Element. Dann
findet zwischen Platz n-1 und Platz n eine Maximum-Korrektur statt,
also müssen zwischen Platz 1 und Platz n-1 genau k-1 Maximum-Kor-
rekturen stattfinden. Das ist bei $a_{n-1,k-1}$ Permutationen der Fall.
2. Fall: $\pi$=( ,...,i) mit i≠n, d.h. hinten steht nicht das größte
Element.
Für i gibt es dann n-1 Möglichkeiten, und auf die Plätze 1 bis n-1
sind Permutationen über n-1 Elementen mit genau k Maximum-Änderun-

gen zu schreiben. Also gibt es in diesem Falle $(n-1)a_{n-1,k}$ Permutationen.

Addition liefert Lemma 3.1 .

Nach Satz 3.1 gilt $p_{n,k} = \frac{a_{n,k}}{n!}$, und mit Lemma 3.1 folgt nun sofort:

__Lemma 3.2__  Für k>0 gilt  $p_{n,k} = \frac{1}{n}p_{n-1,k-1} + \frac{n-1}{n}p_{n-1,k}$

__Lemma 3.3__  Für n⩾2 gilt  $f_n(x) = \frac{x+n-1}{n}f_{n-1}(x)$

Beweis zu Lemma 3.3:  Es gilt

$$f_{n-1}(x) = p_{n-1,0} + p_{n-1,1}x + \ldots + p_{n-1,n-1}x^{n-1}.$$

Addition von $\frac{x}{n}f_{n-1}(x)$ und $\frac{n-1}{n}f_{n-1}(x)$ unter Berücksichtigung von Lemma 3.2 liefert daher

$$\frac{x+n-1}{n}f_{n-1}(x) = \frac{n-1}{n}p_{n-1,0} + p_{n,1}x + \ldots + p_{n,n-2}x^{n-2} + p_{n,n-1}x^{n-1}$$

Wegen $\frac{n-1}{n}p_{n-1,0} = \frac{n-1}{n} \cdot \frac{1}{n-1} = \frac{1}{n} = p_{n,0}$ folgt die Behauptung.

Nun läßt sich leicht Satz 3.4 mittels vollständiger Induktion nach n beweisen.

n=1 :  $f_1(x) = p_{1,0} = 1$ ; $\frac{1}{x+1}\binom{x+1}{1} = 1$, also $f_1(x) = \frac{1}{x+1}\binom{x+1}{1}$.

Der Satz sei richtig für n-1. Dann folgt:

$$\begin{aligned}
f_n(x) &= \frac{x+n-1}{n}f_{n-1}(x) && \text{Lemma 3.3}\\
&= \frac{x+n-1}{n} \cdot \frac{1}{x+n-1}\binom{x+n-1}{n-1} && \text{Induktionsvoraussetzung}\\
&= \frac{1}{n}\binom{x+n-1}{n-1} = \frac{1}{x+n}\binom{x+n}{n}
\end{aligned}$$

Mit Satz 3.4 ist die Voraussetzung zur Berechnung von $E_{f_n}$ und $V_{f_n}$ geschaffen.

Zunächst folgt mit $g_1(x) := \frac{1}{i+1}(i+x)$ aus Satz 3.3:

$f_n(x) = g_1(x) \cdot g_2(x) \cdot \ldots \cdot g_{n-1}(x)$. Da alle $g_i(x)$ stochastische Polynome sind, liefert Satz 3.3:

$$E_{f_n} = \sum_{i=1}^{n-1} E_{g_i} \qquad ; \qquad V_{f_n} = \sum_{i=1}^{n-1} V_{g_i}$$

$$E_{g_i} = g_i{}'(1) = \frac{1}{i+1} \; ; \; V_{g_i} = \frac{1}{i+1} - \frac{1}{(i+1)^2}$$

Seien $H_n := 1 + \frac{1}{2} + \frac{1}{3} + \ldots + \frac{1}{n}$ die (als bekannt anzusehenden) Anfänge der harmonischen Reihe. Damit folgt schließlich

$$E_{f_n} = H_n - 1 \qquad \text{und} \qquad V_{f_n} = H_n - (1 + \frac{1}{2^2} + \frac{1}{3^2} + \ldots + \frac{1}{n^2}).$$

II. Als weitere Anwendung zu den hier eingeführten Begriffen wollen wir einige Fragestellungen untersuchen, die in der Literatur
i.a. unter dem Problemkreis "random walks" zu finden sind (vgl.
z.B. F e l l e r [14], Kap. III). Wir wählen folgende Problemum-
schreibung:

T sei eine "Figur" mit eindimensioner Beweglichkeit (z.B. eine
Turing-Maschine), die auf einem Feld O startet und jeweils mit der
Wahrscheinlichkeit $\frac{1}{2}$ um ein Feld nach rechts bzw. nach links rücken
kann. Unter allen möglichen Wegen $w$, die T auf diese Art in $2n$
Schritten zurücklegen kann, betrachten wir nur diejenigen, bei de-
nen T nach $2n$ Schritten wieder auf dem Feld O steht. $\Omega_{2n}$ sei die
Menge solcher Wege. Zur besseren Veranschaulichung interpretieren
wir die Wege $w \in \Omega_{2n}$ in einem zweidimensionalen Modell wie folgt:

Jeder Weg $w \in \Omega_{2n}$ wird dargestellt als Polygon aus $2n$ Streckenzügen
der Länge 1, das die Punkte $(0,0)$ und $(n,n)$ im 1. Quadranten eines
Koordinatenkreuzes verbindet und bei dem die Strecken jeweils parallel zu den Achsen verlaufen. Für $n=5$ entspricht dem Weg
$w = RRRLRLLRLL$ z.B. das Polygon in Fig. 3.1, wenn man R mit "horizontal" und L mit "vertikal" identifiziert.

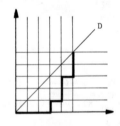

Fig. 3.1

Mittels der Polygoninterpretation folgt $|\Omega_{2n}| = \binom{2n}{n} =: b_{2n}$, denn
jedes Polygon aus $2n$ Strecken, das $(0,0)$ mit $(n,n)$ verbindet, muß
genau $n$ horizontale (und damit auch $n$ vertikale) Strecken enthalten.

Wie groß ist für einen Weg $w \in \Omega_{2n}$ die Wahrscheinlichkeit $p_{2n}$, daß T erstmals nach 2n Schritten wieder auf 0 steht?

Nach Satz 3.1 gilt $p_{2n} = \dfrac{w_{2n}}{|\Omega_{2n}|}$ , wobei $w_{2n}$ die Anzahl der Wege $w \in \Omega_{2n}$ von T ist, bei denen T erstmals nach 2n Schritten wieder auf 0 steht. $w_{2n}$ ist also gleich der Anzahl der Polygone von (0,0) nach (n,n), auf denen (außer (0,0) und (n,n)) niemals ein Punkt (x,x) liegt. Jedes solche Polygon geht entweder durch den Punkt (0,1) (und verläuft dann nur oberhalb der Diagonalen D) oder durch den Punkt (1,0) (und verläuft dann nur unterhalb von D). Man erhält so eine Zerlegung der Menge der gesuchten Polygone in zwei offenbar gleichmächtige Teilmengen. Daher betrachten wir nur die Polygone, die durch (0,1) gehen. Sie müssen dann auch durch (n-1,n) verlaufen und berühren dazwischen niemals D. Durchschreitet man ein solches Polygon von (0,1) nach (n-1,n) und setzt für eine vertikale Strecke eine (-Klammer und für eine horizontale Strecke eine )-Klammer, so erhält man eine Folge aus n-1 (-Klammern und n-1 )-Klammern mit der Eigenschaft, daß an jeder Stelle der Folge die Anzahl der (-Klammern größer oder gleich der Anzahl der )-Klammern ist. Diese Klammerfolge läßt sich also interpretieren als zulässige Klammerung eines "Produkts" aus n Faktoren (vgl. Abschnitt 2.3). Da diese Interpretation umkehrbar ist, ergibt sich für die Anzahl der gesuchten Polygone von (0,1) nach (n-1,n) die Catalansche Zahl $\frac{1}{n} \binom{2n-2}{n-1}$.

Damit folgt $w_{2n} = 2 \cdot \frac{1}{n}\binom{2n-2}{n-1} = \frac{1}{2n-1} b_{2n}$ und $p_{2n} = \dfrac{w_{2n}}{b_{2n}} = \dfrac{1}{2n-1}$ als Antwort auf die obige Frage.

Auf $\Omega_{2n}$ sei schließlich eine Zufallsgröße $\varphi_{2n}$ definiert durch

$\varphi_{2n}(w) := \#$ (Haltepunkte von T bei $w$, die nicht links von 0 liegen). Wir wollen Erwartungsert und Varianz von $\varphi_{2n}$ berechnen. Es ist aus Symmetriegründen plausibel, daß $E_{\varphi_{2n}} = n$ sein wird. Der Beweis hierfür ist allerdings nicht trivial. Wir beweisen zunächst den folgenden Satz.

<u>Satz 3.5</u>  Für die Anzahl $w_{2n,k}$ der Wege $w \in \Omega_{2n}$, bei denen genau k Haltepunkte nicht links von 0 liegen, gilt:

a) $w_{2n,2k-1} = 0$ für $k \geq 1$

b) $w_{2n,2k}$ ist unabhängig von k, und es gilt $w_{2n,2k} = \frac{1}{n+1}\binom{2n}{n}$.

$w_{2n,2k}$ ist also gleich der Catalanschen Zahl $a_{n+1}$.

Beweis: $w_{2n,k}$ ist die Anzahl der Polygone zwischen $(0,0)$ und $(n,n)$, bei denen genau k Strecken unterhalb der Diagonalen D liegen. Da ein zwischen $(x,x)$ und $(y,y)$ unterhalb von D verlaufendes Polygon gleichviele horizontale und vertikale Strecken enthalten muß, folgt direkt $a_{2n,2k-1} = 0$ für $k=1,\ldots,n$.

Die gleiche Überlegung wie die zur Berechnung von $p_{2n}$ zeigt $a_{2n,0} = a_{2n,2n} = \frac{1}{n+1}\binom{2n}{n}$. Es bleibt $a_{2n,2k} = \frac{1}{n+1}b_{2n}$ für $1 \leq k \leq n-1$ zu zeigen. Dazu beweisen wir zunächst das folgende Lemma.

Lemma 3.4  Für $1 \leq k \leq n$ gilt:

$$a_{2n,2k} = \frac{1}{2}\left(\sum_{r=1}^{k} a_{2r} \cdot a_{2n-2r,2k-2r} + \sum_{r=1}^{n-k} a_{2r} \cdot a_{2n-2r,2k}\right)$$

Dabei sei $a_{i,j} := 0$, falls $j > i$.

Beweis: Wir betrachten ein Polygon $w$ mit genau $2k > 0$ Strecken unterhalb von D. Beginnend im Punkt $(0,0)$ muß dabei in einem Punkt $(r,r)$ $(1 \leq r \leq n)$ erstmals wieder D getroffen werden. $w$ ist also zusammengesetzt aus zwei Polygonen $w_1$ (von $(0,0)$ nach $(r,r)$) und $w_2$ (von $(r,r)$ nach $(n,n)$). $w_2$ kann leer sein. Für $w_1$ sind zwei Fälle möglich.

1. Fall: $w_1$ verläuft unterhalb von D.

$w_1$ liefert dann $2r$ Strecken unterhalb von D zu $w$. Nach der Berechnung für $p_{2n}$ gibt es für $w_1$ genau $\frac{1}{2}a_{2r}$ Möglichkeiten. Folglich gibt es in diesem Fall $\frac{1}{2}a_{2r} \cdot a_{2n-2r,2k-2r}$ Polygone zwischen $(0,0)$ und $(n,n)$ mit genau k Strecken unterhalb von D.

2. Fall: $w_1$ verläuft oberhalb von D.

Für $w$ muß dann $w_2$ alle $2k$ Strecken unterhalb von D liefern. In diesem Fall erhält man also $\frac{1}{2}a_{2r} \cdot a_{2n-2r,2k}$ mögliche Polygone $w$.

Unter Berücksichtigung, daß im ersten Fall $r \leq k$, im zweiten Fall $r \leq n-k$ gelten muß, folgt das Lemma.

Wegen $a_{2r} = \frac{1}{2r-1}b_{2r}$ gilt weiter:

$$a_{2n,2k} = \frac{1}{2} \left( \sum_{r=1}^{k} \frac{1}{2r-1} b_{2r} \cdot a_{2n-2r,2k-r} + \sum_{r=1}^{n-k} \frac{1}{2r-1} b_{2r} \cdot a_{2n-2r,2k} \right)$$

$$= \sum_{r=1}^{k} \frac{1}{r} b_{2r-2} \cdot a_{2n-2r,2k-2r} + \sum_{r=1}^{n-k} \frac{1}{r} b_{2r-2} \cdot a_{2n-2r,2k}$$

Wir beweisen nun $a_{2n,2k} = \frac{1}{n+1} b_{2n}$ für $1 \leqslant k \leqslant n-1$ durch Induktion über n.

Für n=1 ist nichts mehr zu zeigen.

Die Behauptung sei richtig für alle Polygone zwischen (0,0) und (m,m) mit m<n.

Wir betrachten nun Polygone $\omega$ zwischen (0,0) und (n,n).

In obiger Gleichung für $a_{2n,2k}$ läßt sich auf $a_{2n-2r,2k-2r}$ und $a_{2n-2r,2k}$ die Induktionsvoraussetzung anwenden und führt auf

$$a_{2n,2k} = \sum_{r=1}^{k} \frac{1}{r(n-r+1)} b_{2r-2} \cdot b_{2n-2r} + \sum_{r=1}^{n-k} \frac{1}{r(n-r+1)} b_{2r-2} \cdot b_{2n-2r} .$$

Mit der Indextransformation $i := n-r+1$ in der 2. Summe folgt

$$a_{2n,2k} = \sum_{r=1}^{k} \frac{1}{r(n-r+1)} b_{2r-2} \cdot b_{2n-2r} + \sum_{i=k+1}^{n} \frac{1}{(n-i+1)} b_{2n-2i} \cdot b_{2i-2}$$

$$= \sum_{r=1}^{n} \frac{1}{r(n-r+1)} b_{2r-2} \cdot b_{2n-2r} \quad \text{für } 1 \leqslant k \leqslant n.$$

$a_{2n,2k}$ ist also unabhängig von k, und daher muß

$$a_{2n,2k} = a_{2n,2n} = \frac{1}{n+1} b_{2n} \quad \text{für } 1 \leqslant k \leqslant n-1 \text{ gelten. Dies beweist Satz 3.5.}$$

Damit sind die Voraussetzungen zur Berechnung von $E_{\varphi_{2n}}$ und $V_{\varphi_{2n}}$

geschaffen. Im stochastischen Polynom $\sum_{i=0}^{2n} p_i \cdot x^i = f_{2n}(x)$ zu $\varphi_{2n}$ ist $p_i$ die Wahrscheinlichkeit, daß ein Polygon $\omega$ genau i Streckenzüge unterhalb D besitzt. Nach dem vorhergehenden folgt $p_{2i} = \frac{1}{n-1}$, $p_{2i-1} = 0$, und damit

$$f_{2n}(x) = \frac{1}{n+1} \sum_{i=0}^{n} x^{2i} \quad \text{und} \quad f'_{2n}(x) = \frac{1}{n+1} \sum_{i=0}^{n} 2i \cdot x^{2i-1} .$$

Also ist $E_{\varphi_{2n}} = f'_{2n}(1) = \frac{1}{n+1}(2+4+\ldots+2n) = n.$

Schließlich ergibt sich

$$V_{\varphi_{2n}} = f''_{2n}(1) + f'_{2n}(1) - (f'_{2n}(1))^2 = \frac{1}{n+1} \sum_{k=0}^{n} 2k(2k-1) + n - n^2 = \frac{1}{3} n(n+2).$$

# 4. Boolesche Algebra

## 4.1 Schaltalgebra

Die in Digitalrechnern verwendete Schaltkreistechnik arbeitet im
Gegensatz zur analogen Schaltkreistechnik meist mit nur zwei verschiedenen Spannungswerten. Den Beschreibungserfordernissen der
digitalen Schaltnetze entspricht in besonderer Weise die sog.
Schaltalgebra (engl. switching algebra).
Mathematisch gesehen - und das liefert die Motivation für die Aufnahme der Schaltalgebra in ein Buch über diskrete Strukturen - bildet die Schaltalgebra ein Modell eines diskreten, sogar endlichen
Booleschen Verbandes (Boolesche Algebra). Dies wird sich in Abschnitt 4.5 ergeben.
Wir wählen hier den methodischen Weg vom Speziellen zum Allgemeinen, da wir meinen, daß Grundkenntnisse über Schaltalgebra für den
Informatiker wichtiger sind als das Wissen über die Zugehörigkeit
der Schaltalgebra zu einer allgemeineren mathematischen Theorie,
die, wie sich in Abschnitt 4.5 zeigen wird, im Falle der Endlichkeit sowieso nur sehr wenige Modelle besitzt.
Den Formalismus der Booleschen Algebra entwickelte der Engländer
George B o o l e Mitte des letzten Jahrhunderts zum Zweck der
mathematischen Behandlung von Aussagenverknüpfungen. Zugrundege-
legt wird dabei die auf A r i s t o t e l e s zurückgehende und
auch heute noch übliche zweiwertige Aussagenlogik. Grundzüge der
Aussagenlogik werden hier nicht behandelt, es sei auf die Literatur verwiesen, z.B. auf H e r m e s [24].
Wir gehen aus von einer zweielementigen Grundmenge $B = \{0,1\}$, wobei
wir, wie in Abschnitt 1.1 angedeutet wurde, 1 als Wahrheitswert W
(wahr) und 0 als Wahrheitswert F (falsch) interpretieren. Es sei
angemerkt, daß die Symbole 0 und 1 als Elemente von $B$ gewählt
werden, weil es nützlich ist, in gewissen Situationen diese beiden Elemente als die reellen Zahlen 0 und 1 zu interpretieren.

Variablen, die Werte aus $B$ annehmen können, nennen wir Boolesche
Variablen. Da innerhalb von Datenverarbeitungsanlagen i.a. nur mit
dem Binäralphabet 0,1 operiert wird, liegen Daten und Befehle
binär codiert vor. Man kann Daten daher als Folgen der Booleschen
Werte 0 und 1 interpretieren, und Befehle, die i.a. Operationen

an den Daten bewirken, können als Verknüpfungen und damit als
Funktionen interpretiert werden, deren Argumente Folgen von
Booleschen Werten sind.
Wir wollen uns in diesem Abschnitt mit "Booleschen" Funktionen be-
schäftigen, spezielle Funktionen kennenlernen und Normalformen für
Darstellungen solcher Funktionen herleiten.

__Definition 4.1__  Sei $n \in \mathbb{N}^+$ und $m \in \mathbb{N}^+$
$\Phi$ heißt __Boolesche Funktion__, falls $\Phi : B^n \to B^m$.

$\Phi$ ordnet also jedem n-Tupel $(x_1, \ldots, x_n)$ mit $x_i \in B$ ein m-Tupel
$(y_1, \ldots, y_m)$ mit $y_j \in B$ zu. Man kann $\Phi$ daher auch als m-Tupel
$(\varphi_1, \ldots, \varphi_m)$ von Funktionen $\varphi_i : B^n \to B$ interpretieren. Wir werden
uns daher auf den Fall m=1 beschränken und nennen die speziellen
Booleschen Funktionen $\Phi : B^n \to B$ __Schaltfunktionen__.
Wegen des Zusammenhangs mit den aussagenlogischen Verknüpfungen betrachten wir zunächst die ein- und zweistelligen Schaltfunktionen.

Für n=1 gibt es $2^2 = 4$ Schaltfunktionen, die in der nebenstehenden
Tabelle spaltenweise aufgelistet
sind. $\psi_1$ und $\psi_4$ sind Konstante,
i.a. einfach 0 und 1 geschrieben.
Lediglich $\psi_2$ und $\psi_3$ hängen von x
echt ab. $\psi_2$ heißt Identität, $\psi_3$

| x | $\psi_1$ | $\psi_2$ | $\psi_3$ | $\psi_4$ |
|---|---|---|---|---|
| 0 | 0 | 0 | 1 | 1 |
| 1 | 0 | 1 | 0 | 1 |

Negation. Statt $\psi_3(x)$ schreibt man üblicherweise $\bar{x}$ oder, wenn man
die dahinterliegende aussagenlogische Terminologie verwendet, auch
$\neg x$. Man bemerke außerdem, daß es sich bei $\psi_3(x)$ einfach um die
Subtraktion 1-x handelt.

Für n=2 gibt es $2^{2^2} = 16$ verschiedene Schaltfunktionen $\varphi_1, \ldots, \varphi_{16}$,
die wir wie für n=1 durch die jeweiligen Wertetabellen spaltenweise
auflisten:

| x | y | $\varphi_1$ | $\varphi_2$ | $\varphi_3$ | $\varphi_4$ | $\varphi_5$ | $\varphi_6$ | $\varphi_7$ | $\varphi_8$ | $\varphi_9$ | $\varphi_{10}$ | $\varphi_{11}$ | $\varphi_{12}$ | $\varphi_{13}$ | $\varphi_{14}$ | $\varphi_{15}$ | $\varphi_{16}$ |
|---|---|---|---|---|---|---|---|---|---|---|---|---|---|---|---|---|---|
| 0 | 0 | 0 | 0 | 0 | 0 | 0 | 0 | 0 | 0 | 1 | 1 | 1 | 1 | 1 | 1 | 1 | 1 |
| 0 | 1 | 0 | 0 | 0 | 0 | 1 | 1 | 1 | 1 | 0 | 0 | 0 | 0 | 1 | 1 | 1 | 1 |
| 1 | 0 | 0 | 0 | 1 | 1 | 0 | 0 | 1 | 1 | 0 | 0 | 1 | 1 | 0 | 0 | 1 | 1 |
| 1 | 1 | 0 | 1 | 0 | 1 | 0 | 1 | 0 | 1 | 0 | 1 | 0 | 1 | 0 | 1 | 0 | 1 |

Wegen der Übereinstimmung der Wertetabellen mit den Wahrheitstafeln für die aussagenlogischen Verknüpfungszeichen (vgl. Abschnitt
1.1) verwendet man für einige der obigen 16 Funktionen spezielle

Namen und Schreibweisen. Uns interessieren hier folgende Fälle:

| Funktion | Namen | Schreibweisen |
|----------|-------|---------------|
| $\varphi_2$ | und - Funktion<br>Konjunktion | $x \cdot y$ [1] , $x \wedge y$ |
| $\varphi_7$ | Entweder-oder - Funktion<br>Antivalenz<br>XOR (e$\underline{X}$clusives $\underline{O}$de$\underline{R}$) | $x \leftrightarrow y$ |
| $\varphi_8$ | oder - Funktion<br>Disjunktion | $x + y$ , $x \vee y$ |
| $\varphi_9$ | NOR-Funktion<br>Peirce - Funktion | $x \downarrow y$ , $\overline{x \vee y}$ |
| $\varphi_{15}$ | NAND - Funktion<br>Sheffer - Funktion | $x \uparrow y$ , $\overline{x \wedge y}$ |

Auf Vor- und Nachteile dieser Grundfunktionen bei der technischen
Realisierung durch konkrete Schaltelemente, etwa Transistoren,
gehen wir hier nicht ein.

Weitere Darstellungsarten für Schaltfunktionen sind die sog. Symboldarstellung und die Darstellung durch Kontaktskizzen. Dabei
werden die Grundfunktionen $^{-}$, $\cdot$, $+$ zeichnerisch wie folgt dargestellt (vgl. z.B. [11]III.3):

Symboldarstellung          Kontaktskizze

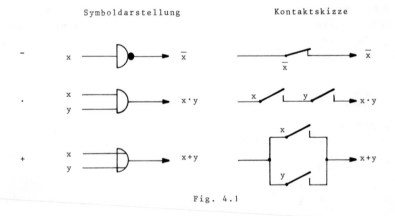

Fig. 4.1

---

[1] in $x \cdot y$ wird der $\cdot$-Punkt häufig weggelassen (wie auch in der
Arithmetik).

Setzt man in einer Schaltfunktion für eine Variable eine andere
Schaltfunktion ein, so erhält man wieder eine Schaltfunktion.

<u>Beispiel 4.1</u>  Ersetzt man in x + y die Variable x durch a·b + b·$\overline{c}$
und die Variable y durch $\overline{a}$·(b·c), so erhält man die (3-stellige)
Funktion (a·b + b·$\overline{c}$) + $\overline{a}$·(b·c). Die Symboldarstellung dieser Funktion ist in Figur 4.2 dargestellt.

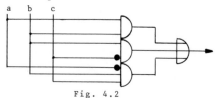

Fig. 4.2

Im Zusammenhang mit diesem Einsetzungsprozeß ergeben sich zwangsläufig drei Fragen:

1. Wie erkennt man, ob zwei gegebene Schaltfunktionen gleich sind?

2. Kann man Schaltfunktionen in einer gewissen "normierten"
   Schreibweise angeben, und zwar eindeutig?

3. Kann man jede Schaltfunktion aus den aufgeführten ein- und zweistelligen Schaltfunktionen erhalten?

Natürlich liefert eine postive Antwort auf Frage 2 gleichzeitig
eine Antwort auf Frage 1. Trotzdem gehen wir zuvor kurz auf 1. ein,
da die Frage prinzipiell sehr leicht zu beantworten ist. Man stellt
für jede der gegebenen Funktionen eine Wertetabelle auf und verwendet dabei die angegebenen Wertetabellen für die Grundfunktionen,
d.h. man verwendet einfach die aussagenlogische Wahrheitstafelmetho-
de zur Untersuchung auf Tautologie.

<u>Aufgabe 4.1</u>  Gilt x$\leftrightarrow$y = $\overline{x}$·y + x·$\overline{y}$?

Die Gleichheit gilt, wie man durch Vergleich der Wertetabellen für
x$\leftrightarrow$y  (=$\varphi_7$(x,y)) und $\overline{x}$·y + x·$\overline{y}$  (=$\varphi_8$($\varphi_2$($\psi_3$(x),y),$\varphi_2$(x,$\psi_3$(y))  sieht.

Mit dieser Methode lassen sich viele Formeln für Schaltfunktionen
als Tautologie erkennen. Wir geben einige wichtige an.

<u>Satz 4.1</u>

a)   x + 0 = x                    x·1 = x

b)   x + 1 = 1                    x·0 = 0

c)   x + y = y + x               x·y = y·x

d)   (x + y) + z = x + (y + z)    (x·y)·z = x·(y·z)

e)   $x + (y \cdot z) = (x + y) \cdot (x + z)$      $x \cdot (y + z) = (x \cdot y) + (x \cdot z)$

f)   $x + \bar{x} = 1$                              $x \cdot \bar{x} = 0$

g)   $\overline{(x \cdot y)} = \bar{x} + \bar{y}$                        $\overline{(x + y)} = \bar{x} \cdot \bar{y}$

Die Formeln unter g) heißen die Gesetze von de Morgan. Alle Beweise lassen sich mit Wahrheitstafeln führen.

Zur Behandlung der 2. gestellten Frage betrachten wir nun eine beliebige n-stellige Schaltfunktion $\varphi(x_o, \ldots, x_{n-1})$. Es erweist sich an dieser Stelle als zweckmäßig, die Indizes für die n Variablen von 0 bis n-1 laufen zu lassen. Die Wertetabelle sei in folgender Form aufgestellt:

| $x_{n-1} \cdots \cdots \cdots \cdots \cdots \cdots x_o$ | | | | | | $\varphi(x_o, \ldots, x_{n-1})$ |
|---|---|---|---|---|---|---|
| 0-te Zeile | 0 | 0 | 0 | ..... 0 | 0 | $W_o$ |
| 1-te Zeile | 0 | 0 | 0 | ..... 0 | 1 | $W_1$ |
| 2-te Zeile | 0 | 0 | 0 | ..... 1 | 0 | $W_2$ |
| . | | | . | | | . |
| . | | | . | | | . |
| . | | | . | | | . |
| i-te Zeile | $i_{n-1}$ | $i_{n-2}$ | $i_{n-3}$ $\cdots$ | $i_1$ | $i_o$ | $W_i$ |
| . | | | . | | | . |
| . | | | . | | | . |
| . | | | . | | | . |
| $2^n-1$ te Zeile 1 | 1 | 1 | | 1 | 1 | $W_{2^n-1}$ |

Dabei wird die Reihenfolge der Zeilen so gewählt, daß in der i-ten Zeile $i_k$ die k-te Ziffer der Dualzahldarstellung von i ist, d.h.

$$i = \sum_{k=0}^{n-1} i_k \cdot 2^k .$$

In den Wertetabellen führen wir also eine systematische Reihenfolge der Argumente ein. Ferner gilt natürlich für die Werte $W_i \in \{0,1\}$.

Die n-stelligen Schaltfunktionen lassen sich nun aus einfacheren Funktionen, sog. Basisfunktionen oder Mintermen, gewinnen.

Definition 4.2   Sei $i = \sum_{k=0}^{n-1} i_k \cdot 2^k$, also $i_{n-1} \ldots i_o$ die Dualzahldarstellung von i.

$m_i(x_o, \ldots, x_{n-1}) := \begin{cases} 1, & \text{falls } x_k = i_k \text{ für } k=0, \ldots, n-1 \\ 0 & \text{sonst} \end{cases}$

heißt i-ter Minterm .

Zu jedem n gibt es also $2^{2^n}$ Minterme. Jeder Minterm der Form $m_i(x_0,\ldots,x_{n-1})$ nimmt nur für ein Argument den Wert 1 an und zwar dann, wenn $x_{n-1}x_{n-2}\cdots x_0$ gerade die Dualzahldarstellung von i ist. Daher läßt sich jeder Minterm als Konjunktion schreiben, in der für jedes j entweder $x_j$ oder $\bar{x}_j$ vorkommt. Werden alle Minterme $m_i(x_0,\ldots,x_{n-1})$, für die in der Wertetabelle von $\varphi(x_0,\ldots,x_{n-1})$ gilt, daß $W_i=1$ ist, durch + miteinander verknüpft, so ergibt sich wegen der Definition der Disjunktion eine Darstellung der Schaltfunktion $\varphi$. Wir haben damit die sog. disjunktive Normalform von $\varphi$ hergeleitet (Abkürzung DN) und den folgenden Satz bewiesen.

Satz 4.2  (Darstellungssatz, Satz von der DN)
Jede n-stellige Schaltfunktion ist eine Disjunktion von Mintermen.

Aufgabe 4.2  Man gebe die Schaltfunktion $\varphi(x_0,x_1,x_2)=x_0\cdot(\bar{x}_1+\bar{x}_2)$ in disjunktiver Normalform an.
Lösung: Die DN von $\varphi$ lautet  $x_0\bar{x}_1\bar{x}_2 + x_0\bar{x}_1x_2 + x_0x_1\bar{x}_2$.

Als Korollar erhält man aus dem Darstellungssatz und der Bemerkung, daß sich jeder Minterm als Konjunktion der Variablen $x_i$ bzw. deren Negaten schreiben läßt:

Korollar 4.1  Jede Schaltfunktion $\varphi(x_1,\ldots,x_n)$ läßt sich allein mit $\bar{\phantom{x}}$, $\cdot$, + schreiben.

Dieses Korollar beantwortet die eingangs gestellte Frage 3 nach der Darstellbarkeit aller Schaltfunktionen durch die ein- und zweistelligen Schaltfunktionen positiv.
Unter Verwendung der de Morganschen Gesetze erhält man
$x + y = \overline{\bar{x}\cdot\bar{y}}$  und  $x\cdot y = \overline{\bar{x} + \bar{y}}$ . Daher läßt sich die Aussage dieses Korollars weiter verschärfen und zwar dahingehend, daß zur Darstellung aller Schaltfunktionen die Funktionen $\bar{\phantom{x}}$ und + bzw. $\bar{\phantom{x}}$ und $\cdot$ ausreichen.

Aufgabe 4.3  Man zeige: Alle Schaltfunktionen lassen sich nur mit der NAND-Funktion darstellen.
Die Lösung folgt sofort aus $\bar{x} = x\uparrow x$  und  $x\cdot y = (x\uparrow y)\uparrow(x\uparrow y)$.
Verknüpft man alle Minterme $m_i(x_0,\ldots,x_{n-1})$, für die $W_i=0$ in der Wertetabelle von $\varphi$ gilt, disjunktiv miteinander, so erhält man die DN von $\bar{\varphi}$. Nochmalige Negation ergibt wieder $\varphi$. Formt man die negierte DN von $\bar{\varphi}$ durch wiederholte Anwendung der de Morganschen Gesetze um, so erhält man eine Darstellung von $\varphi$ als Konjunktion von Disjunktionen. Hierin nennt man die Disjunktionen Maxterme, und

die erhaltene Darstellung von $\varphi$ heißt <u>konjunktive Normalform</u> von $\varphi$ (kurz KN). Auf die Funktion $\varphi$ aus Aufgabe 4.2 angewandt liefert dieser Prozeß

$$\overline{\varphi} = \overline{x}_o\overline{x}_1\overline{x}_2 + \overline{x}_o\overline{x}_1 x_2 + \overline{x}_o x_1\overline{x}_2 + \overline{x}_o x_1 x_2 + x_o x_1 x_2$$

und damit die KN

$$\overline{\overline{\varphi}} = \varphi = (x_o + x_1 + x_2) \cdot (x_o + x_1 + \overline{x}_2) \cdot (x_o + \overline{x}_1 + x_2) \cdot (x_o + \overline{x}_1 + \overline{x}_2) \cdot (\overline{x}_o + \overline{x}_1 + \overline{x}_2).$$

Welche dieser Normalformen eine kürzere Darstellung von $\varphi$ liefert, hängt davon ab, wie oft $\varphi$ den Wert 0 bzw. den Wert 1 annimmt. Wird der Wert 0 häufiger angenommen, ist die DN von $\varphi$ die kürzere Darstellung, nimmt $\varphi$ den Wert 1 häufiger an, ist die KN kürzer. Hieran zeigt sich, daß die gleiche Schaltfunktion in unterschiedlich langen Darstellungen auftreten kann. Aus wirtschaftlichen Erwägungen wird man daran interessiert sein, eine Darstellungsform für eine Schaltfunktion zu erhalten, deren technische Realisierung geringen Aufwand bzw. minimale Kosten verursacht. Dieses Minimisierungsproblem für Schaltfunktionen werden wir hier nicht behandeln. Es sei auf entsprechende Literatur verwiesen (z.B. M c   C l u s - k e y [40]).

Zum Abschluß sei hier nur noch ein Satz angegeben, der für solche Vereinfachungen von Schaltfunktionen nützlich sein kann.

<u>Satz 4.3</u>  (<u>Entwicklungssatz</u>)

Gegeben sei eine Schaltfunktion $\varphi(x_1, \ldots, x_n)$.

Dann gilt für $i = 1, \ldots, n$:

a) $\varphi(x_1, \ldots, x_n) =$

$= (x_i \cdot \varphi(x_1, \ldots, x_{i-1}, 1, x_{i+1}, \ldots, x_n)) + (\overline{x}_i \cdot \varphi(x_1, \ldots, x_{i-1}, 0, x_{i+1}, \ldots, x_n))$

b) $\varphi(x_1, \ldots, x_n) =$

$= (x_i + \varphi(x_1, \ldots, x_{i-1}, 0, x_{i+1}, \ldots, x_n)) \cdot (\overline{x}_i + \varphi(x_1, \ldots, x_{i-1}, 1, x_{i+1}, \ldots, x_n))$

Beweis: Wir beweisen nur a) und zeigen, daß für $x_i = 0$ und $x_i = 1$ beide Seiten den gleichen Wert annehmen.

1. Fall: $x_i = 0$

$(x_i \cdot \varphi(x_1, \ldots, x_{i-1}, 1, x_{i+1}, \ldots, x_n)) + (\overline{x}_i \cdot \varphi(x_1, \ldots, x_{i-1}, 0, x_{i+1}, \ldots, x_n))$

$= (0 \cdot \varphi(\ldots \ldots)) + (1 \cdot \varphi(x_1, \ldots, x_{i-1}, 0, x_{i+1}, \ldots, x_n))$

$= \qquad 0 \qquad + \varphi(x_1, \ldots, x_{i-1}, 0, x_{i+1}, \ldots, x_n)$

$= \varphi(x_1, \ldots, x_{i-1}, 0, x_{i+1}, \ldots, x_n)$

$= \varphi(x_1, \ldots, x_n)$

2. Fall: $x_i = 1$ entsprechend.

## 4.2 Ordnungen

Sei A eine endliche oder abzählbare Menge und $O$ eine zweistellige
Relation über A. Hierdurch sind sehr einfache diskrete Strukturen
$(A;O)$ im Sinne von Abschnitt 1.1 gegeben. Wir wollen die Relation
$O$ spezialisieren und hier sog. Ordnungsrelationen über A betrachten.
Es sei darauf hingewiesen, daß wir diesen Abschnitt nicht auffassen als eine systematische Einführung des Ordnungsbegriffs aus den
mengentheoretischen Grundbegriffen, sondern als Einführung in die
Terminologie der Ordnungen, um später Manipulationen und systematische Veränderungen an solchen Ordnungen vornehmen zu können, sowie zweckmäßige Speicherungen entsprechend den vorausgesetzten Änderungsmöglichkeiten kennenzulernen.
Für Ordnungsrelationen verwendet man i.a. Symbole der Art < und ≤.

Definition 4.3   ≤ heißt gewöhnliche Ordnung auf A, falls
1. $\forall x,y,z \in A$   ( $x \leq y \land y \leq z \rightarrow x \leq z$ )          (Transitivität)
2. $\forall x,y \in A$   ( $x \leq y \land y \leq x \rightarrow x=y$ )          (Identitivität)
3. $\forall x \in A$   ( $x \leq x$ )          (Reflexivität)

Definition 4.4   < heißt strikte Ordnung auf A, falls
1. $\forall x,y,z \in A$   ( $x < y \land y < z \rightarrow x < z$ )          (Transitivität)
2. $\forall x,y \in A$   ( $x < y \rightarrow \neg y < x$ )          (Asymmetrie)
3. $\forall x \in A$   ( $\neg x < x$ )          (Irreflexivität)
Für $A \neq \emptyset$ ist jede gewöhnliche Ordnung auf A nicht strikt, da sich
Reflexivität und Irreflexivität widersprechen.

Definition 4.5   ≤ sei Ordnung auf A. ≤ heißt lineare Ordnung,
(totale Ordnung) auf A, falls
 $\forall x,y \in A$   ( $x \leq y \lor y \leq x$ )          (Konnexität)

Definition 4.6   < sei strikte Ordnung auf A. < heißt strikte
lineare Ordnung auf A, falls
 $\forall x,y \in A$   ( $x \neq y \rightarrow x < y \lor y < x$ )

Eine Ordnung, die nicht notwendig total ist, heißt auch eine partielle Ordnung oder eine Halbordnung.

Ist $O$ eine Ordnungsrelation, so nennen wir die diskrete Struktur
$(A,O)$ eine geordnete Menge. Nach diesen Definitionen gilt z.B.

1. $(\mathbb{N}, \leqslant)$ ist eine linear geordnete Menge. $(\mathbb{N}, <)$ ist strikt linear geordnet.

2. Die Teilbarkeitsrelation $|$ über $\mathbb{N}$ ist eine Ordnung; sie ist aber nicht linear. Denn es gibt natürliche Zahlen, die bezüglich $|$ nicht vergleichbar sind, z.B. 2 und 3.

3. Die Potenzmenge $P(A)$ ist mit der echten Mengeninklusion $\subset$ eine strikte Ordnung. $(P(A), \subseteq)$ ist eine gewöhnliche Ordnung. $\subset$ und $\subseteq$ sind für Mengen A mit $|A| > 1$ nicht linear.

Strikt linear geordnete Mengen heißen auch <u>Ketten</u>. Der Name Kette wird motiviert durch die Tatsache, daß sich lineare Ordnungen geometrisch als Kette darstellen lassen, wobei verabredet wird, daß für alle Elemente x, die in der Kette links von y liegen, x<y gilt. Auch für gewöhnliche lineare Ordnungen ist dieser Kettenbegriff gebräuchlich. Die eklatante Parallelität zwischen gewöhnlichen und strikten Ordnungen beruht darauf, daß man aus jeder Ordnungsrelation über A der einen Art durch Hinzufügen bzw. Fortlassen der Diagonalen $D = \{(a,a) \mid a \in A\}$ eine Ordnungsrelation der anderen Art machen kann. Genauer formulieren wir:

<u>Aufgabe 4.4</u>   a) Ist $O$ eine gewöhnliche Ordnung, so ist $O \backslash D$ eine strikte Ordnung.   b) Ist $O$ eine strikte Ordnung, so ist $O \cup D$ eine gewöhnliche Ordnung.

Lösung: a) $O$ sei gewöhnliche Ordnung. $O \backslash D$ ist nach Konstruktion <u>irreflexiv</u>. Sei $(x,y) \in O \backslash D \subseteq O$. Wäre auch $(y,x) \in O \backslash D \subseteq O$, so folgte aus der Identitivität von $O$, daß x=y, d.h. $(x,y) \in D$, im Widerspruch zu $(x,y) \in O \backslash D$. Also ist $O \backslash D$ <u>asymmetrisch</u>. Sei zum Nachweis der <u>Transitivität</u> $(x,y) \in O \backslash D$ und $(y,z) \in O \backslash D$. Wegen der Transitivität von $O$ ist $(x,z) \in O$. Wäre $(x,z) \in D$, also x=z, so wäre $(x,y) \in O \backslash D$ und $(y,x) \in O \backslash D$. Wegen der Identitivität von $O$ wäre damit x=y, d.h. $(x,y) \in D$, im Widerspruch zu $(x,y) \in O \backslash D$.

b) $O$ sei strikte Ordnung. $O \cup D$ ist nach Konstruktion <u>reflexiv</u>. Sei $(x,y) \in O \cup D$ und $(y,x) \in O \cup D$. Wäre x≠y, so wäre $(x,y) \in O$ und $(y,x) \in O$. Dies ist ein Widerspruch zur Asymmetrie von $O$. Also ist $O \cup D$ <u>identitiv</u>. Sei zum Nachweis der <u>Transitivität</u> $(x,y) \in O \cup D$ und $(y,z) \in O \cup D$. Wir unterscheiden 2 Fälle.

1. x≠y und y≠z.

Dann ist sogar $(x,y) \in O$ und $(y,z) \in O$, also wegen der Transitivität von $O$ auch $(x,z) \in O \subseteq O \cup D$.

2. x=y oder y=z

Dann ist mit (x,y) und (y,z) stets auch (x,z)∈$O \cup$D.

Wir betrachten von nun an vorwiegend gewöhnliche Ordnungen, um die
lästigen Fallunterscheidungen zwischen gewöhnlichen und strikten
Ordnungen zu vermeiden.

Eine Darstellungsart für Ordnungen über einer Menge A mit wenigen
Elementen ist das sog. <u>HASSE-Diagramm</u>. Dabei werden die Elemente
von A durch Punkte dargestellt und zwei verschiedene Elemente x,y∈A
durch eine Linie verbunden, falls x≤y und kein z≠x,y existiert mit
x≤z≤y. Im allgemeinen wird in diesem Fall x unterhalb von y ge-
zeichnet. Die Ordnung (P({1,2,3}),⊆) wird also z.B. durch das HASSE-
Diagramm in Fig. 4.3 dargestellt.

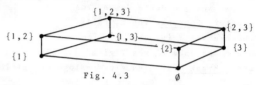

Fig. 4.3

<u>Aufgabe 4.5</u>  Man bestimme in ({2,3,4,5,10,12,20,60},| ) alle Paare
(a,b) mit a|b (a teilt b) und zeichne ein HASSE-Diagramm (vgl.
Fig. 4.4).

<u>Definition 4.7</u>  (A,≤) sei geordnete Menge.
a∈A heißt <u>minimales Element</u> von A:↔ ∀x∈A  (x≤a → x=a)
b∈A heißt <u>maximales Element</u> von A:↔ ∀x∈A  (b≤x → x=b)
a∈A heißt <u>kleinstes Element</u> von A:↔ ∀x∈A  (a≤x)
b∈A heißt <u>größtes Element</u> von A  :↔ ∀x∈A  (x≤b)

Für die Ordnung in Fig. 4.3 ist ∅ kleinstes und damit auch minimales Element. {1,2,3} ist größtes und auch maximales Element.

Die Ordnung in Figur 4.4 besitzt
kein kleinstes Element, aber die
drei minimalen Elemente 2,3 und
5. Dies Beispiel zeigt, daß mehrere minimale Elemente in einer
geordneten Menge existieren können. Analoges gilt für maximale
Elemente.

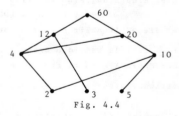

Fig. 4.4

Für kleinste bzw. größte Elemente gilt dagegen der folgende Satz.

<u>Satz 4.4</u>  (A,≤) sei geordnete Menge.
Dann besitzt (A,≤) höchstens ein kleinstes und höchstens ein

größtes Element.

Beweis: Annahme, $x_1$ und $x_2$ seien kleinste Elemente und $x_1 \neq x_2$. Dann folgt $x_1 \leqslant x_2$, da $x_1$ kleinstes Element ist. Entsprechend folgt $x_2 \leqslant x_1$, da $x_2$ kleinstes Element ist. Die Identitivität ergibt dann $x_1 = x_2$, im Widerspruch zur Annahme.

Der Beweis für die Eindeutigkeit eines größten Elements verläuft entsprechend.

Definition 4.8   $(A, \leqslant)$ sei geordnete Menge, $T \subseteq A$.

$a \in A$ heißt untere Schranke von $T$: $\longleftrightarrow \forall x \in T$   $(a \leqslant x)$
$b \in A$ heißt obere Schranke von $T$ : $\longleftrightarrow \forall x \in T$   $(x \leqslant b)$

Definition 4.9   $(A, \leqslant)$ sei geordnete Menge, $T \subseteq A$.

$a \in A$ heißt größte untere Schranke von $T$, falls

(i)  a untere Schranke von $T$ ist und

(ii) für jede untere Schranke a' von $T$ gilt, daß $a' \leqslant a$ ist.

Für kleinste obere Schranken gibt es eine analoge Definition.

Über größte untere und kleinste obere Schranken von Teilmengen geordneter Mengen gilt der folgende Satz, dessen Beweis wegen der Analogie zum Beweis von Satz 4.4 fortgelassen wird.

Satz 4.5   $(A, \leqslant)$ sei geordnete Menge, $T \subseteq A$. Dann besitzt $T$ höchstens eine größte untere Schranke und höchstens eine kleinste obere Schranke.

Bei Speicherprozessen in Datenverarbeitungsanlagen tritt häufig das Problem auf, daß eine gegebene Ordnung $\preccurlyeq$ über einer Menge $P$ in eine lineare Ordnung $\leqslant$ über einer Menge $S$ eingebettet werden soll (vgl. z.B. Abschnitt 5.3 und 5.4). Dabei verstehen wir unter dieser Einbettung eine Funktion   LOC : $P \to S$ mit

$$\forall x, y \in P \;\; (x \preccurlyeq y \to LOC(x) \leqslant LOC(y))$$

Über die Möglichkeit dieser Einbettung gilt der folgende Satz.

Satz 4.6  Jede endliche Ordnung $O$ - gewöhnlich oder strikt - über einer Menge $A$ kann in eine lineare Ordnung eingebettet werden.

Bemerkung: Diese Einbettung nennt man topologisches Sortieren von $A$.

Der Beweis verläuft konstruktiv wie folgt:

1. Man schreibe die Menge $A$ und die Menge $O$ auf.

2. Ist $O$ leer, gehe man zu 4.; sonst suche man in $O$ ein minimales Element $x_1$ (und gehe zu 3.)

3. Man schreibe dieses $x_1$ an die nächste Stelle der zu konstru-
ierenden Kette, steiche $x_1$ in A, alle Paare $(x_1,y) \in O$ und gehe wieder nach 2.

4. Man schreibe die restlichen Elemente aus A - falls vorhanden -
noch in beliebiger Reihenfolge an den Schluß der Kette.

Das Verfahren ist trivialerweise ordnungstreu, da nach Konstruktion ein Element x in der Kette erst erscheint, wenn alle echten
Vorgänger von x schon in der Kette stehen. Es bleibt zu zeigen:

α) Bei dem in Schritt 3 erforderlichen Streichen verbleibt stets
eine Ordnung.

β) Jede nicht leere endliche Ordnung besitzt ein minimales Ele-
ment (d.h. Schritt 2 führt im Falle $O \neq \emptyset$ stets zu einem Element $x_1$).
Diese Beweise führen wir nur für den Fall, daß $O$ eine gewöhnliche
Ordnung ist. Für strikte Ordnungen verlaufen sie entsprechend.

zu α) Sei $x_1 \in A$ fest. Beh. $O^* := O \setminus \{(x_1,y) \mid (x_1,y) \in O\}$ ist eine Ordnung
über $A \setminus \{x_1\}$. $O^*$ ist trivialerweise reflexiv und als Teilmenge von
$O$ auch identitiv. Seien $(a,b) \in O^*$ und $(b,c) \in O^*$ , d.h. $a \neq x_1$ und
$b \neq x_1$. Wegen $(a,b) \in O$ und $(b,c) \in O$ folgt $(a,c) \in O$, da $O$ transitiv ist.
Nun ist aber $a \neq x_1$, d.h. es gilt auch $(a,c) \in O^*$, und damit ist die
Transitivität von $O^*$ nachgewiesen.

zu β) Ausgehend von einem beliebigen Element $x_1 \in A$ kann man wie
folgt ein minimales Element finden: Entweder ist $x_1$ minimal, oder
es gibt ein $x_2 \neq x_1$ mit $(x_2,x_1) \in O$. Entweder ist $x_2$ nun minimal, oder
es gibt ein $x_3 \neq x_2$, das vor $x_2$ liegt. Aus der Identitivität folgt,
daß auch $x_3 \neq x_1$ ist. Führen wir diese Konstruktion fort, so erhalten wir also eine absteigende Kette paarweise verschiedener Elemente. Also muß die Konstruktion wegen der Endlichkeit von A bei einem
minimalen Element enden.

Selbst für den Fall, daß $O$ die triviale Ordnung (d.h. $O = \emptyset$ oder
$O = D = \{(x,x) \mid x \in A\}$) ist, besitzt Satz 4.6 noch Interesse. Es handelt
sich bei dieser Einbettung dann einfach um die Einbettung der un-
strukturierten Menge A in eine geordnete Menge. Auch solche Prozesse sind in der Datenverarbeitung durchaus geläufig (vgl. Abschnitt 5.3).

Dieser Einbettbarkeitssatz läßt sich auf beliebige (auch überab-
zählbare) Ordnungen verallgemeinern (vgl. A i g n e r [3]).

## 4.3 Verbände als spezielle geordnete Mengen

Es sollen hier einige Grundbegriffe aus der Verbandstheorie dargestellt werden. Dabei werden Verbände als spezielle geordnete Mengen definiert. Die Charakterisierung spezieller Verbandsklassen
wird in Hinblick darauf aufgenommen, daß wir in Satz 4.13 für die
spezielle Verbandsklasse der Booleschen Algebren – für die die
Schaltalgebra ein Modell ist – im Falle der Endlichkeit zeigen wollen, daß nur "sehr wenige" Modelle existieren. Diese Tatsache läßt
zumindest Zweifel daran aufkommen, ob es überhaupt notwendig ist,
für Informatiker – die i.a. nur an endlichen Modellen interessiert
sind – Verbandstheorie und die Theorie der Booleschen Algebren zu
lehren.
Der mathematisch weniger interessierte Leser kann daher ohne weiteres die Abschnitte 4.3 – 4.5 überschlagen.

Definition 4.10    $(A, \leqslant)$ sei geordnete Menge.
$(A, \leqslant)$ heißt Verband, falls jede Menge $T=\{a,b\} \subseteq A$ eine größte untere
und eine kleinste obere Schranke besitzt.

Wegen der Eindeutigkeit dieser Schranken (siehe Satz 4.5) kann man
in Verbänden in folgender Weise auf ganz $A \times A$ zweistellige Verknüpfungen
∨ (Vereinigung; engl.: join) und
∧ (Durchschnitt; engl.: meet)
einführen:

$\quad\quad\quad\quad$ a∨b := die kleinste obere Schranke von a und b

$\quad\quad\quad\quad$ a∧b := die größte untere Schranke von a und b.

Die Analogie der Zeichen und Namen zur mengentheoretischen bzw.
aussagenlogischen Terminologie ist nicht zufällig, sondern resul-
tiert zum einen aus dem wichtigen Beispiel des Potenzmengenver-
bandes, zum anderen aus dem Zusammenhang zwischen logischen Zeichen und den Operationen der Schaltalgebra. Wir kommen später
(vgl. Abschnitt 4.5) darauf zurück.
Da Verbände spezielle Ordnungen sind, lassen sie sich (falls A
wenig Elemente besitzt) durch HASSE-Diagramme darstellen. Über
5 Elementen erhält man z.B. die folgenden Verbände:

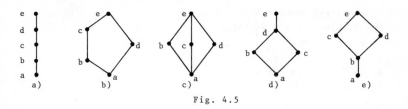

Fig. 4.5

Man sieht leicht, daß es keine weiteren (strukturverschiedenen) Verbände mit 5 Elementen gibt.

Dagegen stellt das HASSE-Diagramm in Fig. 4.6 keinen Verband dar. b∨c ist dort z.B. nicht definiert, denn d und e sind zwar obere Schranken für {b,c}, doch da sie nicht vergleichbar sind, existiert keine kleinste obere Schranke.

Fig. 4.6

In Verbänden kann die ≤- Beziehung eliminiert werden mit Hilfe des folgenden Satzes.

<u>Satz 4.7</u>    (A,≤) sei Verband. Dann gilt für alle a,b∈A:

(i)   a≤b ↔ a∧b = a                    (ii)   a≤b ↔ a∨b = b

Beweis: zu (i): Gilt a≤b, so ist trivialerweise a die größte untere Schranke für a und b.

Umgekehrt heißt a∧b=a, daß a die größte untere Schranke für a und b ist; insbesondere gilt also a≤b.

(ii) folgt entsprechend.

Wegen der Eliminierbarkeit von ≤ gibt man Verbände häufig auch in der Terminologie (A,∨,∧) an.

Aus dem Zusammenhang von ∨ und ∧ mit der zugrundeliegenden Ordnungsrelation ≤ ergeben sich einige wichtige Eigenschaften für diese Verknüpfungen.

<u>Satz 4.8</u>    (A,∨,∧) sei Verband. Dann gilt für alle a,b,c∈A:

a)   a∨a = a              a∧a = a                (Idempotenzgesetze)

b)   a∨b = b∨a            a∧b = b∧a              (Kommutativgesetze)

c)   (a∨b)∨c = a∨(b∨c)   (a∧b)∧c = a∧(b∧c)      (Assoziativgesetze)

d)   a∨(a∧b) = a          a∧(a∨b) = a            (Verschmelzungsgesetze)

Beweis: a) gilt wegen der Reflexivität von ≤ und nach Definition von ∨ bzw.∧.

b) folgt direkt aus der Definition von ∨ bzw. ∧, da `{a,b}={b,a}`.

c) Sei (a∨b)∨c = p und a∨(b∨c ) = q. Dann gilt:

a∨b ≤ p   und   c ≤ p

→   a ≤ p   und   b ≤ p   und   c ≤ p

→   a ≤ p   und   (b ∨ c) ≤ p

→   a∨(b∨c) ≤ p

→   q ≤ p

Entsprechend folgt p≤q, also insgesamt p=q. Das zweite Assoziativ-
gesetz beweist man genauso.

d) Nach Definition von ∧ folgt a∧b≤a. Da wegen der Reflexivität
auch a≤a gilt, ergibt sich a∨(a∧b)≤a, d.h. a ist obere Schranke
für T := {a,a∧b}. Wäre a nicht die kleinste obere Schranke für T,
müßte es ein x≠a geben mit a≤x≤a. Widerspruch!
Also gilt a∨(a∧b)=a.

Das zweite Verschmelzungsgesetz folgt auf entsprechende Weise.

Es sei erwähnt, daß im Gegensatz zu unserem Vorgehen Verbände
häufig als Menge A definiert werden, auf der zwei zweistellige
Verknüpfungen ∨ und ∧ erklärt sind, die den Gesetzen aus Satz 4.8
genügen sollen. Indem man zeigt, daß durch ∨ und ∧ eine Ordnungsrelation ≤ auf A induziert wird, ergibt sich dann die Verbindung
zu Ordnungsrelationen. Wir haben den hier eingeschlagenen Weg gewählt, da wir in Hinsicht auf darzustellende Speicherprozesse
Ordnungsrelationen im Rahmen der diskreten Strukturen für anwen-
dungsbezogener halten als die Verknüpfungen ∨ und ∧.

Aufgabe 4.6  Man zeige, daß die in der Aufgabe 4.5 gegebene Ordnungsrelation kein Verband ist. Man bestimme die kleinste Menge
$A \supseteq \{2,3,4,5,10,12,20,60\}$, so daß (A,|) ein Verband ist. Schließ-
lich erweitere man (A,|) zu einem Verband (B,∨,∧), in dem ∧ als
ggT und ∨ als kgV interpretiert werden kann und zeichne das
HASSE-Diagramm.

Lösung: Da z.B. 2∧3 nicht existiert, liegt kein Verband vor. Setzt
man 2∧3=1 und definiert A:={1,2,3,4,5,10,12,20,60}, so ist (A,|)
ein Verband. Hier ist aber z.B. 3∨5=60, also noch nicht das kgV
der beiden Zahlen. Die nötige Erweiterung führt auf
B={1,2,3,4,5,6,10,12,15,20,30,60}. Der Verband (B,∨,∧) läßt sich
durch das HASSE-Diagramm in Fig. 4.7 darstellen.

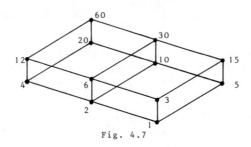

Fig. 4.7

Betrachten wir diesen Verband etwas genauer. Es gilt z.B.
$60=12 \vee 20=20 \vee 30=4 \vee 2 \vee 3 \vee 5=3 \vee 4 \vee 5$, d.h. 60 läßt sich auf verschiedene
Weise als join anderer Verbandselemente darstellen. Dabei ist
$3 \vee 4 \vee 5$ eine join-Darstellung von 60 mit möglichst "einfachen" anderen Elementen, ähnlich der Primfaktorendarstellung von natürlichen Zahlen. Weder 3 noch 4 noch 5 lassen sich weiter als join
zerlegen, außerdem ist eine Verkürzung der Darstellung nicht mehr
möglich. Es liegt eine Art Irreduzibilität vor, die man genau präzisieren kann (vgl. [49], Seite 205 ff). Insbesondere der am vollständigen Beweis von Satz 4.13 interessierte Leser sei auf diese
Darstellungsfragen von Verbandselementen verwiesen.

## 4.4 Distributive und komplementäre Verbände

Durch Forderung zusätzlicher Eigenschaften werden wir nun spezielle Verbandsklassen definieren und untersuchen.

**Definition 4.11**  Ein Verband $(A, \vee, \wedge)$ heißt distributiv, falls für
drei beliebige Elemente $a, b, c \in A$ stets gilt:

$$a \wedge (b \vee c) = (a \wedge b) \vee (a \wedge c) \qquad \text{und} \qquad a \vee (b \wedge c) = (a \vee b) \wedge (a \vee c)$$

Von den in Fig. 4.5 dargestellten 5-elementigen Verbänden sind die
Verbände b) und c) (wir bezeichnen sie in Zukunft mit $V_1$ und $V_2$)
nicht distributiv, alle anderen sind distributiv. In $V_2$ gilt näm-
lich z.B. $b \vee (c \wedge d) = b \vee a = b \neq e = e \wedge e = (b \vee c) \wedge (b \vee d)$. Die Bedeutung von $V_1$ und $V_2$ liegt darin, daß mit ihnen jeder Verband lokal
auf Distributivität getestet werden kann. Wir zitieren den entsprechenden Satz ohne Beweis (vgl. G e r i c k e [ 16] ).

**Satz 4.9**  Ein Verband $(A, \vee, \wedge)$ ist genau dann distributiv, wenn er
keinen zu $V_1$ oder $V_2$ isomorphen Teilverband enthält.

<u>Aufgabe 4.7</u>  Man zeige, daß jede Kette ein distributiver Verband ist.

Alle hier als Beispiel angeführten Verbände besitzen jeweils ein kleinstes und ein größtes Element. Das ist nicht zufällig so, sondern liegt an der Endlichkeit der Verbände. Es gilt der folgende Satz.

<u>Satz 4.10</u>  Jeder endliche Verband $(A,\vee,\wedge)$ besitzt ein kleinstes Element 0 und ein größtes Element I.

Beweis: Annahme, $(A,\vee,\wedge)$ besitzt kein kleinstes Element. Da ein minimales Element existiert (vgl. Beweis von Satz 4.6) folgt aus dieser Annahme darüber hinaus, daß es mindestens zwei minimale Elemente $a,b \in A$ geben muß. Sei $a \wedge b =: c$, d.h. $c \leqslant a$ und $c \leqslant b$. Aus der Minimalität von a und b folgt c=a und c=b, d.h. a=b im Widerspruch zu a≠b.
Der Beweis für die Existenz eines größten Elements verläuft entsprechend.
Der Satz gilt nicht für unendliche Verbände. Nach Aufgabe 4.7 ist nämlich z.B. $(\mathbb{N},\leqslant)$ ein Verband; er besitzt aber kein maximales und erst recht kein größtes Element.
Im folgenden betrachten wir Verbände mit kleinstem Element 0 und größtem Element I. Wir nennen 0 und I auch die <u>universellen Schranken</u> im Verband und schreiben solche Verbände in der Form $(A,\vee,\wedge,0,I)$.

<u>Definition 4.12</u>  $(A,\vee,\wedge,0,I)$ sei Verband, $a \in A$.

Ein Element $x \in A$ mit $a \wedge x = 0$ und $a \vee x = I$ heißt <u>Komplement zu a</u>.

Komplemente in Verbänden brauchen weder zu existieren noch eindeutig zu sein.

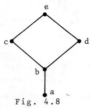
Fig. 4.8

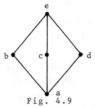
Fig. 4.9

In Fig. 4.8 besitzen b, c und d keine Komplemente, in Fig. 4.9 besitzt b die Komplemente c und d.
Über die Eindeutigkeit läßt sich aber zeigen:

Satz 4.11   In einem distributiven Verband (A,v,∧,0,I) besitzt ein
Element a höchstens ein Komplement.

Beweis siehe   G e r i c k e  [16].

Definition 4.13   Ein Verband (A,v,∧,0,I) heißt komplementär, falls
jedes Element a∈A ein Komplement besitzt.

Man beachte, daß in Definition 4.13 nicht die Eindeutigkeit des
Komplements gefordert wird. Danach ist der Verband aus Fig. 4.9
komplementär.

## 4.5 Boolesche Algebra

Definition 4.14   Ein distributiver und komplementärer Verband
(A,v,∧,0,I) heißt Boolescher Verband oder Boolesche Algebra.

Wir wollen im folgenden Boolesche Verbände in der Form
$(A,v,∧,\overline{\phantom{x}},0,I)$ schreiben, d.h. auch das einstellige Verknüpfungszeichen $\overline{\phantom{x}}$ für die hier nach Satz 4.11 eindeutige Komplementbildung
mit angeben. Es wird hier nicht - wie in vielen Büchern - eine
breit angelegte Theorie der Booleschen Algebren aufgebaut. Vielmehr soll, entsprechend unserer Ankündigung zu Beginn von Abschnitt
4.3, in diesem Abschnitt (skizzenhaft) gezeigt werden, daß es im
Falle der Endlichkeit von A für festes |A| jeweils (bis auf Iso-
morphie) höchstens eine Boolesche Algebra gibt, nämlich die sog.
Potenzmengenalgebra. Folglich kann man natürlich - sofern man sich
nicht auch für unendliches A interessiert - darauf verzichten,
Boolesche Algebren zu definieren und Sätze herzuleiten, die in dieser Struktur gelten. Sie entsprechen nämlich grundlegenden mengentheoretischen Sätzen, die allgemein bekannt sind.
Ein typisches Beispiel dafür sind die de Morganschen Gesetze, die
wir hier für allgemeine Boolesche Algebren beweisen wollen.

Satz 4.12   $(A,v,∧,\overline{\phantom{x}},0,I)$ sei Boolescher Verband. Dann gilt für
alle a,b∈A: $(\overline{a v b}) = \overline{a} ∧ \overline{b}$   und   $(\overline{a ∧ b}) = \overline{a} v \overline{b}$.
Beweis:  Sei x = $\overline{a v b}$, d.h. (avb)vx = I und (avb)∧x = 0.
Wir zeigen nun die Gleichungen $(avb)v(\overline{a}∧\overline{b}) = I$ und $(avb)∧(\overline{a}∧\overline{b}) = 0$.

$(a v b)v(\overline{a}∧\overline{b}) = ((avb)v\overline{a})∧((avb)v\overline{b})$　　　Distributivgesetz

　　　　　　　$= (bv(av\overline{a}))∧(av(bv\overline{b}))$　　　Ass.- und Komm. Gesetz

　　　　　　　$= (bvI)∧(avI)$　　　Komplementarität

　　　　　　　$= I∧I = I$

$(a \vee b) \wedge (\overline{a \wedge b}) = 0$ zeigt man entsprechend.

Also gilt $\overline{a} \wedge \overline{b} = \overline{(a \vee b)}$.

Das 2. de Morgansche Gesetz folgt auf die gleiche Weise.

Häufig wird der auf dem Ordnungsbegriff beruhenden kurzen Definition für Boolesche Algebren eine Definition vorgezogen, bei der die in Satz 4.8 auftretenden Verbandsgesetze, dazu die distributiven Gesetze und die Gesetze über die Komplementarität gefordert werden. Wir sparen uns hier aus den eingangs erwähnten Gründen diese langwierige Auflistung und verweisen zum Nachweis der Gleichwertigkeit beider Definitionen auf entsprechende Literatur (z.B. B i r k h o f f und B a r t e e in [7].

Beispiele für Boolesche Algebren:

Beispiel 4.2 (Potenzmengenalgebra)

M sei eine Menge, A := P(M) die Potenzmenge von M. Wählt man die $\subseteq$ - Relation als Ordnungsrelation über P(M), so folgt leicht, daß $\vee$ der mengentheoretischen Vereinigung und $\wedge$ dem mengentheoretischen Durchschnitt entspricht. Also ist $(P(M),\cup,\cap)$ ein Verband. Nach den mengentheoretischen Sätzen gilt ferner das Distributivgesetz, $\emptyset$ und M sind die universellen Schranken und Komplementbildung bezüglich M ist für jedes $X \in P(M)$ möglich. Also ist $(P(M),\cup,\cap,^{-},\emptyset,M)$ eine Boolesche Algebra.

Für die dreielementige Menge $M = \{1,2,3\}$ ist das HASSE-Diagramm in Fig. 4.3 dargestellt.

Beispiel 4.3 (Schaltalgebra)

Mit den in Abschnitt 4.1 eingeführten logischen Zeichen $\vee, \wedge$ und $^{-}$ bildet $(\{0,1\},\vee,\wedge,^{-},0,1)$ ebenfalls eine Boolesche Algebra. Es ist die trivialste, da sie nur aus den stets geforderten universellen Schranken besteht. Die Axiome für die Boolesche Algebra sind in Abschnitt 4.1 alle als Sätze aus der Aussagenlogik hergeleitet worden. Diese triviale Algebra heißt die Schaltalgebra.

Natürlich ist Beispiel 4.3 nur ein Spezialfall von Beispiel 4.2 . Man wähle einfach M als einelementige Menge und identifiziere 0 mit $\emptyset$ und 1 mit M, so daß $P(M) = \{\emptyset,M\} = \{0,1\}$.

Über Beispiel 4.2 hinaus gibt es keine wesentlich verschiedenen endlichen Booleschen Algebren, denn es gilt der folgende Satz.

Satz 4.13 (Darstellungssatz von S t o n e)

Jede endliche Boolesche Algebra ist isomorph zur Potenzmengenalgebra einer endlichen Menge.

Beweis: Wir geben nur eine grobe Beweisskizze. Für Einzelheiten
sei auf das Buch von P r e p a r a t a, Y e h [49] verwiesen:
Zu einer endlichen Booleschen Algebra $(A,\vee,\wedge,^-,0,I)$ mit der sich
aus Satz 4.7 ergebenden $<$-Beziehung definiert man durch
$A(A) := \{a \mid 0\neq a\in A, \neg\exists x\in A(0<x<a)\}$ die Menge der Atome von A. Dann
zeigt man zunächst, daß $A(A)\diagdown\{0\}$ die irreduziblen Elemente von A
sind im Sinne der Bemerkung zu Fig. 4.7 . Anschließend wird bewie-
sen, daß $(A,\vee,\wedge,^-,0,I)$ und $(P(A(A)),\cup,\cap,^-,\emptyset,A(A))$ isomorph sind.
Dazu wird eine Abbildung $\varphi$: A $\rightarrow$ $A(A)$ angegeben, von der man Bijek-
tivität, $\varphi(a\vee b) = \varphi(a)\cup\varphi(b)$ und $\varphi(\bar{a}) = \overline{\varphi(a)}$ zu zeigen hat.
Für diese Schritte benötigt man aber weitere Sätze über Darstel-
lungsmöglichkeiten von Elementen aus A als join von Atomen, insbesondere Darstellungssätze in distributiven Verbänden.
Als Korollar folgt aus diesem Satz sofort:

Korollar 4.2   Die Mächtigkeit jeder endlichen Booleschen Algebra
ist eine Zweierpotenz.


## 4.6   Boolesche Differentiation

Die Wahrheitswertmenge $\{0,1\}$ zusammen mit den Booleschen Verknüpfungen $\wedge,\vee,^-$ bildet nach Beispiel 4.3 eine Boolesche Algebra.
Es soll nun verfolgt werden, wie diese Menge auch als Grundmenge
eines algebraischen Körpers interpretierbar ist, genauer des
kleinsten überhaupt existierenden Körpers $B$, der zwei Elemente hat.
In $B$ entspricht der Multiplikation die Boolesche Multiplikation.
(logisches $\wedge$), während die Summe im Körper $B$ nicht durch die
Boolesche Summe + (logisches $\vee$) beschrieben wird. Als Summe im
Körper $B$ hat man vielmehr die Antivalenz $\leftrightarrow$ (vgl.$\varphi_7$ in Abschnitt
4.1) zu verwenden, welche in der notwendigen Rechenregel $1 \leftrightarrow 1=0$
vom Gebrauch der Booleschen Summe mit der Regel $1+1=1$ abweicht.
Die Antivalenz wird - da der Körper $B$ insbesondere auch ein Ring
ist - als Ringsumme bezeichnet, sie fungiert im Körper mit zwei
Elementen aber gleichzeitig auch als Differenz. Das Symbol $\leftrightarrow$ erscheint einerseits geeignet als Beschreibung der Negation der
Äquivalenz, andererseits als Andeutung des Additionscharakters
dieser Verknüpfung.
Mit Hilfe von $\leftrightarrow$ und $\cdot$ (der Multiplikationspunkt wird wie üblich
meist fortgelassen) sind noch nicht alle Booleschen Verknüpfun-
gen ausdrückbar. Nimmt man aber noch die Konstante 1 hinzu, so

wird dies möglich, denn dann ist insbesondere die Negation $\bar{a}$ definierbar durch $\bar{a} := a \oplus 1$, und damit ist alles beschreibbar, insbesondere die Boolesche Summe durch $a+b := (a \oplus b) \oplus ab$.

O kann als Abkürzung für $\bar{1}$ verwendet werden und ist eine im Prinzip entbehrliche Konstante. Man zeigt leicht den

<u>Satz 4.14</u>    $(\{0,1\}, \oplus, \cdot 1)$  ist ein Körper mit 1 als Einselement (und O als Nullelement). Damit gelten u.a. folgende Rechenregeln:

| | | |
|---|---|---|
| $x \oplus x = 0$ | $x \oplus \bar{x} = 1$ | |
| $x \oplus 0 = x$ | $x \oplus 1 = \bar{x}$ | |
| $x \oplus y = y \oplus x$ | $xy = yx$ | Kommutativgesetze |
| $(x \oplus y) \oplus z = x \oplus (y \oplus z)$ | $(xy)z = x(yz)$ | Assoziativgesetze |
| $x(y \oplus z) = xy \oplus xz$ | | Distributivgesetz |

$$0 \oplus 0 \oplus 0 \oplus \ldots \oplus 0 = 0 \qquad \underbrace{1 \oplus 1 \oplus \ldots \oplus 1}_{\text{n Glieder}} = \begin{cases} 0, \text{ falls n gerade ist} \\ 1 \text{ sonst} \end{cases}$$

Das letzte Regelpaar wird im folgenden besonders häufig angewendet und hat u.a. zur Folge, daß man in Summen von untereinander gleichen Summanden je zwei Summanden immer streichen kann.

Die Körper-Operationen gestatten die Einführung eines diskreten Analogons in $B$ zu der klassischen partiellen Differentiation im Körper $\mathbb{R}$ der rellen Zahlen. Darüber hinaus gibt es hier z.T. analoge – aber einfachere – Anwendungen der Differentiation.

<u>Definition 4.15</u>    $\Phi(x_1, \ldots, x_n)$ sei n-stellige Boolesche Funktion. Unter der <u>Booleschen Ableitung</u> $(\Phi(x_1, \ldots, x_n))_{x_i}$ nach $x_i$ versteht man die Ringsumme

$$(\Phi(x_1, \ldots, x_n))_{x_i} := \Phi(x_1, \ldots, \underset{\text{i-te Stelle}}{1}, \ldots) \oplus \Phi(x_1, \ldots, 0, \ldots)$$

oder kurz   $\Phi_{x_i} := \Phi(x_i/1) \oplus \Phi(x_i/0)$.

Unter $\Phi(x/b)$ versteht man dabei die Funktion, die aus $\Phi$ dadurch entsteht, daß statt der Variablen $x$ dort der (Boolesche) Wert $b$ fixiert wird (vgl. auch Abschnitt 3.1).

Die Analogie zum klassischen Differentialquotienten ist darin zu sehen, daß die rechts stehende Ringsumme auch als ein Differenzenquotient, genauer als die Differenz im Zähler eines Differenzenquotienten aufgefaßt werden kann von der Form $\Phi(x_i) \oplus \Phi(x_i \oplus h)$ mit $h \neq 0$, also $h=1$. Wegen der Kommutativität der Differenz braucht man sich nicht festzulegen, welches der beiden Glieder der Minuend und welches der Subtrahend ist. Auch der bei Differenzenquotienten

erforderliche Nenner $h=\Delta x_i$ steht bereits da, denn es ist $h=1$ trivialerweise als Nenner hinzufügbar. Dabei geht wesentlich die Tatsache ein, daß der betrachtete Körper zwei Elemente hat. Hiermit
hängt auch zusammen, daß $\Phi_{x_i}$ von $x_i$ niemals mehr abhängt, wie sofort aus Definition 4.15 folgt. Im Gegensatz zur klassischen Analysis liefert hier bereits eine einmalige partielle Differentiation nach $x_i$ stets eine bezüglich $x_i$ konstante Funktion.
Es sind für beliebige endliche Körper analoge Begriffsbildungen
zur klassischen Analysis eingeführt worden. Die Sonderstellung des
Körpers mit zwei Elementen in der Schaltalgebra rechtfertigt aber
ein spezielles Eingehen auf die Boolesche Differentiation (vgl.
z.B. auch T h a y s e [56]).
Genau wie in der klassischen Analysis gilt der folgende wichtige

Satz 4.15   $(\Phi \leftrightarrow \psi)_x = \Phi_x \leftrightarrow \psi_x$,
d.h. eine (Ring-)Summe von Booleschen Funktionen darf gliedweise
differenziert werden.

Beweis durch Einsetzen in die Definition der Ableitung.

In der klassischen Analysis gilt bekanntlich für (differenzier-
bare) Funktionen f, daß die partielle Ableitung $f_x$ identisch Null
ist genau dann, wenn f von x nicht abhängt. Analoges gilt hier:
Man erhält mittels Differentiation ein Kriterium dafür, daß eine
Boolesche Funktion von einer oder von mehreren Variablen unabhängig ist. Eine Differenzierbarkeitsvoraussetzung ist im diskreten Fall aber nicht erforderlich.

Satz 4.16  $\Phi_x \equiv 0 \longleftrightarrow \Phi$ ist unabhängig von x.

Beweis: In der Richtung "$\Rightarrow$" verwenden wir Kontraposition, d.h. wir
widerlegen die Voraussetzung unter Annahme des Gegenteils der Behauptung. $\Phi$ sei abhängig von x, d.h. es gebe eine Belegung B
der Booleschen Variablen, die bei verschiedener Fixierung von x
in $\Phi$ auch verschiedene Werte induziert. (Durch eine Belegung B
aller Booleschen Variablen mit Wahrheitswerten wird in eindeutiger
Weise jeder Booleschen Funktion $\Phi$ ein Wahrheitswert $\Phi_B$ zugeordnet)
Es möge also gelten

$$(\Phi(x/1))_B \neq (\Phi(x/0))_B .$$

Nach Definition der Antivalenz bedeutet dies

$$(\Phi(x/1))_B \leftrightarrow (\Phi(x/0))_B = 1 .$$

Der Wert von Funktionen bei· Belegungen ist derart festgelegt, daß
damit auch gilt

$$(\Phi(x/1) \nleftrightarrow \Phi(x/0))_B = 1,$$

d.h. nach Definition 4.15 ist $(\Phi_x)_B = 1$. $\Phi_x$ ist also nicht identisch Null, sondern erhält zumindest bei der Belegung B den Wert 1.
Für die Richtung "⇐" nehmen wir an, $\Phi$ sei unabhängig von x. Dann
gilt identisch $\Phi(x/1) \equiv \Phi(x/0)$, d.h. nach Definition der Antivalenz
gilt identisch $\Phi(x/1) \nleftrightarrow \Phi(x/0) \equiv 0$. Links steht aber gerade die
Boolesche Ableitung $\Phi_x$ q.e.d.
Aus der klassischen Analysis kennt man unter hinreichend starken
Bedingungen die Existenz einer Potenzreihen- bzw. Multinom-Ent-
wicklung für Funktionen in einer bzw. in mehreren Variablen. Dabei
ergeben sich die Entwicklungskoeffizienten aus den Ableitungen der
zu entwickelnden Funktionen. Ein analoger Satz gilt im Diskreten:

Satz 4.17 (sog. Reed-Muller-Entwicklung)
Jede Boolesche Funktion $\Phi(x_1,\ldots,x_n)$ ist eindeutig darstellbar
durch eine Multinomialreihe mit Koeffizienten $a$, $a_1$, $a_2$, $\ldots$ aus
$\{0,1\}$ in der folgenden Form

$$\Phi(x_1,\ldots,x_n) = a$$
$$\nleftrightarrow a_1 x_1 \nleftrightarrow a_2 x_2 \nleftrightarrow \ldots \nleftrightarrow a_n x_n$$
$$\nleftrightarrow a_{12} x_1 x_2 \nleftrightarrow a_{13} x_1 x_3 \nleftrightarrow \ldots \nleftrightarrow a_{n-1,n} x_{n-1} x_n$$
$$\nleftrightarrow a_{123} x_1 x_2 x_3 \nleftrightarrow \ldots \nleftrightarrow a_{n-2,n-1,n} x_{n-2} x_{n-1} x_n$$
$$\nleftrightarrow \ldots \nleftrightarrow$$
$$\nleftrightarrow a_{12\ldots n} x_1 x_2 \cdots x_n.$$

Beweis: Zu zeigen sind a) Existenz und b) Eindeutigkeit.
a) Existenz der Entwicklung:
Nach dem Darstellungssatz für Schaltfunktionen (Satz 4.2) ist $\Phi$
als (Boolesche) Summe von Mintermen darstellbar. Die hierin vorkommenden Summenzeichen + können äquivalent durch die Ringsumme
$\nleftrightarrow$ ersetzt werden, denn es erhält stets höchstens ein Minterm den
Wert 1. Es stören noch etwaige Komplementzeichen in den Mintermen.
Man kann $\bar{x}$ jedesmal durch $x \nleftrightarrow 1$ ersetzen und die dann entstehenden
Produkte ausmultiplizieren. Dann entstehen insgesamt Ringsummen
von komplementfreien Produkten von Variablen. Schließlich können
je zwei gleiche Summanden nach Satz 4.14 zusammengefaßt werden, so
daß nach Sortierung eine Darstellung der behaupteten Art entsteht.

## b) Eindeutigkeit der Entwicklung

Diese Überlegung erinnert an Eindeutigkeitsbeweise für Potenzreihenentwicklungen in der klassischen Analysis. Angenommen, $\Phi$ besitze zwei verschiedene Darstellungen mit Koeffizienten

$$a, a_1, a_2, \ldots, a_{12}, \ldots, a_{123}, \ldots$$

bzw. $\quad b, b_1, b_2, \ldots, b_{12}, \ldots, b_{123}, \ldots$

Die Differenz $\Phi \leftrightarrow \Phi$ ist einerseits identisch Null. Andererseits entsteht für $\Phi \leftrightarrow \Phi$ aus den beiden Darstellungen eine Darstellung (durch gliedweises Subtrahieren) mit Koeffizienten

$$c, c_1, c_2, \ldots, c_{12}, \ldots, c_{123}, \ldots$$

die nach Voraussetzung nicht alle 0 sein können. Im Gegensatz zu dieser Situation gilt aber folgende

**Behauptung:** Die Funktion identisch 0 kann nur durch lauter verschwindende Koeffizienten dargestellt werden.

Dies folgt indirekt: Im anderen Fall könnte man eine spezielle Einsetzung für die Variablen $x_1, \ldots, x_n$ angeben, welche die Gesamtfunktion zu 1 macht. Es sei nämlich

$$0 \equiv c \leftrightarrow c_1 x_1 \leftrightarrow c_2 x_2 \leftrightarrow \ldots \leftrightarrow c_{12} x_1 x_2 \leftrightarrow \ldots \leftrightarrow c_{12\ldots n} x_1 x_2 \cdots x_n .$$

Gälte schon $c \neq 0$, so wähle man $x_1 = x_2 = \ldots = x_n = 0$, und es wird $\Phi(0, \ldots, 0) = c = 1$ im Widerspruch zur Annahme $\Phi \equiv 0$.

Allgemein betrachte man den von links gesehen ersten nichtverschwindenden Koeffizienten $c^* = c_{i_1 i_2 \ldots i_k}$ in der obigen Darstellung der 0. Dann setze man genau die Variablen $x_{i_1} = \ldots = x_{i_k} = 1$, alle anderen Variablen = 0. Die hinter $c^*$ kommenden Terme liefern nun jeweils nur noch den Beitrag 0, denn sie enthalten wegen der Anordnung der Koeffizienten stets eine der Variablen, die = 0 gesetzt wurden. Da die vor $c^*$ stehenden Koeffizienten alle gleich 0 sind, bringen die vorne stehenden Terme ebenso den Beitrag 0. Damit ist der Gesamtbeitrag 1 im Widerspruch zur Annahme, daß $\Phi \equiv 0$.

Die Koeffizienten der Reed-Muller-Entwicklung sind bestimmt durch folgenden (ohne Beweis gegebenen) Satz.

**Satz 4.18** $\quad a_{i_1 i_2 \ldots i_k} = (\Phi(0, 0, \ldots, ./., \ldots, ./., \ldots, 0))_{x_{i_1} x_{i_2} \cdots x_{i_k}}$ .

**Erläuterung:**

An den ./.-Stellen sind jeweils die Variablen mit den darunter stehenden Indizes stehen geblieben, während alle anderen Variablen durch 0 ersetzt wurden. Die partiellen Ableitungen nach

$x_{i_1}, x_{i_2}, \ldots, x_{i_k}$ können in irgendeiner Reihenfolge durchgeführt
werden, denn es gilt - wie man leicht sieht - folgende

<u>Differentiationsregel:</u>  $(\Phi_{x_1})_{x_2} = (\Phi_{x_2})_{x_1}$ .

Die <u>Anwendungen</u> der Booleschen Differentiation liegen zumeist im
Satz 4.16 begründet. So kommt es z.B. bei der <u>Analyse</u> von
<u>Booleschen Schaltungen</u> mit vielen Eingangsvariablen häufig darauf
an zu testen, ob die gegebene Schaltung von jeder der Variablen
echt abhängt. Eine Unabhängigkeit von einer Variablen würde nämlich direkt zu einer Vereinfachung der realisierten Schaltung führen bzw. darauf hindeuten, daß die gegebene Schaltung als Realisierung einer irredundanten Booleschen Schaltfunktion fehlerhaft
ist. Selbstverständlich ist die allgemeine Aufgabe der <u>Fehler-</u>
<u>theorie</u> für <u>Schaltnetze</u>, nämlich innere Fehler von (i.a. großen)
Schaltelementen mit bekanntem Bauplan durch von außen angelegte
Abfragen auf möglichst ökonomische Weise zu finden, von wesentlich
allgemeinerer Natur und kann hier nicht behandelt werden. Es sei
nur erwähnt, daß die Antivalenz und die Boolesche Differentiation
bei jeder Darstellung dieser Theorie eine große Rolle spielen.
Einen ersten Einblick in die Fehlertheorie gibt  G ö r k e [18].

## 5. Lineare Listen und ihre Speicherung

In Abschnitt 4 sind bereits einige der für die Informatik besonders
wichtigen Strukturen behandelt worden. Über das Studium der "statischen" Eigenschaften solcher Strukturen hinaus interessiert man
sich in der Informatik für das Manipulieren und systematische Verändern solcher Strukturen sowie für das zweckmäßige Speichern bei
Berücksichtigung der dynamischen Veränderbarkeit unserer Strukturen. Zur Einführung geben wir ein Beispiel.

Beispiel 5.1 Das bekannte Transportproblem für den Wolf, das
Schaf und den Kohlkopf über einen Fluß, bei dem der Kahn außer dem
Hirten H nur eins der drei genannten Objekte W,S oder K trägt, und
niemals W mit S oder S mit K auf einem Ufer zurückbleiben dürfen,
läßt sich begrifflich präzisieren als die Aufgabe, eine vorgegebene Menge M={W,S,K,H} durch gewisse Manipulationen, die den Fluß-
überquerungen entsprechen, in die leere Menge zu transformieren.
Genauer ist hier eine Manipulation nichts anderes als das Herausnehmen aus M oder das Hinzufügen zu M einer höchstens zweielementigen Menge, die stets H enthält. Nur solche Manipulationen sind
zulässig, bei denen sowohl M wie auch das Komplement von M (d.h.
die Besetzung der anderen Flußseite) niemals die Teilmenge {W,S}
oder {S,K} enthält ohne das gleichzeitige Vorhandensein von H in
der jeweiligen Menge. Ist eine Folge zulässiger Manipulationen
mit dem geschilderten Ziel möglich? Ja, die Folge
$\setminus$ {H,S},$\cup${H},$\setminus$ {H,K},$\cup${H,S}, $\setminus$ {H,W},$\cup${H}, $\setminus$ {H,S} löst das Problem
(hierbei bedeutet $\setminus$ Herausnehmen und $\cup$ Hinzufügen).
Ganz ähnliche Probleme - nur in weit größerem Umfang - sind etwa
zu betrachten in Schulen bei der Entwicklung von Stundenplänen
mit Nebenbedingungen und gegebener Ausgangssituation.
Wir werden uns im folgenden auf speziellere Fragestellungen als
die des Beispiels beschränken. Die dort zugrunde liegende Daten-
struktur war eine gewöhnliche Menge, und Mengen sind als Strukturen eigentlich zu arm für allgemeine und doch substantielle
Strukturuntersuchungen - bzw. die hier erforderlichen Untersu-
chungsprinzipien sind aus der Mengenlehre und Kombinatorik bekannt. Die anfangs erwähnten Speicherungsaufgaben für Datenstrukturen lassen sich dagegen i.a. deuten als Einbettungen in recht
spezielle Strukturen, in erster Linie in eine vorgegebene lineare

Ordnung (vgl. Abschnitt 4.2), den Speicher. Nicht zufällig hat in
diesem Zusammenhang die durch die Taktung in Computern bewerkstel-
ligte Diskretisierung der Zeit Kettencharakter. Wir setzen nunmehr
also bei den Manipulationsobjekten M über die Mengeneigenschaften
hinaus die Existenz einer strikten totalen Ordnung auf M voraus
und wählen als Standardobjekte die endlichen Intervalle
$I_n$ = {1,...,n} mit der strikten Ordnung < der natürlichen Zahlen.
Solche lineare Datenstrukturen haben natürlich nicht die für beliebige Datenstrukturen erforderliche (und in Abschnitt 6 behandelte) Allgemeinheit, da z.B. Baumstrukturen nicht ohne weiteres
in linearisierter Form verfügbar sind, sondern stellen nur einen
Idealfall dar. Andererseits kann z.B. das Beispiel 5.1 durch Einführen einer Ordnung auf M formal in den jetzt zu entwickelnden
Begriffsapparat eingebaut werden.


5.1  Lineare Listenklassen


Sei $\mathcal{X}$ eine endliche Grundmenge, deren Elemente x Knoten heißen mögen. Wir wollen uns als Knoten i.a. Daten vorstellen, etwa gleich-
lange Folgen von Bits (sog. logische Sätze, engl. records). Wählt
man z.B. als Daten die Punktestände der einzelnen Vereine der Fuß-
ballbundesliga, so wäre $|\mathcal{X}|$ = 18.
Gelegentlich (vgl. etwa Abschnitt 5.5) werden über die Knoten noch
spezielle Voraussetzungen gemacht, z.B. enthalten gewisse Knoten x
einen Schlüssel $\sigma(x)$ oder Verkettungsanweisungen $\chi(x)$. Wie kann
man solche zusätzlichen Aspekte in einer allgemeinen Theorie berücksichtigen? Anschaulich ist folgende Situation gemeint:
Besteht x aus einer Folge von z.B. 16 Bits

$$\boxed{\phantom{}}\quad \chi(x) \quad | \quad \sigma(x)$$

so können z.B. 4 Bits einen Schlüssel enthalten und weitere 4 Bits
für Verkettungssymbole reserviert sein.
Wir wollen hier aber grundsätzlich die Knotenmenge $\mathcal{X}$ als weitgehend unstrukturiert betrachten. Werden dann z.B. Schlüssel benötigt, so kann man mathematisch-begrifflich eine Schlüsselmenge $\Sigma$
einführen und eine Funktion $\sigma:\mathcal{X} \to \Sigma$ definieren. Dadurch ist man
nicht von Beginn an auf spezielle Datentypen festgelegt. Wir interessieren uns nun speziell für endliche Folgen von Knoten und
für Manipulationen an diesen Folgen. Dabei lassen wir ausdrück-

lich auch die leere Folge (Nulltupel), identifiziert mit der leeren Menge, zu. Endliche nichtleere Folgen der Länge n schreiben
wir als n-Tupel in der Form

$$X = (X(1),X(2),...,X(n))$$

oder als (nicht notwendig injektive) Abbildungen

$$X : I_n \rightarrow \text{X̷}.$$

Tupel heißen auch <u>lineare Listen</u>. Wir werden teils die Tupel-Ter-
minologie, teils die Abbildungsterminologie verwenden. $X(i)$ bezeichnet dann die i-te Komponente des n-Tupels $X$ bzw. den Funktionswert von $X$ an der Stelle i. Die Tabelle der Fußballbundesliga
(z.B. zu Ostern 1976) kann als lineare Liste $X$ angesehen werden:
Es gilt hierfür    $X(1) =$ Daten von Mönchengladbach

.

.

.

$X(18) =$ Daten von Hannover

In der Datenverarbeitung wird viel mit Tupeln manipuliert. Manipulationsmöglichkeiten sind z.B.

Aufspalten von Tupeln

Verketten von Tupeln

Umsortieren von Tupeln

Abändern von Werten in Tupeln

Wir interessieren uns im wesentlichen für zwei Manipulationen (I)
und (D), welche für nichtleere Tupel jeweils durch einen Stellen-
parameter k charakterisiert werden können.

<u>Definition 5.1</u>  Die Manipulation (I) bedeutet <u>Einfügen</u> (<u>I</u>nsert)
eines Knotens $x \in \text{X̷}$ <u>hinter</u> $X(k)$. Das Tupel wird dadurch um eine
Stelle verlängert. Einfügen <u>vor</u> $X(1)$ soll durch den Stellenpara-
meter $k=0$ beschrieben werden.

Die Manipulation (D) bedeutet <u>Löschen</u> (<u>D</u>elete) eines Knotens $X(k)$.
Das Tupel wird dadurch um eine Stelle verkürzt. Der Stellenpara-
meter $k=0$ ist hier sinnlos.

Die Manipulationen (I) und (D) können als Eingabe und Ausgabe interpretiert werden. Aus (I) und (D) lassen sich im Prinzip auch
alle oben genannten Manipulationstypen zusammensetzen. Die Abän-
derung eines Knotens entspricht z.B. dem Nacheinander-Ausführen
von (D) und (I) an den jeweils richtigen Stellen im Tupel. Es muß
nun von Anfang an festgelegt werden, an welchen Stellen k eines

Tupels manipuliert werden darf. (I) und (D) sollen nämlich nicht notwendig für alle denkbaren k gestattet sein, sondern nur dort, wo man momentan "Zugriff" hat. Demgemäß fassen wir (I) und (D) als zwei Funktionen I: $\mathbb{N} \to P(\mathbb{N})$ bzw. D: $\mathbb{N} \to P(\mathbb{N})$ auf, so daß für $n \neq 0$ gilt $I(n) \subseteq \{0, \ldots, n\}$ und $D(n) \subseteq \{1, \ldots, n\}$.

Spezialfälle

1. $I(n) = D(n) = \emptyset$ für $n \neq 0$. Dieser Fall ist uninteressant, da keine Manipulationen erlaubt sind.

2. $I(n) = \{0, \ldots, n\}$ und $D(n) = \{1, \ldots, n\} = I_n$. In allen Tupeln kann also an allen Komponenten uneingeschränkt manipuliert werden. Tupel mit dieser Manipulationsmöglichkeit heißen auch (dynamische) lineare Felder (engl. dynamic linear arrays). Man spricht auch von Random-Access-Tupeln, da in den sog. Random-Access-Speichern bereits der klassischen Rechner diese uneingeschränkte Zugriffsmöglichkeit bestand.

3. n=0. Wir setzen hier $D(0) = \emptyset$. Dies interpretieren wir dahingehend, daß Löschen im Null-Tupel nicht stattfindet. Ferner ist sowohl $I(0) = \{0\}$ wie auch $I(0) = \emptyset$ zugelassen. $I(0) = \{0\}$ soll bedeuten, daß Einfügen im Nulltupel stets erlaubt ist. In der Tat wird man i.a. die Erweiterbarkeit des leeren Tupels voraussetzen, weil sonst keine Manipulation mit ihm möglich wäre und ein ständig mitgeführtes Nulltupel wenig Informationswert besitzt. Andererseits ist auch die Vorschrift $I(0) = \emptyset$ dahingehend, daß Einfügen im Nulltupel verboten ist, prinzipiell möglich und u.U. sogar erstrebenswert, wenn man etwa das herausmanipulierte Nulltupel als Abschluß einer Rechnung interpretiert und diese Information festhalten will.

Definition 5.2: Ein Tupel X über $\bar{\#}$ zusammen mit solchen Funktionen I und D, also zusammen mit der Festlegung aller möglichen Manipulations-Stellen für alle aus X in irgendeiner denkbaren Weise manipulierbaren Tupel, soll eine lineare Listenklasse L=(X,I,D) heißen. X heißt Anfangs-Tupel oder kurz Tupel der linearen Listenklasse.

Durch die lineare Liste X und durch die Angabe der jeweils manipulierbaren Stellen ist also die Klasse aller irgendwie aus X "herleitbaren" Folgetupel bestimmt. Man kann sich eine lineare Listenklasse auch anschaulich vorstellen als die Menge aller linearen Listen, die sich auf irgendeine Weise gemäß I und D aus X herleiten lassen. Zu einem bestimmten Zeitpunkt liegt dann immer ein sog.

momentanes Tupel von L vor.

Beispiel 5.2  Sei $\not{X}=\{a,b,c,d\}$ und $L=(X,I,D)$ mit $X=(a,a,b,c)$ sowie $I(n)=\{n\}$, $D(n)=\emptyset$ eine lineare Listenklasse über D. Es darf also nie gelöscht werden, aber hinter der letzten Komponente eines Tupels jeweils ein Element aus $\not{X}$ eingefügt werden. Dann lassen sich aus dem Anfangstupel X in einem Schritt die Quintupel $(a,a,b,c,a)$, $(a,a,b,c,b)$, $(a,a,b,c,c)$ oder $(a,a,b,c,d)$ herleiten. Man übersieht sehr leicht, welche m-Tupel mit $m \geqslant 4$ sich nach einer Anzahl von Schritten herleiten lassen. Nicht herleiten läßt sich z.B. das Tupel $(a,a,a,b,a,b,c)$
Zwei lineare Listenklassen L, L' heißen äquivalent, kurz L≡L'., wenn beide die gleiche Menge von herleitbaren Folgetupeln haben. Häufig spricht man auch - nicht ganz exakt - von gleichen Listenklassen, sogar selbst dann, wenn die eine Klasse durch Manipulationen aus der anderen entsteht, ohne daß die Transformation in der umgekehrten Richtung möglich ist.

Aufgabe 5.1  Man überlege sich, daß lineare Listenklassen als diskrete Strukturen im Sinne von Abschnitt 1.1 aufgefaßt werden können.

In der Datenverarbeitung ist im Zuge der Bearbeitung eines gegebenen Programmes der Begriff des herleitbaren Folgetupels i.a. noch an zusätzliche Bedingungen $C$ geknüpft, die vom momentanen Tupel, evtl. auch von einer extern gespeicherten (sicher entscheidbaren, vgl. Abschnitt 1.2) Bedingung abhängig sein können. Insofern gibt Listenklassen-Herleitbarkeit nur die äußersten Möglichkeiten für Herleitbarkeit an. Realistisch ist aber i.a. nur die Herleitbarkeit unter zusätzlichen "inneren" Bedingungen. Eine genaue Klassifizierung oder gar Lösungstheorie solcher Bedingungen $C$ kann hier nicht gegeben werden; aber schon das Beispiel 5.1 der Flußüberquerung verwendete im Prinzip den Begriff einer $C$-zulässigen Manipulation, welche neben der "syntaktischen", "äußeren" Herleitbarkeit (im Beispiel durch die Kahngröße und durch die Hirtenfunktion bei der Flußüberquerung bestimmt) noch das Erfülltsein einer "semantischen", "inneren" Verträglichkeitsbedingung $C$ voraussetzt.

Noch allgemeiner kann man sogar von der Zulässigkeit ganzer Folgen von Manipulationen sprechen, die sich u.U. erst am Ende einer Manipulationskette (vgl. das Beispiel 5.4) erweist. Besonders wichtig sind solche Bedingungen $C$, welche die gegenseitige Mani-

pulation <u>verschiedener</u> linearer Listenklassen kontrollieren. Es
sei warnend erwähnt, daß eine Manipulationsbedingung häufig inkon-
sequenterweise selbst dann eine Manipulations<u>vorschrift</u> genannt
wird, wenn i.a. mehrere Manipulationsmöglichkeiten gleichzeitig bestehen, die Bedingung also nicht deterministisch ist.

<u>Beispiel 5.3</u>  Gegeben seien lineare Listenklassen

$$L_1 = ((1,\ldots,n), I_1, D_1)$$

$$L_2 = (\emptyset,\ I_2, D_2)$$

$$L_3 = (\emptyset,\ I_3, D_3),$$

wobei $I_1(n) = I_2(n) = I_3(n) = D_1(n) = D_2(n) = D_3(n) = \{n\}$ sei für alle $n \neq 0$.
Es darf also stets nur am Ende eines Tupels eingefügt oder weggе-
nommen werden. Die momentanen Tupel seien mit $T_1$ bzw. $T_2$ bzw. $T_3$
bezeichnet. Dann seien folgende Manipulationen $A_{ij}$ $(1 \leqslant i, j \leqslant 3)$ zulässig:

Lösche in $T_i$ gemäß $D_i$ (also am Ende) - falls $T_i$ nicht das Nulltupel ist - und füge das gelöschte Element x ein in $T_j$ gemäß $I_j$
(also hinter die letzte Komponente y von $T_j$ - falls vorhanden).
Zusätzlich werde noch $x \lessdot y$ verlangt. Falls y nicht vorhanden ist,
entfällt diese Bedingung. Die letzte Bedingung ist semantischer
Natur und geht über rein formale Manipulierbarkeitskriterien hinaus. Es ergibt sich nun das Problem des "<u>Turms von Hanoi</u>": Existieren stets Folgen zulässiger Manipulationen, welche $L_1, L_2, L_3$
simultan überführen in (vgl. das Titelbild dieses Buches !)

$$L_1' = (\emptyset,\ I_1, D_1)$$

$$L_2' = ((1,\ldots,n), I_2, D_2)$$

$$L_3' = (\emptyset,\ I_3, D_3) \qquad ?$$

Diese Frage ist zu bejahen. Für n=3 überzeugt man sich leicht,
daß die Manipulationsfolge $A_{12}, A_{13}, A_{23}, A_{12}, A_{31}, A_{32}, A_{12}$ das Gewünschte leistet. Für beliebiges n verwende man vollständige In-
duktion. Man kommt übrigens immer mit Manipulationsketten der Länge $2^n - 1$ aus!
Die von uns betrachteten Manipulationen wirken nur <u>lokal</u> jeweils
an einer Stelle eines Tupels. Man könnte auch <u>globale</u> Manipulationen betrachten wie z.B. die Hintereinandersetzung von Tupeln,
wobei auch die Selbst-Hintereinandersetzung zugelassen ist. So
könnte man z.B., beginnend mit den Tupeln (a,b) und (a,c), u.a.

folgende Tupel erhalten: (abab), (abac), (acab), (abacabab) usw..
Vernachlässigt man die an sich überflüssigen Außenklammern, so
kann man Tupel auffassen als Worte in den Elementen der Knotenmenge $\mathcal{X}$. Beginnt man mit der Tupelmenge T={$X_1$,...,$X_m$}, so wird die
Menge der so herleitbaren Tupel - d.h. der Worte in Tupeln - in
der Theorie der formalen Sprachen mit T* bezeichnet. Es empfiehlt
sich dabei, die leere Tupelmenge (zu unterscheiden vom leeren Tupel!) stets als herleitbar anzusehen.
Die Theorie der formalen Sprachen liefert - insbesondere für die
sog. regulären und kontext-freien Fälle (vgl. S a l o m a a [53],
II.5 und II.6) - wesentliche Hinweise, wie durch verschiedene Typen von Grammatiken noch allgemeinere Tupelmanipulationen, z.B.
das Einsetzen im Inneren von Tupeln, formal zu beschreiben wären.
Ein etwas allgemeineres Eingehen auf solche Möglichkeiten erfolgt
kurz noch in Abschnitt 6.3.

## 5.2 Marginale Listenklassen

Lineare Listenklassen, bei denen Änderungen nur am Rand der Tupel
erfolgen dürfen, sollen marginal heißen. Das Beispiel des Turmes
von Hanoi handelt von solchen Listenklassen. Felder (arrays) sind
i.a. keine marginalen Listenklassen. In der englisch-sprachigen
Literatur heißen lineare marginale Listenklassen auch (sequentielle)
Files. Ursprünglich versteht man unter einem File eine Zusammenfassung vieler Knoten zu einer Kartei oder Datei. Da solche Daten-
mengen aber i.a. im Bandbetrieb sequentiell mit marginalen Änderungsmöglichkeiten verarbeitet werden, erklärt sich diese Begriffs-
bestimmung.

Definition 5.3  Eine lineare Listenklasse L=(X,I,D) heißt marginal
oder ein Band, wenn für alle n>0 gilt $I(n) \subseteq \{0,n\}$ und $D(n) \subseteq \{1,n\}$.
Demnach ergeben sich 16 Typen von marginalen Listenklassen:

| | 1 | 2 | 3 | 4 | 5 | 6 | 7 | 8 |
|---|---|---|---|---|---|---|---|---|
| I(n) | $\emptyset$ | $\emptyset$ | $\emptyset$ | $\emptyset$ | $\{0\}$ | $\{0\}$ | $\{0\}$ | $\{0\}$ |
| D(n) | $\emptyset$ | $\{1\}$ | $\{n\}$ | $\{1,n\}$ | $\emptyset$ | $\{1\}$ | $\{n\}$ | $\{1,n\}$ |

| | 9 | 10 | 11 | 12 | 13 | 14 | 15 | 16 |
|---|---|---|---|---|---|---|---|---|
| I(n) | $\{n\}$ | $\{n\}$ | $\{n\}$ | $\{n\}$ | $\{0,n\}$ | $\{0,n\}$ | $\{0,n\}$ | $\{0,n\}$ |
| D(n) | $\emptyset$ | $\{1\}$ | $\{n\}$ | $\{1,n\}$ | $\emptyset$ | $\{1\}$ | $\{n\}$ | $\{1,n\}$ |

Einige besonders häufig auftretende marginale Listenklassen führen spezielle Namen:

Nr. 6 und Nr. 11 heißen Stapel (auch Stack, Keller-Speicher, Push-Down-Stapel). An den Tupeln darf an einem Ende beliebig manipuliert werden. Im folgenden werden wir unter einem Stapel i.a. eine marginale Listenklasse im Sinne von Nr. 11 verstehen. Ein Stapel hat eine Spitze und eine Basis; nur die Spitze, d.h. die n-te Komponente des momentanen Tupels, ist zugänglich. Als Beispiele dienen ein Tablettstapel, ein Kopfbahnhof, eine Sackgasse. Nach dem hier geltenden englischen Motto "last-in-first-out" heißen Stapel auch LIFO-Stapel.

Nr. 7 und Nr. 10 heißen Warteschlange oder kurz Schlange. Andere Bezeichnungen: Queue, FIFO-Band ("first-in-first-out"). An einem Ende des Tupels ist Hinzufügen möglich. Dies ist der Schwanz der Schlange. Am anderen Ende, dem Kopf, kann gelöscht werden. Beispiele: Eine eingleisige Eisenbahnstrecke, eine Einbahnstraße mit Überholverbot, Halteverbot und ohne Zwischenkreuzungen.

Nr. 1 ist trivial und nutzlos.

Nr. 5 und Nr. 9 können als Zähler interpretiert werden, denn da keine Löschungen vorgenommen werden dürfen, gibt die Länge des Tupels, welches stets am gleichen Ende verlängert wird, die Anzahl der insgesamt vorgenommenen Manipulationen an.

Nr. 13 ist ein doppelseitiger "Janus-Zähler", der die Gesamtzahl von Eingaben zweier verschiedener Typen enthält, nicht aber Informationen etwa über das gegenseitige Abwechseln von Impulsen des einen oder anderen Typs.

Nr. 2 und Nr. 3 beschreiben besonders wichtige und in Rechner häufig vorkommende Listenklassen: Ein gegebenes Tupel wird abgearbeitet, bis das Nulltupel vorliegt. Dies sind die sog. Herunterzähler, welche i.a. beim Erreichen des Nulltupels das Beschreiten eines neuen Programmteiles bewirken. Es ist auch sehr suggestiv, sie als Zünder zu bezeichnen, da ja auch jede Zündschnur nach Konstruktion nur kürzer werden kann und im Augenblick des Verschwindens die Zündung hervorruft.

Nr. 4 könnte demnach als ein Janus-Zünder bezeichnet werden, dessen "Uhr" durch das Einwirken von zwei verschiedenen Impulstypen zum Weiterticken veranlaßt werden kann.

Nr. 16 ist der allgemeinste marginale Typ und wird oft als <u>allge-
meines Band</u> bezeichnet.

Demgegenüber kann man Nr. 8 und Nr. 12 als (einseitig) eingabe-be-
schränktes Band und Nr. 14 und Nr. 15 als (einseitig) ausgabe-be-
schränktes Band bezeichnen.

Gute Beispiele für Bänder sind durch <u>Ranglisten</u> (z.B. Tabellen für
Fußballklassen) gegeben. Im Allgemeinfall ist ein Löschen sowohl
oben (Aufstieg nach oben) wie auch unten (Abstieg nach unten) möglich, ebenso ein Einfügen von unten (Aufstieg von unten) wie ein
Einfügen von oben (Abstieg von oben). Man suche nach Beispielen
für einseitig beschränkte Bänder!

<u>Aufgabe 5.2</u> LIFO- und FIFO-Speicher sind die einzigen Typen margi-
naler linearer Listenklassen, die nicht mittels der schwachen Be-
griffskategorien

<u>n</u>ever <u>i</u>n-<u>o</u>ut
<u>s</u>ingle way <u>i</u>n-<u>o</u>ut
<u>d</u>ouble way <u>i</u>n-<u>o</u>ut

vollständig beschrieben werden können. Alle anderen Typen sind dagegen durch ein charakterisierendes Kurzwort der folgenden Art
vollständig beschrieben: Es erhalten z.B. die einseitig eingabe-
beschränkten Bänder (Nr. 8 und Nr. 12) das Codewort SIDO (<u>s</u>ingle
<u>in</u>, <u>d</u>ouble <u>o</u>ut). Weitere Typen (der Leser identifiziere sie!) sind
NINO, SINO, DINO, NISO, DISO, NIDO, DIDO sowie gemeinsam für die
Typen LIFO und FIFO der Code SISO.
Wieviele solcher Code-Typen gibt es überhaupt?

Ein allgemeines Band im Sinne von Nr. 16 eignet sich im Prinzip
auch zur <u>Simulation</u> von <u>linearen Arrays</u>. Um dies einzusehen, teile
man ein gegebenes lineares Array mit dem Tupel $(x_1,...,x_n)$ auf in
zwei Bänder. Das erste Tupel sei anfangs $X=(x_1,...,x_n)$, während
das zweite Tupel anfangs $Y=\emptyset$ sei. Um nun – wie bei Arrays möglich –
zu einer beliebigen Komponente $x_i$ Zugriff zu erhalten, baue man
das rechte Ende von X schrittweise ab und transportiere

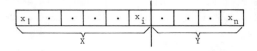

es an den linken Rand von Y. Zur Identifikation der absoluten Ko-

ordinate muß man den Daten auf den Bändern zusätzlich <u>Schlüssel</u>
beifügen, welche die Adressen der Daten wiedergeben. Die Manipulationsmöglichkeiten am linken Rand von X und am rechten Rand von
Y geben gleichzeitig die Möglichkeit, das gegebene Array dynamisch
nach beiden Richtungen hin auszudehnen.

Diese theoretische Überlegung ist der Hintergrund für die praktische Bedeutung von Bandeinheiten in Rechenanlagen. Statt der relativ teuren Random-Access-Speicher verwendet man im sog. <u>Bandbetrieb</u>
Magnetbänder mit der Zugriffsstruktur von Bändern im Sinne von
Nr. 16 und dabei doch prinzipiell gleicher Leistungsfähigkeit. Die
Tatsache, daß bei einem realen Magnetband die zugelassenen Manipulationsmöglichkeiten <u>Einfügen</u> und <u>Lesen</u> sind, ist ohne Bedeutung,
denn das Lesen eines Zeichens läßt sich simulieren als Löschen dieses Zeichens und sofortiges Wiedereinfügen an dieser Stelle, also
als ein sehr spezieller Abänderungsvorgang. In der Praxis ist natürlich der Zeitunterschied zwischen der Zugriffszeit eines echten
Random-Access-Speichers und eines Magnetbandes so gravierend, daß
er dort sogar prinzipiellen Charakter erhält.

Im folgenden geben wir noch ein typisches Beispiel für das Manipulieren mit linearen Listenklassen.

<u>Beispiel 5.4</u>  Gegeben seien drei lineare Listenklassen
$L_1 = ((1,\ldots,n), I_1, D_1)$;  $L_2 = (\emptyset, I_2, D_2)$;  $L_3 = (\emptyset, I_3, D_3)$ mit
$I_1(n) = \emptyset$, $I_2(n) = I_3(n) = \{n\}$ sowie $D_1(n) = \{1\}$, $D_2(n) = \{n\}$, $D_3(n) = \emptyset$.

$L_1$ ist also ein Herunterzähler, $L_2$ ein Stapel und $L_3$ ein Zähler.
Zwei Manipulationen A und B seien erklärt durch:
A: Löschen im momentanen Tupel $T_1$ und Hinzufügen des gelöschten
Elementes zu $T_2$.
B: Löschen in $T_2$ und Hinzufügen des gelöschten Elementes zu $T_3$.
Wir betrachten Folgen von Manipulationen, die einer Folgen-Zuläs-
sigkeitsbedingung genügen. Eine Folge heiße hier zulässig, wenn
A und B je n mal vorkommen und nach Ausübung aller Manipulationen
das momentane Tupel $T_3$ gerade n-stellig ist. $T_3$ heißt dann her-
leitbar aus $T_1 = (1,\ldots,n)$. Wir möchten eine Übersicht erhalten über
alle herleitbaren Tupel $T_3$ und über alle zulässigen Folgen von
Manipulationen.

Hier, wie in vielen ähnlichen Beispielen, kann man die Aufgabe als
ein <u>Rangierproblem</u> interpretieren:

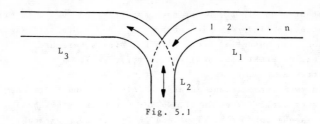

Fig. 5.1

Auf dem rechten Gleis $L_1$ von Fig. 5.1 stehen n Wagen. Diese sollen über das tote Gleis $L_2$ auf das linke Gleis $L_3$ rangiert werden. Dabei ist das Zurückfahren von $L_2$ nach $L_1$ und von $L_3$ nach $L_2$ verboten. Die Wagenfolge $T_3=(3,2,5,4,1)$ z.B. läßt sich aus der Anfangsfolge $T_1=(1,2,3,4,5)$ mit Hilfe der Folge AAABBAABBB von Rangiermanipulationen herleiten (die Folge ist von links zu lesen!).

__Aufgabe 5.3__ (zum Beispiel 5.4): Man zeige

a) $T_3=(a_1,\ldots,a_n)$ ist herleitbar aus $T_1=(1,\ldots,n)$ genau dann, wenn es in $T_3$ keine Teilfolge $(a_i,a_j,a_k)$ gibt mit $a_i>a_k>a_j$.

b) Folgen von Manipulationen sind genau dann zulässig, wenn beim Lesen von links die Anzahl der A stets größer oder gleich der Anzahl der B ist.

c) Verschiedene zulässige Folgen ergeben verschiedene herleitbare Tupel.

d) Die Anzahl der herleitbaren Tupel $T_3$ ist $\frac{1}{n+1}\binom{2n}{n}$.

Lösung: a) 1. $T_3$ sei herleitbar aus $T_1$. Angenommen, es gibt in $T_3$ eine Teilfolge der obigen Art. Wenn $a_i$ nach $L_3$ gefahren wird, müssen $a_k$ und $a_j$ bereits und noch auf dem toten Gleis $L_2$ stehen. Da $j<k$ ist, wird $a_j$ eher als $a_k$ dem Gleis $L_2$ entnommen. Die Größenreihenfolge auf $L_2$ ist aber invers zu der Reihenfolge in $L_1$. Also gilt $a_j>a_k$. Widerspruch zu $a_k>a_j$.

2. Umgekehrt geben wir eine Ableitung von $T_3$ an unter der obigen Teilfolgen-Annahme. Wir fahren zunächst alle Wagen bis $a_1$ nach $L_2$ und fahren sodann $a_1$ nach $L_3$. Nun sind zwei Fälle möglich:

$\alpha$) $a_2$ steht in $L_2$. $a_2$ steht dort sogar oben (und kann nach $L_3$ gebracht werden): Stünde nämlich etwa $a_k$ in $L_2$ über $a_2$, so würde $a_k$ auch eher als $a_2$ nach $L_3$ gefahren, mithin gäbe es eine Teilfolge $(a_1,a_k,a_2)$ in $T_3$ mit $a_1>a_k>a_2$ (warum gilt das?) im Widerspruch zur Annahme.

β) $a_2$ steht nicht in $L_2$. Da es nach Konstruktion auch noch nicht
in $L_3$ steht, befindet es sich noch in $L_1$. Man fahre alle Wagen bis
$a_2$ nach $L_2$ und anschließend $a_2$ nach $L_3$. Dieses Verfahren läßt sich
iterieren. So erhält man schließlich $(a_1,\ldots,a_n)$.

b) ist trivial.

c) Seien zwei verschiedene zulässige Folgen $F_1$ und $F_2$ gegeben und
j die erste Stelle (von links), an der sie sich unterscheiden.
O.B.d.A. stehe dort in $F_1$ ein A und in $F_2$ ein B. $F_1$ erzeuge
$(a_1,\ldots,a_n)$, $F_2$ erzeuge $(b_1,\ldots,b_n)$. An den Stellen 1 bis j-1 mögen in $F_1$ und $F_2$ je genau i mal B (und damit j-i-1 mal A) stehen.
Dann gilt, da die B gerade das Zieltupel erzeugen, $a_1=b_1,\ldots,a_i=b_i$
und ferner, da höchstens die ersten j-i-1 Zahlen nach $L_2$ gelangt
sind, $a_1,\ldots,a_i \leqslant$ j-i-1. Da das nun in $F_2$ kommende B den Wagen $b_{i+1}$
ebenfalls von $L_2$ holt, gilt auch $b_{i+1} \leqslant$ j-i-1. Übt man aber A an
der j-ten Stelle in $F_1$ aus, so erhält man im momentanen Tupel zu
$L_2$ zuoberst j-i, und da dieses Tupel von oben nach unten abgebaut
wird, muß für das (i+1)te Element in $L_3$ bei $F_1$ sicherlich $a_{i+1} \geqslant$ j-i
gelten. Also gilt $a_{i+1} \neq b_{i+1}$ q.e.d.

d) Wegen b) und c) ist die gesuchte Anzahl gerade durch die Catalansche Zahl $a_{n+1}$ gegeben (vgl. Abschnitt 2.3).


## 5.3 Sequentielle Speicherung linearer Listen

Ein ständiges Problem der Datenverarbeitung ist die Speicherung
von momentanen Tupeln linearer Listenklassen. Unter einem Speicher-
prozeß soll hier stets das Einbetten in eine lineare Ordnung ver-
standen werden (vgl. Abschnitt 4.2).

**Definition 5.4**  Ein Speicher S ist ein endliches Intervall in $\mathbb{N}$.
Die Elemente von S heißen Adressen.

Es seien m lineare Listenklassen gegeben, deren momentane Tupel gespeichert werden sollen. Alle Komponenten aller Tupel müssen dann
genau eine Adresse bekommen, und diese Zuteilung muß so vorgenommen werden, daß verschiedenen Komponenten verschiedene Adressen
zugeteilt werden.

**Definition 5.5**  Eine Zuteilung (von Speicherplatz) zu einem m-Tupel $(X^{(1)},X^{(2)},\ldots,X^{(m)})$ von momentanen Tupeln der Stellenzahlen
$n_1,n_2,\ldots,n_m$ ist eine injektive Funktion LOC: $P \rightarrow S$, wobei
$P := \{(i,j) \mid i \in \{1,\ldots,m\}, j \in \{1,\ldots,n_i\}\}$ ist.

P ist also der Bereich der Paare (Tupelnummer, Komponenten-Nummer).
Gilt $LOC((i,j))=k$, so wird demnach der j-ten Komponente $X^{(i)}(j)$ des
Tupels $X^{(i)}$ das Element k aus S zugeordnet.

Bemerkung: 1) Man fordert gelegentlich noch Nebenbedingungen, z.b.
daß LOC nur Werte mit einem Mindestabstand c annimmt. Dies ist z.b.
dann erforderlich, wenn jeder Knoten zur Speicherung c aufeinanderfolgende Speicherplätze einnehmen soll. Solche Zuteilungen nennt
man c-Zuteilungen. Wir wollen uns hier auf den Fall c=1 beschränken.

2) Auch bei anderen Datenstrukturen als den momentan behandelten
Tupelfolgen wird der Definitionsbereich P der LOC-Funktion eine In-
dex-Tupel-Menge sein, ohne daß P dann erneut explizit definiert
wird (vgl. z.B. Satz 5.1).

Im Spezialfall m=1 kürzen wir $X^{(1)}$ =: X ab, und die naheliegende
Speicherplatzzuweisung ist $LOC(j):=L_o-1+j$, wobei $L_o$ eine feste "Basis"-Adresse (anschaulich das linke Speicherende) ist. Man spricht
dann von einer rein sequentiellen Zuteilung.
Beim Wachsen der Länge des momentanen Tupels wird mehr Speicherplatz benötigt. Ein Überlauf (d.h. ein Verstoß gegen die Injektivität von LOC) ergibt sich bei m=1, wenn die Stellenzahl des momentanen Tupels die Speichergröße überschreitet. Solch ein Überlauf ist
natürlich unabänderlich. Für m>1 könnte aber ein Überlauf auftreten,
während irgendwo in S noch ungenutzte Adressen existieren. Soll ein
Überlauf erst dann hingenommen werden, wenn alle Adressen besetzt
sind und sollen zudem noch alle Tupel sequentiell gespeichert werden, so muß man die Anfangsadressen gewisser Tupel ändern und damit
diese Tupel im Speicher "verschieben". Eine genaue Diskussion dieser Technik wird in [30],Bd.I, Abschnitt 2.2.2, gegeben.
Wir wollen uns wenigstens einen Spezialfall solcher Umspeicherungs-
strategien bei sequentieller Speicherung von Folgen marginaler linearer Listenklassen genauer ansehen und dabei erkennen, daß i.a.
nur individuelle Wahrscheinlichkeitsüberlegungen zu optimalen Vor-
gehensweisen führen.
Gegeben seien m marginale lineare Listenklassen. Die momentanen Tupel sollen sequentiell so angeordnet werden, daß möglichst wenig
Gesamtspeicherplatz benötigt wird. Zu Beginn seien alle momentanen
Tupel leer. Es sollen ferner zur Vereinfachung lediglich Eingaben
am rechten Ende (etwa k Stück) erfolgen, dagegen keine Löschungen
- m.a.W. es liegen m Zähler vor. Schließlich seien die Eingaben

nach $X^{(i)}$ für alle i gleichwahrscheinlich. Wie groß ist der Erwartungswert für die Anzahl der Umspeicherungen, wenn am Anfang für die Speicher keinerlei Platz reserviert wurde?

Jede Eingabe kann durch eine Zahl i mit $1 \leq i \leq m$ dargestellt werden; i gibt an, in welchem Stapel die Eingabe erfolgt. k Eingaben werden durch ein k-Tupel $(i_1, \ldots, i_k)$ mit $1 \leq i_j \leq m$ dargestellt. Sei z.B. k=10 und m=4. Das 10-Tupel $(1,1,4,2,3,1,2,4,2,1)$ gibt dann an, daß die erste Eingabe im Stapel 1 erfolgen soll, die zweite ebenfalls im Stapel 1, die dritte Eingabe im Stapel 4 usw. Die folgende Tabelle gibt die dazugehörige Speicherplatzverteilung nach den einzelnen Eingaben an. Es sei o.B.d.A. $L_o = 0$. Rechts daneben schreiben wir die Anzahl der bei der i-ten Eingabe nötigen Umspeicherungen. Zur besseren Lesbarkeit werde $x_{ij} := X^{(i)}(j)$ gesetzt.

| Nummer der Eingabe | Speicherplatzverteilung | | | | | | | | | | Anzahl der Umspeicherungen |
|---|---|---|---|---|---|---|---|---|---|---|---|
| | 0 | 1 | 2 | 3 | 4 | 5 | 6 | 7 | 8 | 9 | |
| 1 | $x_{11}$ | | | | | | | | | | – |
| 2 | $x_{11}$ | $x_{12}$ | | | | | | | | | – |
| 3 | $x_{11}$ | $x_{12}$ | $x_{41}$ | | | | | | | | – |
| 4 | $x_{11}$ | $x_{12}$ | $x_{21}$ | $x_{41}$ | | | | | | | 1 |
| 5 | $x_{11}$ | $x_{12}$ | $x_{21}$ | $x_{31}$ | $x_{41}$ | | | | | | 1 |
| 6 | $x_{11}$ | $x_{12}$ | $x_{13}$ | $x_{21}$ | $x_{31}$ | $x_{41}$ | | | | | 3 |
| 7 | $x_{11}$ | $x_{12}$ | $x_{13}$ | $x_{21}$ | $x_{22}$ | $x_{31}$ | $x_{41}$ | | | | 2 |
| 8 | $x_{11}$ | $x_{12}$ | $x_{13}$ | $x_{21}$ | $x_{22}$ | $x_{31}$ | $x_{41}$ | $x_{42}$ | | | – |
| 9 | $x_{11}$ | $x_{12}$ | $x_{13}$ | $x_{21}$ | $x_{22}$ | $x_{23}$ | $x_{31}$ | $x_{41}$ | $x_{42}$ | | 3 |
| 10 | $x_{11}$ | $x_{12}$ | $x_{13}$ | $x_{14}$ | $x_{21}$ | $x_{22}$ | $x_{23}$ | $x_{31}$ | $x_{41}$ | $x_{42}$ | 6 |

Man erkennt nun direkt die Gesamtzahl der Knotenumspeicherungen: Man liest $(a_1, \ldots, a_k)$ von links nach rechts und hat u Umspeicherungen vorzunehmen, wenn links von der gelesenen Zahl u größere Zahlen stehen. Alle Umspeicherungen erhält man also, wenn man alle $\binom{k}{2}$ Komponentenpaare (i,j) mit $i < j$ im Eingabe-Tupel betrachtet und die "Fehlstellungen" zählt, d.h. die Anzahl der Vorkommnisse, daß $a_j < a_i$ gilt. Im obigen 10-Tupel ist z.B. $(i,j) = (4,6)$ wegen $a_6 = 1 < 2 = a_4$ eine der insgesamt 16 Fehlstellungen.

Wie groß ist der Erwartungswert für die Anzahl der Umspeicherungen pro Eingabe? Sei $a_i$ die Anzahl der k-Tupel, für die i Umspeicherungen nötig sind. Für die Wahrscheinlichkeit $p_i$, daß in einem k-Tupel i Umspeicherungen vorgenommen werden müssen, gilt

dann nach Satz 3.1, daß $p_i = \dfrac{a_i}{m^k}$ , und der gesuchte Erwartungswert

ergibt sich zu

$$E = \sum_i i p_i = \frac{1}{m^k} \sum_i i a_i .$$

Wir betrachten $\sum_i i a_i$. Hierin kommt jedes Tupel so oft vor, wie es
zu i Umspeicherungen führt. Also folgt

$$\sum_i i a_i = \sum_{\text{Tupel } \tau} b(\tau) ,$$

wobei $b(\tau)$ die Anzahl der Umspeicherungen bei $\tau$ ist, d.h. die Anzahl der Komponentenpaare von $\tau$ mit Fehlstellung. $\sum_\tau b(\tau)$ erhält
man daher auch, wenn man über alle Komponentenpaare jeweils die
Anzahl der Tupel mit Fehlstellung bei diesem Komponentenpaar aufsummiert, d.h.

$$\sum_i i a_i = \sum_{\substack{(i,j) \\ i<j}} \#(\tau \text{ mit Fehlstellung bei } (i,j)).$$

Sei ein Komponentenpaar $(i,j)$ mit $i<j$ gegeben. Genau diejenigen
Tupel haben dort eine Fehlstellung, bei denen $a_j<a_i$ gilt. Zweier-
mengen $\{a,b\}$ aus $\{1,\ldots,m\}$ lassen sich auf $\binom{m}{2}$ Arten wählen. Setzt
man die größere der Zahlen $a,b$ an die Komponente i, die kleinere
an die Komponente j und wählt die restlichen k-2 Komponenten im
Tupel beliebig, so erhält man ein k-Tupel mit Fehlstellung bei
$(i,j)$. Da es $\binom{k}{2}$ Komponentenpaare gibt, folgt nun

$$\sum_i i a_i = \binom{k}{2}\binom{m}{2}m^{k-2} , \text{ und damit wird der Erwartungswert}$$

$$E = \frac{1}{m^k}\binom{k}{2}\binom{m}{2}m^{k-2} = \frac{1}{2}(1-\frac{1}{m})\binom{k}{2} = \frac{k^2}{4}(1-\frac{1}{k})(1-\frac{1}{m}) .$$

Für große k und m strebt E gegen $\dfrac{k^2}{4}$. Ein Wert dieser Größenordnung
war zu erwarten, denn in einem beliebig vorgegebenen k-Tupel über
$\{1,\ldots,m\}$ muß man $\binom{k}{2}$ (dies ist die Größenordnung von $\dfrac{k^2}{2}$) Stellen-
paare vergleichen, und in etwa jedem zweiten Fall kann man mit
einer Fehlstellung rechnen. Es handelt sich hier um ein Verfahren,
bei dem der Erwartungswert der Schrittzahl zwar groß, aber immerhin polynomial ist (vgl. Abschnitt 1.2).

Der Vorteil der geschilderten Speicherung der Stapel liegt einerseits in der optimalen Ausnutzung des Speicherplatzes; andererseits sind die Adressen der Komponenten auch relativ leicht zu berechnen. Ein wesentlicher Nachteil besteht allerdings darin, daß

in einer Situation, wie wir sie soeben geschildert haben, viele Umspeicherungen nötig sind.

Die bisherigen Beispiele zu den linearen Listenklassen haben deutlich gezeigt, daß die eigentlichen Schwierigkeiten erst beginnen,
wenn ein individuelles Problem mit spezifischen semantischen Mani-
pulationsbedingungen vorliegt. Von einer Theorie der diskreten
Strukturen und der Datenstrukturen kann man z.Z. nicht erwarten,
daß sie uns nach Art eines Patentrezeptes für alle Einzelprobleme
die Denkarbeit abnimmt. Der Teufel steckt, wie sich bei der tatsächlichen Implementierung eines Algorithmus' eigentlich noch
deutlicher zeigt, bekanntlich immer im Detail. Die geschilderte
Theorie soll demnach nur Hinweise geben, wie Einzelprobleme zweckmäßig formuliert werden sollten und wie eine Klassifizierung der
Einzelprobleme vorgenommen werden sollte. Eine solche Klassifizierung hat erfahrungsgemäß jedem allgemeinen Lösungsversuch voraufzu-
gehen. Selbstverständlich fehlt es nicht an erfolgreichen Versuchen,
größere Problemkreise innerhalb der Informatik durch quantitative
Theorien einheitlich zu behandeln oder zumindest durch die Entwicklung allgemeiner Strategien zur Herstellung von Lösungsalgorithmen
den Informatiker von der Ideen-zehrenden Denkarbeit beim individu-
ellen Problem zu entlasten. Einen guten Einblick gibt hier wiederum das grundlegende Werk von Knuth [30], zu den linearen Listenklassen insbesondere Bd.I, Kap.2.2. Die Entwicklung solcher Theorien ist aber noch keineswegs abgeschlossen, und ihre Darstellung
würde sicher die in dieser Einführung vorhandenen Möglichkeiten
übersteigen.

## 5.4 k-dimensionale Gitter und lexikographische Speicherplatzzu-
weisung

Kernbestandteil der in Abschnitt 5.1 definierten linearen Listenklassen sind die (momentanen) Tupel, im wesentlichen definiert als
Abbildungen eines Intervalles in die Knotenmenge $\mathcal{K}$. Als erste Verallgemeinerung von solchen linearen Listen, die noch eng mit diesem Begriff verbunden ist, sind Matrizen anzusehen. Eine (m×n)-
Matrix ist eine Anordnung

$$\begin{pmatrix} M(1,1) & \cdots & M(1,n) \\ & \cdot & \cdot \\ & \cdot & \cdot \\ & \cdot & \cdot \\ M(m,1) & & M(m,n) \end{pmatrix}$$

wobei die $M(i,j)$ Elemente einer Knotenmenge $\cancel{K}$ sind. Mathematisch exakt definieren wir:

Definition 5.6   Eine $(m \times n)$-Matrix über der Knotenmenge $\cancel{K}$ ist eine Funktion $M: I_m \times I_n \to \cancel{K}$

Man könnte als Verallgemeinerung von linearen Listen Matrix-Listen definieren und sich dann mit Manipulationsmöglichkeiten an Matrizen beschäftigen; doch sind solche Listen besser im Rahmen einer noch allgemeineren Theorie (vgl. Abschnitt 6.2) zu behandeln. Wir wollen uns hier lediglich mit Speicherproblemen für Matrizen und noch allgemeiner für k-dimensionale Strukturen befassen.

Definition 5.7   Ein k-dimensionales Gitter (über der Knotenmenge $\cancel{K}$ ) ist eine Abbildung $M: I_{g_1} \times I_{g_2} \times \ldots \times I_{g_k} \to \cancel{K}$.

Wir wollen stets voraussetzen, daß alle $g_i > 1$ sind, da sich sonst ein k-dimensionales Gitter stets auch als ein niedriger-dimensionales Gitter interpretieren läßt.

Spezialfälle: Für k=1 ergeben sich Tupel, für k=2 erhält man Matrizen. Man kann natürlich Matrizen auch als Tupel ansehen, nämlich als Tupel z.B. ihrer Zeilen. Analog gibt es eine Tupel-Interpretation von höherdimensionalen Gittern. Insofern stellen Gitter keine echte Verallgemeinerung linearer Listen dar. Aus diesem Grund werden sie auch bereits in diesem Abschnitt behandelt. Andererseits wird allein schon das von uns hier zu besprechende Speicherproblem für Gitter Manipulationen betreffen, die sich bei der angedeuteten Tupel-Interpretation weit im Inneren der Tupelelemente abspielen und insofern über die bisherigen Manipulationsmöglichkeiten bei linearen Listen hinausgehen; man interessiert sich in dieser Sicht für interne, innerhalb eines Knotens erfolgende Manipulationen.

Als Grundlage zur Speicherung von Informationen kommen k-dimensionale Gitter häufig vor. Man denke z.B. an ein lineares Gleichungssystem, das i.a. lediglich durch eine Matrix angegeben wird.

Will man solch ein Gleichungssystem mit dem Computer lösen, so
entsteht das Problem, zunächst die Koeffizienten des Systems, also
die gegebene Matrix, im Computer zu speichern und später mit den
Koeffizienten zu manipulieren. Dabei spielt für den Änderungsdienst
bei Gittern eine Manipulationsmöglichkeit eine Rolle, die zu den
marginalen Verlängerungs- oder Verkürzungsoperationen für Tupel
nicht analog ist. Vielmehr bleiben die Dimensionen der Gitter und
auch die Zahlen $g_i$ aus Definition 5.7 fest. Es ist jedoch ein häu-
figes Problem, sich nur gewisse der Gitterplätze als besetzt vorzu-
stellen und in der Art der Besetzung der einzelnen Gitterplätze zu
manipulieren. Besonders wichtig sind z.B. dünn besetzte Matrizen
(engl. sparse matrices), welche zu speziellen Manipulationstech-
niken Anlaß geben. Für eine systematische Theorie statischer dünn
besetzter Matrizen wäre es sicher empfehlenswert, den Löschvorgang
D anders als bisher zu interpretieren, nämlich als das Wegnehmen
eines Knotens aus einer Matrixstelle unter Beibehaltung dieser
Stelle und der Gesamtdimensionen der Matrix.

Von überragender Bedeutung sind natürlich voll besetzte Matrizen,
z.B. in der linearen Algebra. Obwohl man auch hier spezielle Mani-
pulationstechniken auszeichnen könnte, z.B. bestimmte Zeilen- oder
Spalten-Verfahren, ist es in erster Linie interessant, volle
Adressierbarkeit aller Gitterplätze anzunehmen. Man spricht hier
allgemein von statischen Feldern (arrays). Bei voller Adressierbarkeit ist es dann enorm wichtig, die explizite Adressenrechnung
gut zu beherrschen.

Wir wollen hier als Beispiel Speicherplatzzuweisungen für ein -
voll besetztes - Gitter kurz anschneiden. Dabei werden wir eine
explizite Speicherplatzzuweisung angeben, die ein Gitter in gewisser Weise linearisiert. Diese beruht auf der lexikographischen
Ordnung der k-Tupel natürlicher Zahlen.

Definition 5.8   Seien $(i_1,\ldots,i_k)$, $(j_1,\ldots,j_k) \in I_{g_1} \times \ldots \times I_{g_k}$.
Wir definieren $(i_1,\ldots,i_k) <_1 (j_1,\ldots,j_k)$, falls es ein m gibt mit
$1 \leqslant m \leqslant k$, so daß $i_1 = j_1$ und ... und $i_{m-1} = j_{m-1}$ und $i_m < j_m$. $<_1$ heißt die
lexikographische Ordnung auf dem Gitter $I_{g_1} \times \ldots \times I_{g_k}$.

Man sieht leicht, daß $<_1$ tatsächlich eine lineare Ordnung ist. Die
Bezeichnung rührt daher, daß in einem Lexikon in entsprechender
Weise ein Wort $W_1$ (z.B. HAND) vor einem anderen Wort $W_2$ (z.B.

HANTEL) steht, wenn der erste Buchstabe, an dem sich beide Wörter unterscheiden, in $W_1$ ein Buchstabe ist, der im Alphabet vor dem an dieser Stelle in $W_2$ stehenden Buchstaben kommt.

**Beispiel 5.5** Man betrachte den Fall k=2, $g_1$=3, $g_2$=4. Zwischen den Plätzen der Matrix, die auch mit den Indexpaaren identifiziert werden können, besteht in natürlicher Weise eine strikte Ordnung $\prec$: $(i,j) \prec (i',j') \Longleftrightarrow i \leqslant i' \wedge j \leqslant j' \wedge (i,j) \neq (i',j')$. Dies ist keine lineare Ordnung, da z.B. weder $(1,2) \prec (2,1)$ noch $(2,1) \prec (1,2)$ gilt. Die lexikographische Ordnung ist aber eine lineare Ordnung, in die sich $\prec$ einbetten läßt (vgl. Abschnitt 4.2). Es ist allerdings nicht die einzige lineare Ordnung, in die sich $\prec$ einbetten läßt, wie man am HASSE-Diagramm leicht sehen kann. Eine bei $L_o$ beginnende Speicherplatzzuweisung für die Knoten M(i,j), die der lexikographischen Anordnung der (i,j) entspricht, ist in unserem Beispiel durch

LOC((i,j)) = $L_o$ + (i-1)4 + (j-1) mit i=1,...,3; j=1,...,4 gegeben. Die letzte Behauptung im Beispiel 5.5 ordnet sich einem allgemeinen Satz für k-dimensionale Gitter unter:

**Satz 5.1** Sei M: $I_{g_1} \times ... \times I_{g_k} \to \mathcal{H}$ ein k-dimensionales Gitter.

Dann ist

$$\text{LOC}((i_1,...,i_k)):=L_o+(i_k-1)+(i_{k-1}-1)g_k+(i_{k-2}-1)g_kg_{k-1}+...+(i_1-1)g_kg_{k-1}\cdots g_2$$

eine bei $L_o$ beginnende lückenlose Speicherplatzzuordnung, die der lexikographischen Anordnung der $(i_1,...,i_k)$ entspricht.

Beweis: Man überzeugt sich sofort, daß LOC((1,...,1))=$L_o$ ist und muß zeigen, daß die Zuweisung weder Lücken noch Kollisionen hervorruft. Hierzu dient im wesentlichen eine Abzählung der lexikographisch vor $(i_1,...,i_k) \in I_{g_1} \times ... \times I_{g_k}$ liegenden k-Tupel. Dies sind genau die Tupel $(j_1,...,j_k)$, die zu einem der folgenden sich ausschließenden Fälle gehören:

1. $j_1 < i_1$                           und $j_r$ beliebig für $r \geqslant 2$

2. $j_1 = i_1, j_2 < i_2$              und $j_r$ beliebig für $r \geqslant 3$

3. $j_1 = i_1, j_2 = i_2, j_3 < i_3$   und $j_r$ beliebig für $r \geqslant 4$

   .                               .

   .                               .

   .                               .

k. $j_1 = i_1, j_2 = i_2, ..., j_{k-1} = i_{k-1}, j_k < i_k$

Im s-ten Fall ergeben sich $(i_s-1)g_{s+1}\cdots g_k$ solcher Tupel, denn für $j_s$ gibt es $(i_s-1)$ Möglichkeiten, und für r>s können die $j_r$ beliebig aus $I_{g_r}$ gewählt werden. Durch Summation dieser Anzahlen ergibt sich der in der Behauptung stehende Term.

## 5.5 Speicherplatzzuordnung durch Verkettung

Wir betrachten noch weitere Speicherplatzzuordnungs-Probleme, die hier erneut nur für Tupel behandelt werden sollen. In Abschnitt 5.3 hatten wir gesehen, daß sequentielle Speicherung der momentanen Tupel von Folgen von Listenklassen schon bei Zählern den Nachteil hat, daß bei Manipulationen i.a. viele Umspeicherungen nötig sein werden. Deshalb soll nun eine andere Speicherplatzzuordnung behandelt werden, welche diese Nachteile nicht hat (dafür aber andere!). Beim sog. verketteten Speichern eines n-Tupels $(X(1),\ldots,X(n))$ werden nicht nur die Knoten X(i) gespeichert, sondern mit ihnen auch jeweils die Adresse des im Tupel auf X(i) folgenden Knotens. Ein Speicherplatz enthält also die folgende Information:

| X(i) | LOC(i+1) |
|------|----------|

Die mit X(i) gespeicherte Adresse LOC(i+1) verkettet den Knoten X(i) mit dem hierauf innerhalb des Tupels folgenden Knoten X(i+1). Die Verkettungsadresse heißt auch Zeiger. Um das Ende eines Tupels anzudeuten, führt man im Verkettungsadressenteil von X(n) ein neues Symbol, z.B. Φ ein. Beim Speichern mehrerer Tupel merkt man sich i.a. ferner die Anfänge jedes Tupels in Form einer Liste, die also LOC((1,1)), LOC((2,1)) usw. enthält, oder man legt die Adressen der Tupelanfänge durch eine einfach zu berechnende Funktion fest. Die geschilderte Art der Verkettung führt immer zum nächsthöheren Index eines Tupels. Will man die Adressierung auch im Sinne absteigender Indizes festhalten, so ist in einem weiteren Zusatzteil zu den Daten die Adresse des Vorgängers im Tupel zu notieren, ferner sind auch die Tupelenden in einer Liste festzuhalten. Man spricht in diesem Fall von einer doppelt verketteten Datenspeicherung.

Wir haben bereits in Abschnitt 5.1 darauf hingewiesen, daß eine solche Speicherung zusätzlicher Größen (z.B. Verkettungsadressen) kein Verlassen der Grundkonzeption einer Knotenmenge als einer abstrakten Menge ist, sondern lediglich die Einführung einer neuen Funktion auf $\mathcal{K}$ bedeutet, welche jedem Knoten ein Verkettungssymbol zuordnet.

Bei sequentieller Speicherung kann man auf die Angabe von Verkettungsadressen verzichten, denn die dort leicht berechenbare Funktion LOC liefert eine bequeme Methode zur Adressenberechnung beliebiger Komponenten eines Tupels. Wenn eine Folge von Tupeln durch Verkettung gespeichert wird und es werden irgendwelche (z.B. marginale) Manipulationen durchgeführt, so sind keine Umspeicherungen mehr nötig, sondern es wird nur für die betroffenen (z.B. Marginal-)Knoten der Tupel in ersichtlicher Weise (s. Beispiel 5.6) eine Änderung bzw. Ergänzung der Speicherplatzzuordnung vorgenommen. Ein Nachteil der Verkettungsstrategie liegt natürlich darin, daß mehr Platz in den Speicherzellen benötigt wird, da auch die Verkettungsadressen gespeichert werden müssen. Ein weiterer Nachteil, der kaum bei marginalen Listenklassen, wohl aber bei beliebiger (random-access-) Zugriffsmöglichkeit zum Tragen kommt, besteht darin, daß die Adresse einer beliebigen Komponente nicht direkt berechenbar ist, sondern daß man sich sequentiell an diese heranarbeiten muß.

Beispiel 5.6. Es seien $X^{(1)}=(f,c,a,b,d,c)$ und $X^{(2)}=(a,c,e)$ die momentanen Tupel zweier Stapel. Diese seien im Speicher $S = \{1,\ldots,12\}$ durch Verkettung wie folgt gespeichert:

| | | |
|---|---|---|
| 1: (a,3) | 5: (e,$\Phi$) | 9: (f,8) |
| 2: (b,4) | 6: (c,$\Phi$) | lo: leer |
| 3: (c,5) | 7: (a,2) | 11: leer |
| 4: (d,6) | 8: (c,7) | 12: leer |

In der Beschreibung j: (x,i) sei dabei x der Informationsteil (d.h. ein Knoten eines momentanen Tupels), i die Verkettungsadresse und (x,i) der gesamte Inhalt des Speicherplatzes j von S.
Wird nun z.B. durch eine Manipulation im momentanen Tupel $X^{(2)}$ hinten e angefügt, so benötigt man einen neuen Speicherplatz (wir haben noch den Platz lo zur Verfügung), auf dem (e,$\Phi$) gespeichert wird. Gleichzeitig ist lediglich noch der Inhalt des Speicherplatzes 5 zu ändern, und zwar in (e,lo), da die Verkettungsadresse jetzt den neu hinzugekommenen Speicherplatz angeben muß. Soll anschließend etwa $X^{(1)}(n)=X^{(1)}(6)$, also das in $X^{(1)}$ hinten stehende c, gelöscht werden, so sucht man den Speicherplatz mit dem Inhalt (c,$\Phi$) (die Methode hierfür ist ein Problem für sich!), in diesem Fall den Speicherplatz 6, macht ihn leer, sucht ferner den Speicherplatz, dessen Inhalt im Verkettungsteil die 6 enthält (bei doppelter Verkettung

wäre dieser Schritt leichter!) und ändert diese 6 in $\Phi$ ab. Nach diesen beiden Manipulationen erhält man also für die entstandenen momentanen Tupel $X^{(1)}=(f,c,a,b,d)$ und $X^{(2)}=(a,c,e,e)$ die folgende Speicherplatzzuordnung:

| | | |
|---|---|---|
| 1: (a,3) | 5: (e,1o) | 9: (f,8) |
| 2: (b,4) | 6: leer | 1o: (e,$\Phi$) |
| 3: (c,5) | 7: (a,2) | 11: leer |
| 4: (d,$\Phi$) | 8: (c,7) | 12: leer |

Während dieser Umformungen sind die Adressen der Tupel-Anfänge $LOC((1,1))=9$, $LOC((2,1))=1$ unverändert geblieben.

Bei verketteter Speicherung ist es zweckmäßig, sich in einem zusätzlichen Stapel die Adressen sämtlicher <u>freier</u> Speicherplätze zu merken, damit ein Überblick über noch freie und wieder frei werdende Speicherplätze vorliegt. Dazu eine Aufgabe.

<u>Aufgabe 5.3</u> Gegeben seien zwei Stapel über $\maltese=\{a,b,c,d,e\}$ mit momentanen Tupeln $X^{(1)}=(a,a,c,b,a)$ und $X^{(2)}=(e,c,d,d)$. Diese seien in einem Speicher $S = \{1,2,\ldots,15\}$ durch Verkettung wie folgt gespeichert:

| | | |
|---|---|---|
| 1: (c,9) | 5: (a,1) | 9: (b,7) |
| 2: (c,6) | 6: (d,4) | 1o: usw. sind leer |
| 3: (a,5) | 7: (a,$\Phi$) | |
| 4: (d,$\Phi$) | 8: (e,2) | |

Ein dritter Stapel besitze das momentane Tupel $X^{(3)}=(1o,11,12,13,14,15)$, d.h. $X^{(3)}$ zeigt die jeweils freien Speicheradressen an.

Die Operationen $D_i (i=1,2)$ bedeuten Streichen im Stapel $X^{(i)}$ und Hinzufügen der frei werdenden Adresse zu $X^{(3)}$.

Die Operationen $I_i(x)$ mit $x\in\maltese(i=1,2)$ bedeuten Hinzufügen des Knotens $x$ im Stapel $X^{(i)}$ und Speicherung von $x$ an der durch $X^{(3)}(n)$ gegebenen Adresse.

a) Man gebe die drei momentanen Tupel und die Speicherplatzzuordnung mit Verkettungsadressen nach Ausführung der Folge $D_1,D_2,D_2,D_1,I_1(c),I_1(e),I_1(a),D_2,I_2(a),I_2(a),I_2(b),I_1(b)$ an.

b) Gibt es eine Folge von Operationen, durch die man $X^{(1)}$ sequentiell gespeichert auf den Speicherplätzen $1,\ldots,5$ erhält?

Es gilt dann also

1: (a,2)    4: (b,5)
2: (a,3)    5: (a,Φ) · · ·
3: (c,4)    6: ...

## 5.6 Weitere Bemerkungen zum Speicherungsproblem. Hash-Techniken.

Wir haben hier nur einige wenige Speichertechniken kennengelernt.
Weitere Speicherungsverfahren untersucht man in der Informatik und
der Theorie der Datenstrukturen. Hierzu gehört insbesondere das
sog. Index-sequentielle Speichern, welches z.B. für dünn besetzte
Matrizen i.a. vorteilhaft ist (vgl. [59],2.4.2). Zum Speichern von
Daten ist das Suchen von Daten die natürliche komplementäre Aufgabe. Sie ist leicht, wenn stets die Adressen aller benötigten Daten
bekannt oder leicht errechenbar sind und volle Adressierbarkeit
vorliegt oder wenn mindestens die Adressen der Marginalpunkte linearer Listenklassen bekannt und zugreifbar sind. Andernfalls hat
man i.a. Schwierigkeiten bei der Suche der Daten und ordnet ihnen
deshalb oft kennzeichnende Charakteristika, sog. Schlüssel zu.
Das Suchen von Daten mit Schlüsseln kann als ein spezieller Sor-
tiervorgang gedeutet werden, nämlich als das Aussortieren der Daten
mit diesen Schlüsseln. Allgemeine Such- und Sortierstrategien gehören in die Theorie der Datenstrukturen (vgl. [3o] Vol III, Kap.5
und 6).
Zum Schluß dieses Abschnitts soll noch genauer auf eine Speicherungstechnik mit Schlüsseln eingegangen werden, die für lineare Listen in speziellen Fällen typisch ist (z.B. für dünn besetzte Tupel)
und in einem gewissen Kontrast zum sequentiellen Speichern steht.
Bei dieser Hash-Technik sei eine Datenmenge (=Knotenmenge) $\mathcal{K}$ mit
einem Schlüsselbereich $\Sigma$ gegeben. $\Sigma$ wird stets als strikt geordnete Menge angesehen, so daß man effektiv entscheiden kann (vgl. Abschnitt 1.2), ob ein Schlüssel vor einem anderen liegt. Die genaueren Eigenschaften der Schlüsselmenge beeinflussen stets die Wahl
einer zweckmäßigen Speicherstrategie. In unserem Fall sei $|\Sigma|$ sehr
groß gegen die Zahl der tatsächlich benutzten Daten, die sich et-
wa in der Größenordnung $|S|$ des Speichers bewege.

Beispiel 5.7 Betrachte die Studenten einer Universität mit fünfstelligen Matrikelnummern (=Schlüsseln), von denen nur etwa 1ooo

Studenten mit ihren Daten bei einer Datei mit Speichergröße
$|S|=1000$ wirklich interessieren mögen. Sei also $|\Sigma|=10^5$. Dann ist
das $10^5$-Tupel der Daten aller Studenten insofern dünn besetzt, als
nur höchstens $10^3$ Komponenten interessieren.
Man kann in diesem Fall z.B. versuchen, die letzten 3 Stellen der
Matrikelnummer als Adresse für die jeweiligen Daten zu verwenden.
Allgemein betrachtet man Funktionen $h: \Sigma \to S$, z.B. $h(\delta):=$ Rest von $\delta$
bei Division durch $10^3$.
Hierdurch wird der Schlüsselbereich $\Sigma$ in Stücke der Länge $10^3$ zer-
hackt und diese Teile werden im Speicher übereinandergelegt. Aus
den Eigenschaften dieser Funktion $h$ motiviert sich die Bezeichnung
für alle Funktionen $h$ der obigen Art als Hash-Funktionen (engl.
hash = zerhacken; Ziel ist also die Erzeugung eines "Daten-
Haschees").
Selbstverständlich kann $h$ nur für $|\Sigma| \leqslant |S|$ injektiv sein. Aber auch
im Fall $|\Sigma| > |S|$ kann man hoffen, daß sich keine Adressenkollision
ergibt, wenn höchstens $|S|$ Knoten gespeichert werden oder gar die
Anzahl der zu speichernden Knoten deutlich unterhalb $|S|$ liegt.
Allerdings ist es ganz generell erstaunlich schwierig, solche
kollisionsfreien (d.h. mathematisch: injektiven) Funktionen aufs
Geratewohl zu konstruieren. So ist z.B. bei einer beliebigen
(gleichverteilten) Auswahl von 38 Adressen bei $|S|=1000$ die Wahr-
scheinlichkeit, daß keine Kollision auftritt, gegeben durch

$$w = \frac{999}{1000} \cdot \frac{998}{1000} \cdots \frac{963}{1000} = 0,490\ldots \text{ , also unter 50\%. Eine Kollision}$$

ist also bereits bei so wenigen Daten wahrscheinlicher als keine
Kollision.

Aufgabe 5.4    Man zeige: Für 23 Personen ist die Wahrscheinlichkeit,
daß (wenigstens) zwei von ihnen am gleichen Tag des Jahres Geburts-
tag haben, größer als $\frac{1}{2}$ (Geburtstagsparadoxon von W. Feller).
Tritt nun tatsächlich bei der Ausübung der Hashfunktion $h$ eine
Adressenkollision ein, so muß eine Ersatzadresse vorgesehen werden.
Dies geschieht systematisch und für alle Fälle erschöpfend durch
Angabe einer sog. vollständigen Hash-Funktion

$$H: \Sigma \to \text{ Menge } \Pi \text{ der Permutationen von } S.$$

Die dem Schlüssel $\delta \in \Sigma$ zugeordnete Permutation von $S$

$$H(\delta) = \begin{pmatrix} 1 & \ldots & n \\ h_1(\delta) & \ldots & h_n(\delta) \end{pmatrix}$$

ist dahingehend zu interpretieren, daß beim ersten Speicherungsversuch für das Datum mit dem Schlüssel $\delta$ die Adresse $h_1(\delta)$ verwendet werden soll, im zweiten Versuch $h_2(\delta)$ usw. Ist schließlich auch $h_n(\delta)$ bereits besetzt, so ist S besetzt und kann keine Daten mehr aufnehmen, denn da $H(\delta)$ eine Permutation von S ist, sind alle möglichen Adressen durchprobiert worden. Natürlich ist $h_1(\delta)$ die ursprüngliche Hash-Funktion $h(\delta)$.

Der zum Speichern umgekehrte Prozeß des Aufsuchens von Daten bei gegebenem Schlüssel geschieht in entsprechend umgekehrter Reihenfolge. Bei Nichtübereinstimmung von $\delta$ mit dem Schlüssel in der zunächst geprüften Adresse gehe man sukzessiv gemäß $H(\delta)$ zu den Ersatzadressen über. Erweist sich eine dieser Adressen vor Auffindung des gesuchten Datums als unbesetzt, so ist dieses Datum noch nicht in S gespeichert worden.

Im Beispiel 5.7 könnte man etwa folgende vollständige Hash-Funktion verwenden: Sei

$$h_i(\delta) := \text{Rest von } (\delta + (i-1)) \text{ modulo } 1000.$$

Nach der ersten Kollision weicht man also auf die nächsthöhere Adresse aus (beim Überlauf über 999 Wiederbeginn bei 0), bei weiteren etwaigen Kollisionen verfährt man analog weiter. Man kann in diesem Beispiel zweifeln, ob diese Hash-Funktion zweckmäßig ist, da man häufig Daten mit benachbarten Schlüsseln erwarten kann (z.B. Freunde, die beim Immatrikulieren hintereinander gestanden haben und deshalb aufeinanderfolgende Matrikelnummern erhielten). Schon deshalb wird das Ausweichen auf den Nachbarplatz des Speichers häufig erfolglos sein. Überdies sind durch die Ausweichstrategie auf Nachbar-Adressen Häufungen in der Nähe einer bereits besetzten Adresse regelrecht vorprogrammiert. Das systematische Auftreten solcher Kollisions-Häufungen (engl. clusterings) ist stets ein Anzeichen für eine unzweckmäßig gewählte Hash-Funktion H und könnte in unserem Beispiel durch weiteres Zerhacken (Haschee!) von $\Sigma$ vermieden werden. Statt der im obigen Beispiel vorgeschlagenen Technik des "linearen Sondierens" bei der Definition von $h_i(\delta)$ könnte man im nächsten Versuch etwa $(i-1)^2$ Schritte modulo 1000 weitergehen (quadratisches Sondieren). Dieser Ansatz mißlingt aber, da man für $i = 1, \ldots, 1000$ nicht alle Reste modulo 1000 erhält, dafür andere mehrmals, m.a.W. man erhält keine Permutation von S.

Gerne wird aber zur Erreichung des bei Hash-Funktionen erwünschten Zieles der "Streuspeicherung" (engl. scattered storage technique) die Restbildung nach einem anderen Modul als $|S|$ vorgenommen, insbesondere nach einer nahe bei $|S|$ gelegenen Primzahl (im Beispiel etwa modulo 997). Das Studium verschiedener Verteilungsannahmen und mathematischer Begründungen für die Effizienz solcher Techniken führt über den Rahmen dieser Einführung hinaus. Es existiert aber bereits eine wohlentwickelte Hash-Theorie, welche die Hash-Funktionen danach klassifiziert, ob Kollisionen im Mittel erst spät auftreten oder ganz vermeidbar sind und ob andererseits die $h_i(\delta)$ einfach berechenbar sind (vgl. hierzu [30], Vol III, Kap. 6.4).

Wir hatten bisher durchgehend angenommen, daß h bzw. H a priori bekannt sind und etwa tabelliert zugänglich oder leicht aus $\delta$ berechenbar sind. Dieser Methode des "offenen Hashens" kann man endlich eine Technik entgegenhalten, die bei Auftreten einer Kollision eine Adresse aus einem (in Stapelform bereitgestellten) Reservoir von unbenutzten Ersatzadressen zuordnet und durch Verkettung mit Zeigern von der ersten Adresse her erreichbar ist. Diese Methode ist besonders günstig bei wenigen Kollisionen, weil sie nur wenig Rechenaufwand mit Hash-Funktionen erfordert. Andererseits erfordert sie wegen der benötigten Zeiger erhöhten Speicherplatz und eine zusätzliche Buchführung der Ersatzadressen.

# 6. Bäume und Listen

## 6.1 Geordnete und ungeordnete Bäume

In Abschnitt 5.4 haben wir als Verallgemeinerung von Tupeln k-dimensionale Gitter kennengelernt. In der Informatik sind aber als Datenstrukturen noch weitergehende Verallgemeinerungen von großer Bedeutung, nämlich Bäume. Wir müssen bei der Begriffsfestlegung noch sorgfältiger vorgehen als im linearen Fall: Betrachten wir rückblickend noch einmal dünn besetzte Matrizen. Man kann eine solche <u>Matrix</u> zunächst als ein <u>Stellenschema</u> auffassen,

$$\begin{pmatrix} s_{11} & ./. & ./. & s_{14} \\ s_{21} & ./. & ./. & ./. \\ s_{31} & ./. & s_{33} & s_{34} \end{pmatrix}$$

d.h. als eine schematische Beschreibung der Positionen, an denen dann in einem zweiten Schritt Knoten eingesetzt werden sollen. Die Manipulation "Besetzung einer bisher unbesetzten Stelle" sollte also zergliedert werden zunächst in die Einführung der zu besetzenden Position als Stelle und dann in die Besetzung dieser Stelle mit einem Knoten. Analog umgekehrt verläuft das Löschen einer Stelle.

Entsprechend hätte man bereits die Tupelmanipulationen zerlegen sollen.

Z.B. bedeutet das Verlängern eines Tupels einer marginalen Listenklasse ebenfalls die Einführung einer neuen Stelle und sodann die Belegung mit einem Knoten. Allgemein müßte auch im Inneren eines Tupels eine unbesetzte Stelle vorkommen dürfen. Somit würde man unter einer <u>verallgemeinerten Tupelstruktur</u> eine injektive Abbildung S einer Stellenmenge $\{s_1, \ldots, s_k\}$ bzw. ihrer Indizes in ein Intervall I der Länge n verstehen ($k \leqslant n$). Beispielsweise bedeutet für n=5 und die Stellenmenge $\{s_1, s_2, s_3\}$ die Funktion S mit $S(s_1)=2$, $S(s_2)=3$, $S(s_3)=5$, daß im betrachteten 5-Tupel die 1. und 4. Stelle unbesetzt bleiben sollen. Hintere Anfügung eines Knotens führt mit $S(s_4)=6$ zur Verlängerung des Intervalles I und zur Erweiterung des Argumentbereiches der Abbildung S. Da auch nach links Erweiterungen denkbar sind, müssen die Intervalle I im Prinzip auch in die negativen Zahlen hinein fortsetzbar sein. Durch sehr einfache

Umbenennungen kann man aber immer wieder erreichen - davon werden
wir in Zukunft ausgehen - daß alle Indices und alle Intervalle bei
einer festen Zahl - etwa bei 1 - anfangen zu zählen.

Häufig - wenn auch in der Informatik seltener - sind statt der(geordneten) Tupel ungeordnete Mengen zu betrachten. Es ist bekanntlich möglich (vgl. Abschnitt 1.1), den Begriff des Tupels aus dem
der ungeordneten Menge herzuleiten. Umgekehrt - und so wollen wir
hier vorgehen - kann aber auch die Konzeption eines geordneten Da-
tentupels als primär angesehen werden und hieraus die Konzeption
einer ungeordneten Datenmenge begrifflich konstruiert werden. Die
nun folgende Überlegung ist für die Praxis der Datenverarbeitung
nicht relevant und könnte als mathematische Spielerei angesehen
werden. Sie ist nichts anderes als die Anwendung einer allgemeinen
mathematischen Technik, auch ungeordnete Strukturen mitzuerfassen,
wenn man von geordneten ausgegangen ist. Wer die Begriffe des geordneten und des ungeordneten Baumes beide als Grundbegriffe akzeptieren will, muß beide Theorien, die sich in vielem ähneln, separat - bestenfalls parallel - behandeln, während bei der folgenden
gemeinsamen Begriffsfestlegung grundsätzlich eine einheitliche Behandlung möglich ist und eine Spezialisierung erst möglichst spät
erfolgt (ein ähnliches Verfahren wurde in Abschnitt 2.1 bei der
Einführung von Multimengen verwendet).

Statt einer injektiven Abbildung S der Stellenmenge nach I lasse
man gewisse Mengen $S$ injektiver Abbildungen der Stellenmenge nach
I zu. Es gibt bekanntlich n(n-1)(n-2)...(n-k+1) solcher Abbildungen. Wir wollen akzeptieren die volle Menge aller solchen Abbildungen und jede nur aus einem Element S bestehende Menge. Die volle Menge $S$ behandelt alle Stellen in gleicher Weise und kann als
Präzisierung des Begriffes einer ungeordneten Menge angesehen werden, in der k Stellen besetzt und n-k Stellen unbesetzt sind.
Geordnete Tupel sind dagegen festgelegt durch eine einelementige
Menge $S$. Für n=k=0 fallen beide Begriffe zusammen, $S$ ist dann die
einelementige Menge, welche nur die leere Abbildung $\emptyset$ enthält.
Bevor wir den Baumbegriff definieren, wollen wir annehmen, daß
eine sehr große, u.U. auch unendliche Menge von "Stellensymbolen"
oder kurz Stellen existiert, so daß in allen Bäumen und Teilbäu-
men jeweils immer neue und voneinander verschiedene Stellen auftreten. Die Stellen heißen auch Punkte.

Definition 6.1: s sei ein Stellensymbol. Ein <u>Baum</u> $T$ mit der <u>Wur-</u>
<u>zel</u> s ist ein Quadrupel $T = (s, n \ (T_1, \ldots, T_k), S)$. Hierbei ist $n \geqslant 0$
die <u>Stellenzahl</u> oder <u>Wertigkeit</u> der Wurzel, die $T_i$ sind (einfachere) Bäume, und $S$ ist entweder eine einelementige Menge oder die
volle Menge jeweils injektiver Abbildungen von $I_k$ nach $I_n$ $(k \leqslant n)$.
Die $T_i$ heißen <u>unmittelbare Teilbäume</u> von $T$ und ihre Wurzeln unmittelbare <u>Nachfolger</u> von s. Ist $S$ einelementig, so heißt im Falle
$S(j) = i$ der Baum $T_j$ der i-te unmittelbare Teilbaum von $T$.
Unsere <u>implizite Definition</u> verwendet den Baumbegriff zu seiner
eigenen Definition. Es muß deshalb noch der Begriff eines kleinsten Baumes geprägt werden:

<u>Definition 6.2</u>   $(s, 0, \emptyset, \{\emptyset\})$ heißt ein <u>atomarer Baum.</u>

Eine Wurzel mit Wertigkeit 0 kann nur in atomaren Bäumen auftreten.
Die Definition des Baumbegriffes ist so zu verstehen, daß aus atomaren Bäumen gemäß Definition 6.1 schließlich alle Bäume gewonnen
werden können. Atomare Bäume heißen auch <u>Endstellen</u> oder <u>Endpunkte.</u>
Da sie nur die in ihnen vorkommende Wurzel als Parameter enthalten,
werden sie im folgenden nur mit s bezeichnet.

<u>Bemerkung:</u> Die Forderung, daß alle Stellen eines Baumes voneinander
verschieden sein sollen, steht mit der Möglichkeit, daß in der Folge $(T_1, \ldots, T_k)$ auch übereinstimmende Bäume auftreten dürfen, zunächst in Kollision. Sie ist so zu verstehen, daß erst <u>nach</u> Ausführung eines Aufbauschrittes gemäß Definition 6.1 etwa übereinstimmende Stellen in verschiedene Stellen umbenannt werden sollen.

<u>Beispiel 6.0</u>   Einen atomaren Baum $T = s$ veranschaulichen wir durch
das Bild

$$T: \qquad \bullet \ s$$

<u>Beispiel 6.1</u>   Sei $T = (s^{(1)}, n, (s_i, \ldots, s_n), \{S\})$ mit $S(i) = i$. Wir ver-
anschaulichen $T$ durch Figur 6.1

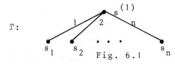

Fig. 6.1

<u>Beispiel 6.2</u>   Sei $T' = (s^{(1)}, 2n, (s_1, \ldots, s_n), \{S\})$ mit $S(i) = 2i - 1$.

In Fig. 6.2 sollen gestrichelte Linien Leerstellen andeuten.

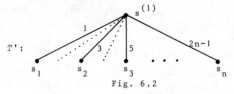

Fig. 6.2

<u>Beispiel 6.3</u>  Sei $T^*=(s^*,4,(s_o,T,T'),\{S\})$ mit $S(1)=3,S(2)=1,S(3)=4$.
Wir erhalten den Baum (nach Umbenennung der Stellen $s_i$ aus $T'$ in
$s_i'$ und von $s^{(1)}$ aus $T'$ in $s^{(1)'}$).

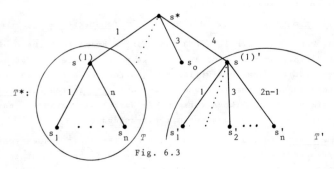

Fig. 6.3

<u>Beispiel 6.4</u>  Sei $T = (s^{(1)},3,(s_1,s_2),\{S_1,S_2,\ldots,S_6\})$, wobei die
$S_i(h)$ $(1 \leqslant i \leqslant 6; 1 \leqslant h \leqslant 2)$ aus folgender Tabelle hervorgehen:

| $i$ $\diagdown$ $h$ | 1 | 2 | 3 | 4 | 5 | 6 |
|---|---|---|---|---|---|---|
| 1 | 1 | 1 | 2 | 2 | 3 | 3 |
| 2 | 2 | 3 | 1 | 3 | 1 | 2 |

$S$ ist hier ersichtlich die volle Menge aller 6 injektiven Abbildungen von $I_2$ in $I_3$. Dieser Baum wird in Fig. 6.4 dargestellt
(die Reihenfolge der (atomaren) Bäume unter der Wurzel ist irrele-
vant):

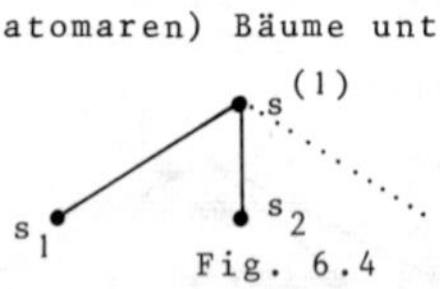

Fig. 6.4

<u>Definition 6.3</u>  Gilt für alle Teilbäume $T$ von $T^*$, daß die zugehöri-
ge Menge $S$ einelementig ist, so heißt $T^*$ ein <u>geordneter Baum</u>. Ist
dagegen stets $S$ die volle Menge aller injektiven Abbildungen, so

heißt $T*$ ungeordneter Baum. Ein Baum heißt voll (ohne Leerstellen),
wenn für alle seine Teilbäume die Wertigkeit der Wurzel gleich der
Baum-Anzahl an der Wurzel ist.

Alle anderen denkbaren gemischten Baumtypen sind unwichtig und
werden nicht betrachtet. Die Bäume in Beispiel 6.1 bis 6.3 sind
geordnet, Beispiel 6.4 ist ein ungeordneter Baum. Beispiel 6.0 ist
sowohl geordnet wie ungeordnet.

Es gibt in der Graphentheorie (vgl. Abschnitt 7.3) auch andere
Möglichkeiten für die Definition des Baumbegriffes, die von globalen Eigenschaften von Graphen Gebrauch machen und nicht rekursiv
erfolgen. Eine rekursive Definition ist für die Zwecke der Informatik aber besonders erwünscht, da sie die schrittweise Erzeugung
komplizierterer Bäume aus einfachen direkt beschreibt.

Für geordnete bzw. für ungeordnete Bäume kann man unter Verwendung
des Zeichens $^{.}/.$ für die leere Stelle statt der Darstellung durch
Definition 6.1 einfacher auch schreiben

(1) $T = (s, (^{.}/.,\ldots,T_i,\ldots,^{.}/.,\ldots,T_j,\ldots))$ bzw.

(2) $T = (s, \{T_1,\ldots,T_k,^{.}/.,\ldots,^{.}/.\})$.

Hierbei sind in der großen Klammer bei (1) gerade n Stellen, und
jede Komponente aus der Folge $(T_1,\ldots,T_k)$ kommt darin genau einmal vor. Die Komponenten $T_i$ können dabei ggf. weiter bis auf die
atomaren Bäume aufgelöst nach dieser Konvention hingeschrieben
werden. Analog hat die Multimengen-Klammer $\{\ \}$ in (2), die wir
wie in Abschnitt 2.1 als Repetitionsklammer auffassen, genau n
Plätze. Jeder der unmittelbaren Teilbäume von $T$ kommt darin also
genau sooft vor, wie er in der Folge $(T_1,\ldots,T_k)$ vorkommt. Volle
Bäume enthalten in dieser Darstellung das Leerzeichen nicht.

Für obige Beispiele gilt dann

6.0) $T = s$

6.1) $T = (s^{(1)},(s_1,\ldots,s_n))$

6.2) $T' = (s^{(1)},(s_1,^{.}/.,s_2,^{.}/.,\ldots,s_{n-1},^{.}/.))$

6.3) $T* = (s,((s^{(1)},(s_1,\ldots,s_n)),^{.}/.,s_o,(s^{(1)'},(s_1',^{.}/.,\ldots,s_{n-1}',^{.}/.)))$

6.4) $T = (s^{(1)}, \{s_1,s_2,^{.}/.\})$.

Diese Beschreibungen sind linearisierte Darstellungen von Bäumen.
Die Linearität ist aber erkauft um den Preis der Übersichtlich-
keit, den das Bild i.a. bietet.

Bemerkung: In der Literatur werden die verschiedenen Baum-Begriffe häufig sehr uneinheitlich behandelt und gelegentlich nur undeutlich unterschieden.

Einige Konventionen und Notationen müssen nun eingeführt werden. Wir werden von der offiziellen Definition für Bäume kaum noch Gebrauch machen, stattdessen fast stets nur von der eben eingeführten Kurz-Notation für geordnete bzw. ungeordnete Bäume. Falls aus dem Zusammenhang ersichtlich, wird bei der Bild-Darstellung voller geordneter Bäume die Numerierung der Kanten fortgelassen und von links nach rechts gezählt.
Die Beispiele 6.1 und 6.2 sind mit einer Tupelstruktur identifizierbar, Beispiel 6.2 dabei mit einem nicht voll besetzten Tupel. Die Wurzel des jeweiligen Baumes hat dabei keine anschauliche Bedeutung. Gelegentlich betrachtet man deshalb auch Folgen bzw. ungeordnete Mengen von Bäumen ohne eine darüber liegende Wurzel und bezeichnet sie als (geordnete bzw. ungeordnete) Wälder. Tupelstrukturen wären also noch direkter mit geordneten Wäldern zu identifizieren; wir können aber auf diesen Begriff verzichten.

Definition 6.4  Jeder Stelle s eines Baumes $T$ mit Wurzel $s_o$ wird rekursiv eine Tiefe t(s) über der Wurzel zugeordnet: Stets sei $t(s_o)=0$. Ist s* Wurzel eines Teilbaumes $T*$ von $T$ der Tiefe $t(s*)=n$ und ist s Nachfolger von s*, so sei $t(s)=n+1$. Unter der Tiefe eines Baumes ist die größte Tiefe einer Stelle des Baumes zu verstehen. Ein Paar $\{s,s'\}$ von Stellen, wobei s Nachfolger von s' oder umgekehrt s' Nachfolger von s ist, heißt eine Kante des Baumes. Eine Folge von Stellen $(s_o,s_1,\ldots,s_k)$, wobei $\{s_i,s_{i+1}\}$ eine Kante ist (i=0,\ldots,k-1), heißt ein Kantenzug der Länge k zwischen $s_o$ und $s_k$.

Bemerkung: Da jeder Baum endlich viele Stellen hat, ist die Tiefe jedes Baumes eine (endliche) Zahl. Die Tiefe eines Baumes ist die größte Länge eines doppelpunktfreien Kantenzuges zwischen der Wurzel und einer anderen Stelle des Baumes. Da die Stellen eines Baumes stets verschieden sind, gibt es zwischen zwei Stellen s,s' von $T$ - bis auf Vertauschung von Anfang und Ende - genau einen doppelpunktfreien Kantenzug, nämlich von s zur Wurzel $s_o$ des kleinsten Teilbaumes $T'$, der s und s' enthält, und daran anschließend von $s_o$ nach s' (einer dieser Kantenzüge kann auch leer sein). $T'$ ist eindeutig bestimmt. Bäume sind also stets zusammenhängend (vgl. Satz 7.2).

Aufgabe 6.1  Hat ein Baum n Stellen, so hat er n-1·Kanten.
(Beweis durch Induktion über die Tiefe des Baumes)

Kantenzüge haben nach Definition keine Richtung. Trotzdem spricht
man gelegentlich unsymmetrisch von dem "Weg von s nach s'". Im übrigen kann man jeden Baum dadurch "orientieren", daß man gerichtete Kanten (Bögen, vgl. Abschnitt 7.1) im Sinne der Durchlau-
fungsrichtung von oben (Wurzel) nach unten einführt (sog.
Arboreszenz).

Für geordnete Bäume gibt es eine kanonische Möglichkeit, die Stellen
durch eine Indexbeschreibung der Kantenzüge zu bezeichnen, auf denen man von der Wurzel aus zu ihnen gelangt. So kann die Stelle s
des abgebildeten Baumes

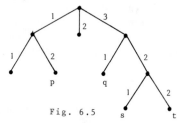

Fig. 6.5

durch die Zahlenfolge (3,2,1) beschrieben werden.

Aufgabe 6.2  Die Zahlenfolgen zu den Endpunkten eines geordneten
Baumes stellen einen sog. Präfix-Code dar, d.h. obwohl diese Folgen
i.a. von unterschiedlicher Länge sind, kann doch jede Aneinanderreihung der Elemente solcher Folgen eindeutig wiedergelesen werden.
So entspricht z.B. im obigen Bild der Aneinanderreihung
(1,2,3,1,3,2,2,3,2,1) die Endpunkte-Folge (p,q,t,s) und keine andere.

6.2  Listen. Beispiele

Bäume sind sehr allgemeine Hilfsmittel zur Speicherung von Informationen. Ganz analog, wie man den Stellen eines Tupels oder eines
Gitters in Abschnitt 5 durch eine Abbildung X Elemente eines allgemeinen Knotenbereiches zuordnete, kommt man zu verallgemeiner-
ten Abbildungen.

<u>Definition 6.5</u>  ⊁ sei Knotenmenge, $T$ ein Baum mit der Stellenmenge
$S(T)$. Jede Abbildung L : $S(T)$ → ⊁ heißt <u>Liste</u> über ⊁ zum Baum  $T$
oder ein zu $T$ gehöriger <u>bewerteter Baum</u>. Ist L nicht auf ganz $S(T)$
definiert, so heißt L <u>partielle Liste</u>.

<u>Bemerkung:</u> Eine Liste L braucht <u>nicht injektiv</u> zu sein. An ver-
schiedenen Stellen eines bewerteten Baumes können gleiche Knoten
stehen. Ist $T$ ein linearer Baum (d.h. ein Baum der Tiefe ⩽1) und
ist $T$ geordnet, so heißt L auch eine <u>lineare Liste</u>. Dies ist im
wesentlichen der aus Abschnitt 5 bekannte Begriff bis auf den relativ uninteressanten Wert $L(s_o)$ für die Wurzel. $L(s_o)$ könnte etwa
globale Angaben zur Charakterisierung des gesamten Tupels enthalten.
Man hätte den Listenbegriff ganz analog zum Baumbegriff durch Rekursion direkt definieren können. Dies hätte den Vorteil gehabt,
auf die Verschiedenheit der Stellen nicht achten zu müssen. Diese
hätte man dann für Bäume nachträglich erreichen müssen, für geordnete Bäume z.B. durch Interpretation der Wegworte zu den Stellen
als die Stellen selbst.

<u>Beispiele</u> für Listen:

<u>Beispiel 6.5</u>  Die in Abschnitt 5 behandelten <u>Matrizen</u> mit m Zei-
len und n Spalten lassen sich als geordnete bewertete Bäume der
Tiefe 2 darstellen. So ist z.B. die am Anfang dieses Abschnittes
erwähnte Matrizenstruktur als ein (nicht voller) Baum darstellbar,
wobei das unterste Niveau die Matrix-Elemente speichern kann, das

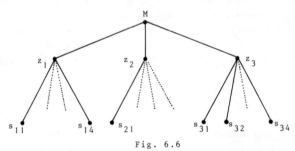

Fig. 6.6

mittlere Angaben über die gesamten Zeilen, schließlich die Wurzel
Angaben über die gesamte Matrix aufnehmen kann. Die Wurzel M hat
die Wertigkeit m=3, jedes $z_i$ hat die Wertigkeit n=4. Die graphi-

sche Darstellung von Fig. 6.6 bringt auch das Nicht-Besetzt-Sein
der entsprechenden Matrix-Plätze zum Ausdruck. Es können aber
nicht alle geläufigen Aspekte der Matrix-Struktur in der Baum-Dar-
stellung veranschaulicht werden; insbesondere die Spalten-Struktur
ist hier völlig unübersichtlich.

**Beispiel 6.6** Stammbäume (besser Stammlisten) Jeweils unterhalb
stehen die Vorfahren der weiter oben stehenden Abkömmlinge. Die
Wurzel trägt die Person, auf die der Stammbaum ausgestellt ist. Es
handelt sich hier um geordnete Bäume.

**Beispiel 6.7** Eingeschachtelte Mengensysteme $M$ (Nester). Es handelt sich hierbei um Systeme, für die gilt

$$M_1, M_2 \in M \rightarrow M_1 \cap M_2 = \emptyset \vee M_1 \subseteq M_2 \vee M_2 \subseteq M_1.$$

Fig. 6.7 zeigt die Darstellung eines solchen Systems $M$ durch einen
(ungeordneten) Baum.

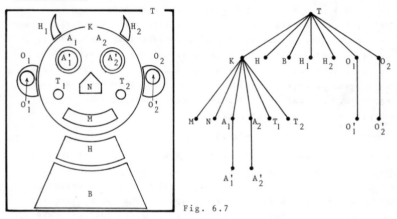

Fig. 6.7

Auch hier ist der zugehörige Baum i.a. nicht in der Lage, alle
Aspekte der Nest-Struktur adäquat wiederzugeben.

**Beispiel 6.8** Arithmetische Terme lassen sich durch Listen (zu geordneten, vollständigen Bäumen) darstellen. Sei z.B. der Term

$$2 \cdot \sin(a) - b \cdot (\frac{c}{d} + \frac{d}{c})$$

gegeben. Man schreibt den Term zunächst systematischer, indem man
die Operationen (wie schon beim sin geschehen) voranstellt, d.h.

-(a,b) statt (a-b),  +(a,b) statt (a+b),   :(a,b) statt $\frac{a}{b}$ usw.
Dann lautet der obige Term

$$-(\cdot(2,\sin(a),\cdot(b,+(:(c,d),:(d,c)))))\ .$$

Diese Liste stellt man nun durch den Baum in Fig. 6.8 dar.

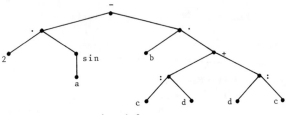

Fig. 6.8

Die Elemente 2,a,b,c,d werden als sog. <u>Terminal</u>zeichen benutzt, sin,
-,·,+ und : sind <u>Nicht-Terminal</u>-Zeichen. Terminalzeichen sind also
Variablen oder Konstanten, Nicht-Terminalzeichen sind die arithmetischen Operatoren. Aus einem gegebenen Baum läßt sich natürlich
leicht der dargestellte Term wieder zurückgewinnen. Verwendet man
die obige systematische Schreibweise und berücksichtigt man die
Stellenzahl der Operatoren, so kann man alle Klammern und Kommata
weglassen, ohne daß die Wiederlesbarkeit verloren geht. Der Term
schreibt sich dann in der Form

$$-\cdot 2\sin a\cdot b+:cd:dc.$$

Die hiermit eingeführte <u>klammerfreie Schreibweise</u> heißt auch die
<u>polnische Notation</u>, da sie erstmals von polnischen Mathematikern
und Logikern propagiert wurde. Durchläuft man den klammerfreien
Term, so entsprechen seinen Zeichen jeweils Stellen des zugehörigen Baumes. Die hierbei verwendete Durchlaufungsstrategie heißt
auch die <u>lexikographische Stategie</u> (vgl. Abschnitt 6.4).
Führt man für jedes Terminalzeichen das leere Klammerpaar ( ) ein
und setzt man alle Operatorklammern wieder ein, so erhält man umgekehrt eine andere kanonische Beschreibung der <u>Baumstruktur</u>, welche die Listenzuordnung ignoriert, im Beispiel den <u>Klammerausdruck</u>

$$((( )(( )))(( )\ ((( )( ))(( )()))))$$

<u>Beispiel 6.9 Ableitungsbäume</u>  Von ähnlicher Genauigkeit wie die
Sprache der arithmetischen Terme sind viele <u>formale Sprachen</u>, z.B.
die Sprache der <u>Aussagenlogik</u>. Dabei führen alle <u>syntaktisch richtig</u>

konstruierten Sprachgebilde zu einem geordneten, vollen, bewerteten
Baum, wobei die Wertigkeit jeder Stelle gleich der Stellenzahl des
entsprechenden Sprach-Operators sein muß. Etwas allgemeiner kann
man Ableitungen in formalen Grammatiken, z.B. in kontextfreien
Grammatiken, betrachten. Die Ableitungen lassen sich auch hier i.a.
auf Baumstruktur bringen. Dabei ist der Beginn der Ableitung i.a.
mit der Wurzel zu identifizieren, während die darunter stehenden
Stellen Folgerungen oder Teilergebnisse bezeichnen. Die Frage nach
der Richtigkeit einer Ableitung oder nach der Ableitbarkeit einer
Folge von Terminal-Symbolen wird sehr häufig auf Untersuchungen
solcher Ableitungsbäume zurückgeführt (vgl. z.B. S a l o m a a
[53] II,6).
Ein wichtiger Teil eines Compilers einer Programmiersprache ist die
sog. Syntaxanalyse. Hier wird von vorgelegten Zeichenreihen entschieden, ob sie zulässige Ausdrücke der jeweiligen Programmiersprache sind. Auch hier wieder dienen als Hilfsmittel bei diesen
Erkennungsprogrammen (engl. parser oder recognizer) Ableitungsbäume.
Je nach Technik unterscheidet man dabei Top-down- oder Bottom-up-
Strategien, wobei man von der Wurzel beginnend zu den Endknoten oder
gerade umgekehrt vorgeht.

Beispiel 6.10. Auch Flußdiagramme lassen sich gelegentlich durch
Listen zykelfrei beschreiben. So kann das in Fig. 6.9 gegebene
Flußdiagramm

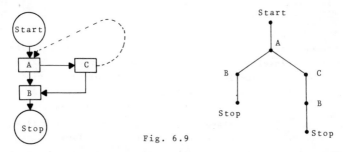

Fig. 6.9

durch die nebenstehende geordnete Liste wiedergegeben werden.
Nimmt man aber noch die zusätzliche (gestrichelt eingetragene) Rück-
kopplung von C nach A vor, so gibt es nur noch eine "Abwicklung" des
Flußdiagrammes durch eine unendliche Liste, die bei C weiter ver-
zweigt und sich von dort rekursiv im wesentlichen selbst reproduziert.

6.3  Manipulationen an Bäumen und Listen. Umstrukturieren. Freie
     Bäume

Wie in der Theorie der linearen Listenklassen könnte man nun die
Manipulationen an Listen studieren und sich mit Fragen der optimalen Speicherung von Listen auch unter Berücksichtigung des Ände-
rungsdienstes beschäftigen. Es sollen hier nur einige grundlegende Manipulationstypen betrachtet werden. Im übrigen muß auf eine
Spezialdarstellung über die Theorie der Datenstrukturen verwiesen
werden, z.B. [60].
Wir betrachten zunächst geordnete Bäume. Man wird Leerstellen in
einem Baum mit einem atomaren Baum oder allgemeiner mit einem beliebigen Baum besetzen können wollen. Die Durchführbarkeit dieser
Manipulation - einer Verallgemeinerung der Einführung neuer Elemente z.B. in dünn besetzten Matrizen - ist aber vom Standpunkt
der Datenverarbeitung ohne weiteres nur möglich bei voller Adressierbarkeit jeder Stelle - auch der Leerstellen - eines Baumes.
Ferner kann man - in Analogie zu den Operationen I und D bei den
linearen Listenklassen (vgl. Abschnitt 5.1) - bei einer n-werti-
gen Stelle unter Erhöhung der Stellenzahl am Rande neue Stellen
und dann neue Knoten einfügen oder entsprechend alte Stellen löschen.
Eine weitere recht folgenreiche Manipulationsmöglichkeit ist besonders wichtig: Die der globalen Einsetzung von Bäumen in Bäume
und speziell der rekursiven Einsetzung eines Baumes in sich. Diese Einsetzungen führen aber i.a. zu den (von uns hier nicht eingeführten) "Bäumen unendlicher Tiefe", für die man eine eigene
Theorie entwickeln kann. Bei Verzicht auf Rekursionen dieser Art
entstehen durch globale Einsetzungen aus Bäumen stets wiederum
(endliche) Bäume - evtl. unter Einführung neuer Stellensymbole,
wie vorher erläutert. Die Theorie ist aber auch dann noch sehr
reich: Schon bei den linearen Listen (vgl. Abschnitt 5.1) war auf
die entsprechenden globalen Manipulationen bei Tupeln hingewiesen
worden, nämlich auf die Verkettung von Tupeln und auf das Einsetzen von Tupeln in andere, sowie auf allgemeinere Grammatiken,
welche Manipulationen mit Tupeln (bzw. gleichwertig mit Worten)
beschreiben. Wir könnten hier - über das lineare Konzept einer
formalen Sprache hinausgehend - eine allgemeinere Manipulations-
und Speicherungstheorie für formale Baumstrukturen entwickeln.

Sie wird für den Informatiker in dem Augenblick interessant, in dem man über Programmier-Hilfsmittel verfügt, welche die Verarbeitung von Listen gestatten. Erwähnenswert ist hier die auf M c C a r t h y (1960) zurückgehende Programmiersprache LISP. Sie verarbeitet Klammerausdrücke, die aus atomaren Knoten so aufgebaut sind, daß zu jeder offenen Klammer in der durch Baumstrukturen kontrollierten Weise eine geschlossene Klammer gehört. Dabei werden den atomaren Listen direkt Adressen zugewiesen, während Listen mit Klammern und deren gegenseitige An- und Unterordnung durch Informationen auf Adressen kontrolliert werden, die gemäß der rekursiven Definition von Listen einerseits die Wurzel der Liste und andererseits die Restliste im Griff haben müssen.

Für <u>ungeordnete Bäume</u> soll hier nur eine einzige, gelegentlich auftretende Manipulation, das <u>Umstrukturieren</u>, behandelt werden. Hierbei wird statt der Wurzel s eine andere Stelle - in Fig. 6.10 z.B. die Stelle $s_2$ - zur Wurzel erklärt. Diese Operation soll zunächst

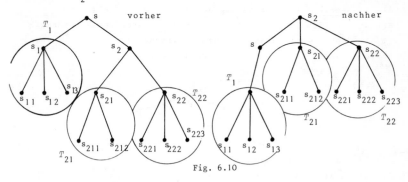

Fig. 6.10

für benachbarte Wurzeln beschrieben werden. Sei vorher
$T = (s, \{ T_1, (s_2, \{ T_{21}, T_{22} \} ) \} )$. Dann ist nachher entstanden
$T_{(s,s_2)} := (s_2, \{ (s, \{ T_1 \} ), T_{21}, T_{22} \} )$.

Eine solche <u>Umstrukturierung</u> werde systematisch durch die Folge $(s, s_2)$ bezeichnet. Sei nun $(s_0 s_1 ... s_k)$ der eindeutig bestimmte (doppelpunktfreie!) Kantenzug von der Wurzel $s_0$ zu Stelle $s_k$. Eine Umstrukturierung durch Vertauschen von s mit $s_k$ als Wurzel wird als Folge (Hintereinanderausführung) von Nachbar-Umstrukturierungen definiert:

<u>Definition 6.6</u>  Sei $T_{(s_0 \ldots s_k)} := (\ldots (T_{(s_0 s_1)})_{(s_1 s_2)}) \ldots)_{(s_{k-1} s_k)}$.

Der Vollständigkeit halber führen wir noch die "leere" Umstrukturierung $T_{(s_0 s_0)} := T$ ein. $T_{(s_0, \ldots, s_k)}$ heißt äquivalent zu $T$.

(Abkürzung $T_{(s_0, \ldots, s_k)} \approx T$)

<u>Satz 6.1</u>  $\approx$ ist eine Äquivalenzrelation.

Beweis: Die Reflexivität folgt aus $T_{(s_0 s_0)} = T$.

Ist ferner eine Umstrukturierung von der Wurzel $s_0$ nach $s_k$ vorgenommen und strukturiert man sodann um nach $s_0$ zurück, so kommt
wieder $T$ heraus. In Formeln gilt

(3) $(T_{(s_0 \ldots s_k)})_{(s_k \ldots s_0)} = T$. Für k=1 verifiziert man dies sofort aus der Definition der Nachbar-Umstrukturierung, den Allgemeinfall erhält man dann durch vollständige Induktion. Damit ist
die <u>Symmetrie</u> der Relation $\approx$ gezeigt.
Sei schließlich $T \approx T'$ und $T' \approx T''$. Wir betrachten (etwa innerhalb
$T$) die doppelpunktfreien Kantenzüge zwischen den Wurzeln s und s'
sowie zwischen s' und s'' (vgl. Figur 6.11).

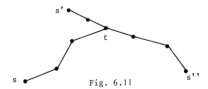

Fig. 6.11

Sie haben ein (möglicherweise leeres) gemeinsames Stück zwischen
s' und t. Jedenfalls führt der Kantenzug von s nach s'' von s nach
t und von dort nach s'', da es zwischen zwei Stellen keine zwei
doppelpunktfreien Kantenzüge geben kann. Nach der Voraussetzung
ist also

(4)  $T'' = T'_{(s' \ldots t \ldots s'')} = (T'_{(s' \ldots t)})_{(t \ldots s'')}$  und

(5)  $T' = T_{(s \ldots t \ldots s')} = (T_{(s \ldots t)})_{(t \ldots s')}$.

Behauptung: $T'' = T_{(s \ldots t \ldots s'')}$.

Es gilt nämlich

$$T'' = (T'_{(s'...t)})_{(t...s'')} \quad \text{nach (4)}$$

$$= ((T_{(s...t...s')}{}_{(s'...t)})_{(t...s'')} \quad \text{nach (5)}$$

$$= (((T_{(s...t)})_{(t...s')})_{(s'...t)})_{(t...s'')} \quad \text{nach (4)}$$

$$= (T_{(s...t)})_{(t...s'')} \quad \text{nach (3)}$$

$$= T_{(s...s'')}.$$

Damit ist die Transitivität und damit Satz 6.1 bewiesen.

Nun kann - analog zur Interpretation ungeordneter Bäume durch geordnete Bäume in Abschnitt 6.1 - der in der Graphentheorie (vgl.
Abschnitt 7.3) fundamentale Begriff des _freien Baumes_ auf den des
ungeordneten Wurzel-Baumes zurückgeführt werden: Man betrachte den
Baum $T$ mit der Wurzel $s_o$ und sodann die Klasse $C_T$ aller zu $T$ äqui-
valenten Wurzelbäume. Diese enthält zu jeder Stelle s von $T$ genau
einen Wurzelbaum mit s als Wurzel, nämlich das Resultat der Umstrukturierung von $s_o$ nach s. Mit $T \approx T'$ ist also $C_T = C_{T'}$. In $C_T$
ist also die Auszeichnung von $T$ mit der Wurzel $s_o$ aufgehoben und
weg-symmetrisiert. $C_T$ wird als der _freie Baum_ zu $T$ bezeichnet.
Freie Bäume sind - obwohl hier etwas kompliziert über die Klassen-
bildung $C_T$ eingeführt - recht einfache Strukturen, wenn auch für
die Datenverarbeitung nicht so interessant wie Wurzelbäume.

### 6.4 Binäre Bäume. Lexikographischer Durchlauf. Suchbäume.

Wir kommen jetzt zum wichtigsten Spezialfall von Bäumen.

Definition 6.7 Ein Baum heißt binärer Baum, wenn alle Stellen die
Wertigkeit 2 oder 0 haben.

Bemerkung: Binäre Bäume brauchen weder voll noch geordnet zu sein.

Für die graphische Darstellung speziell von **geordneten** binären Bäumen verwendet man i.a. links-rechts-Diagramme. Leerstellen bedeuten das Fehlen gewisser Richtungen im Diagramm. Bei binären Bäumen
ist es wegen der Analogie zu den Dualziffern üblich, die Reihenfolge der Teilbäume von 0 bis 1 zu zählen, also nicht mit 1 zu beginnen. Figur 6.12 zeigt ein Diagramm des Baumes
$(1,((2,((4,(5,(6,(7,'/.)))))),'/.)),(3,('/.,(8,((9,(10,11)),'/.)))))).$

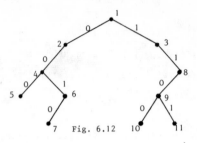

Fig. 6.12

Jede Menge von natürlichen Zahlen n mit $0 \leqslant n \leqslant 2^k-1$ läßt sich durch
die Endpunkte eines geordneten binären Baumes der Tiefe k darstel-
len. Der obige Baum stellt z.B. die Menge $\{0,2,12,13\}$ dar. Den Endpunkten 5,7,1o und 11 entsprechen von der Wurzel aus gesehen die
Kantenfolgen 000,0010,1100 und 1101. Diese Folgen beschreiben gerade als Dualzahlen die natürlichen Zahlen 0,2,12 und 13. In diesem
Beispiel dienen nur die Endstellen des Baumes als "Informationsstellen", während die "inneren Punkte" gewisse Such-Entscheidungen
repräsentieren. Wir kennen jedoch auch Techniken (vgl. Beispiel
6.14.8), bei denen alle Stellen eines Baumes zur Speicherung echter
Informationen dienen.
Geordnete binäre Bäume stellen in gewissem Sinne ein universelles
Vertretersystem für alle vollen geordneten Bäume mit beliebigwer-
tigen Stellen dar.

Satz 6.2  Jeder volle geordnete Baum $T$ läßt sich durch einen geordneten binären Baum $T'$ simulieren. Umgekehrt läßt sich jeder binäre Baum vom Typ $T'=(1,(T'',{'}/.))$, dessen zweite Wurzel-Stelle
also unbesetzt ist, durch einen vollen geordneten Baum interpretieren.

Beweis: Es gibt verschiedene Simulationsmöglichkeiten. Wir verwenden hier eine Simulationstechnik, welche den ersten Nachfolger einer Wurzel nach links abführt, alle anderen von dort nach rechts.
Eine Beispielsfigur möge den allgemeinen Beweis ersetzen.

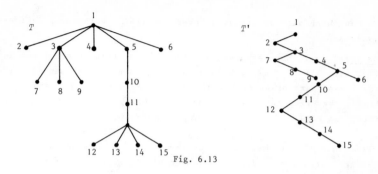

Fig. 6.13

Man überlegt sich leicht, daß die Umkehrung dieses Gedankens von $T'$ wieder zu einem vollen Baum $T$ führt.

Aufgabe 6.3: Man bestimme die Anzahl $b_n$ der verschiedenen geordneten binären Bäume mit n Stellen.

Lösung: Es folgt leicht die Rekursion

$$b_n = b_0 b_{n-1} + b_1 b_{n-2} + \ldots + b_{n-1} b_0.$$

Damit ergibt sich (vgl. Abschnitt 2.3) $b_n = \frac{1}{n+1}\binom{2n}{b}$, d.h. $b_n$ ist die Catalansche Zahl $a_{n+1}$.

Als weitere Beispiele für Manipulationsmöglichkeiten in und mit binären Bäumen untersuchen wir nun Durchlaufstrategien bei solchen Bäumen sowie die Speicherung in "Suchbäumen". Man kann viele dieser Überlegungen auch auf allgemeinere Baumtypen übertragen. Die Universalität der binären Bäume rechtfertigt aber zumindest im Prinzip diese Spezialisierung.

Lexikographischer Durchlauf durch einen geordneten binären Baum.
Häufig braucht man einen Algorithmus, mit dessen Hilfe alle Stellen eines Baumes durchlaufen werden können. Wir wollen unsere Beobachtungen zunächst auf eine einzige Möglichkeit beschränken.
Dieses Verfahren heißt wegen einer Analogie zur lexikographischen Ordnung die Methode des lexikographischen Durchlaufs. Wir beschreiben diese bekannteste aller Durchmusterungsstrategien rekursiv in drei Schritten und beachten dabei, daß die Prioritäten in der angegebenen Reihenfolge bestehen.
1. Man besuche die Wurzel des Baumes.
2. Man durchlaufe den linken Unterbaum (falls vorhanden) lexikographisch.

3. Man durchlaufe den rechten Unterbaum (falls vorhanden) lexikographisch.

<u>Beispiel 6.11</u>  Man betrachte den Baum der arithmetischen Terme aus
Fig. 6.8 . Er wird dadurch zu einem binären Baum, daß man die einstelligen Operatoren (hier lediglich sin a) willkürlich, etwa nach
links, abzweigen läßt und die andere Richtung als Leerstelle behandelt. Man erhält die lexikographische Reihenfolge

$$- \cdot 2 \sin a \bullet b + : cd : dc \quad ,$$

also genau die klammerfreie Schreibweise der polnischen Notation.
Übrigens ergäbe sich die gleiche Durchlaufsfolge, wenn man einstellige Operatoren nach rechts abzweigen ließe.

Wie kann man den lexikographischen Durchlauf durch einen binären
Baum technisch realisieren? Es wird dabei ein (LIFO-) <u>Stapel</u> angelegt, in dem jeweils die Adressen der Stellen aufgenommen werden, an denen eine Abzweigung nach rechts nicht vergessen werden
darf. Dieser Stapel ist ein <u>typisches Phänomen</u> aller Programmiertechniken, in denen Baumstrukturen – oder gleichwertig Klammerausdrücke – erschlossen werden müssen. Im folgenden Beispiel 6.12 zu
Fig. 6.14 wird Schritt für Schritt der Durchlauf beschrieben einschließlich der jeweiligen momentanen Tupel (X(1),...X(n)) auf
dem Stapel. Im Kommentar wird gleichzeitig die jeweils aufgesuch-
te Stelle angegeben.

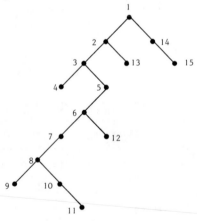

Fig. 6.14

Beispiel 6.12

| Nr. | Kommentar | Stapel |
|-----|-----------|--------|
| 1 | Wurzel des Baumes aufsuchen: 1 | $\emptyset$ |
| 2 | links: 2; Aufnahme von 1 in den Stapel | 1 |
| 3 | links: 3; Aufnahme von 2 in den Stapel | 1,2 |
| 4 | links: 4; Aufnahme von 3 in den Stapel | 1,2,3 |
| 5 | 4 ist Endpunkt; zurück zu X(3)=3 und rechts: 5; Stapel abbauen! | 1,2 |
| 6 | links: 6; Stapel belassen, da in 5 kein rechts | 1,2 |
| 7 | links: 7; Stapel vergrößern | 1,2,6 |
| 8 | links: 8; Stapel nicht vergrößern | 1,2,6 |
| 9 | links: 9; Stapel vergrößern | 1,2,6,8 |
| 10 | 9 ist Endpunkt. Lt. Stapel nach 8 und dann 10. Stapel abbauen! | 1,2,6 |
| 11 | Da kein links, so nach rechts: 11; Stapel bleibt | 1,2,6 |
| 12 | Stapel abbauen; von 6 nach 12 | 1,2 |
| 13 | Stapel abbauen; von 2 nach 13 | 1 |
| 14 | Stapel abbauen; von 1 nach 14 | $\emptyset$ |
| 15 | Da kein links, so nach rechts: 15; Ende | $\emptyset$ |

Wir wollen noch ein wenig die in diesem Beispiel auftretenden Speicherprobleme betrachten. Jeder Stelle s des Baumes aus Fig. 6.14 ist ein Speicherplatz zugeordnet, der die eigentliche Listen-Information L(s) enthalten muß sowie in zwei Verkettungsfeldern die Adressen R des rechten und L des linken Nachfolgers dieser Stelle. Skizziert hat ein Speicherplatz die Form

| Information L(s) | L | R | .

Besitzt der Baum n Stellen, so gibt es 2n Verkettungsfelder. Da aber nach Aufgabe 6.1 nur n-1 Kanten existieren, sind auch nur n-1 Verkettungsfelder besetzt. Es drängt sich auf, den gleichzeitig benötigten Stapel in den unbesetzten Verkettungsfeldern zu speichern. Der Stapel kann - wie man leicht sieht - höchstens $\frac{n-1}{2}$ Elemente besitzen, und dies etwa bei einem ganz nach links laufenden Baum mit einer Abzweigung nach rechts der Länge 1 an jeder Stelle.

Wann muß die im Stapel gespeicherte Information verfügbar sein?

Genau dann, wenn eine Endstelle vorliegt (die allerletzte Stelle
des Gesamtbaumes spielt eine Sonderrolle). Endpunkte sind bei uns
dadurch gekennzeichnet, daß beide Verkettungsfelder leer sind. Man
kann also in diesem Fall z.B. im rechten Verkettungsteil die Adresse des zuoberst auf dem Stapel liegenden Punktes speichern, muß
aber irgendwie symbolisieren, daß es sich nicht um eine normale
Verkettung handelt. Hierzu nimmt man noch ein weiteres Prüfbit
hinzu und setzt es 0, wenn normale Verkettung vorliegt, aber
gleich 1, wenn der Inhalt von R interpretiert wird als Adresse der
Wurzel des Baumes, auf den man als nächstes zurückgreifen muß. Bei
der letzten Stelle des Baumes bleiben L und R leer, das Prüfbit B
wird gleich 1 gesetzt, so daß der leere Verweis in R das Ende des
Durchlaufs anzeigt. Speichern wir so den Baum unseres Beispiels
6.12 auf 15 Speicherplätzen, etwa 1,2,...,15, so gibt folgende Tabelle den Inhalt der Speicherplätze an:

| Adresse | Information | L | R | B | Adresse | Information | L | R | B |
|---------|-------------|---|----|---|---------|-------------|---|----|---|
| 1 | L(1) | 2 | 14 | 0 | 9 | L(9) | – | 8 | 1 |
| 2 | L(2) | 3 | 13 | 0 | 10 | L(10) | – | 11 | 0 |
| 3 | L(3) | 4 | 5 | 0 | 11 | L(11) | – | 6 | 1 |
| 4 | L(4) | – | 3 | 1 | 12 | L(12) | – | 2 | 1 |
| 5 | L(5) | 6 | – | 0 | 13 | L(13) | – | 1 | 1 |
| 6 | L(6) | 7 | 12 | 0 | 14 | L(14) | – | 15 | 0 |
| 7 | L(7) | 8 | – | 0 | 15 | L(15) | – | – | 1 |
| 8 | L(8) | 9 | 10 | 0 | | | | | |

Diese Speicherung binärer Bäume ist in gewissem Sinne immer noch
nicht optimal. Es ergeben sich Schwierigkeiten beim Änderungsdienst. Wir wollen hier als Änderungen nur Einfügungen betrachten,
die sich zudem nur auf Endpunkte oder auf Leerstellen beziehen sollen. Bei Löschungen könnte man analoge Techniken verwenden.
Es gibt also folgende Änderungsmöglichkeiten (vgl. Fig. 6.15):
A. An einem Endpunkt W wird ein binärer Baum $T$ angesetzt. Der Inhalt der Stelle W wird durch den Inhalt der Wurzel W* von $T$ ersetzt. (Will man den Inhalt von W retten, so muß man $T$ über eine
- nach links oder nach rechts gehende - "Brücke" anschließen. Die
erforderliche Modifikation führe der Leser selbst durch.

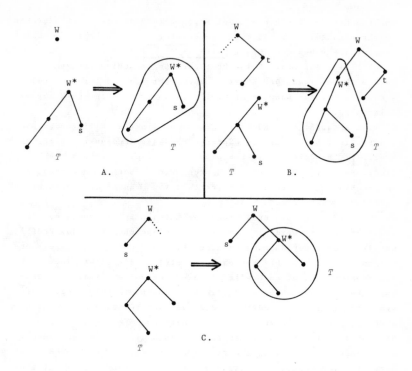

Fig. 6.15

B. An eine Stelle W, die links leer ist, wird nach links ein binärer Baum $T$ angesetzt, d.h. die linke Kante unter W führt zur Wurzel
W* von $T$. Die Information in W geht also auf keinen Fall verloren.
C. An eine Stelle W, die rechts leer ist, wird nach rechts analog
zu B) ein binärer Baum $T$ angesetzt.
Wie ist in diesen 3 Fällen die Speicherbelegung abzuändern?
A. Hier entsteht kein Problem. Der Rücksprung erfolgt von der
letzten Stelle s des eingesetzten Baumes genau dorthin, nach wo er
von W aus erfolgt wäre. Genauer heißt das: Zum Anschluß wird der
ursprüngliche Speicherplatzinhalt der Form

| L(W) | – | x | 1 |

gemäß dem angesetzten Baum $T$ auf

| L(W*) | y | z | 0 |

abgeändert. Hierbei sind also y bzw. z die Adressen des linken bzw.

rechten Nachfolgers von W*. Der angesetzte Baum wird dann wie oben beschrieben auf neuen Adressen gespeichert. Zum Rücksprung erhält die Adresse von s den Inhalt $\boxed{L(s) \quad - \quad x \quad 1}$.

B. Auch hier entstehen keine Probleme. Der Anschluß ist sehr leicht zu bewerkstelligen. Der Rücksprung erfolgt von der letzten Stelle s des angesetzten Baumes zur Stelle t, wohin er auch von W aus erfolgt wäre.

C. Hier entsteht beim Rücksprung aus dem links an W liegenden Baum ein Problem: Bisher war der Sprung von dessen Endpunkt s nicht nach W erfolgt, sondern zu einer Stelle im Baum, die oberhalb von W liegt. Nunmehr darf W beim Rücksprung nicht übergangen werden, da im Anschluß an s der Baum $T$ - startend von W aus - lexikographisch durchlaufen werden muß.

Zur Durchführung solcher Korrekturen muß die Speicherungstechnik etwas abgeändert werden: Steht auf einem Speicherplatz das Prüfbit auf 1, so darf der Rücksprung nicht bis zur Spitze des Stapels erfolgen, sondern nur bis zur nächsten Stelle, die rechts leer ist. Außerdem muß von allen Stellen s, die rechts leer sind, ein Rücksprungverweis zur nächsten Stelle t oberhalb s erfolgen, die entweder rechts leer ist oder von der aus nach rechts ein noch nicht durchlaufener Baum abzweigt. Hierzu wird auch für rechts leere Stellen das Prüfbit auf 1 gesetzt und in R die Adresse des anzuspringenden Punktes gespeichert. Sind also die Teile L und R einer Adresse beide besetzt und steht das Prüfbit B auf 1, so liegt eine rechts leere Stelle vor. Damit ist gesichert, daß jeder angefügte binäre Baum durch einfache Änderungen in den Speicher aufgenommen werden kann.

Wir geben für das Beispiel die neuen Speicherplatzinhalte an unter Berücksichtigung dieser Änderungsmöglichkeiten. Änderungen ergeben sich insbesondere bei den Adressen 11 und 12, wo nunmehr auf die rechts leeren Stellen 7 bzw. 5 verwiesen wird, anstatt früher auf 6 bzw. 2. Von den Stellen 7 und 5 ist ferner ein Rechts-Verweis nach 6 bzw. 2 vorzunehmen.

| Adresse | Information | L | R | B | Adresse | Information | L | R | B |
|---------|-------------|---|---|---|---------|-------------|---|---|---|
| 1 | L(1) | 2 | 14 | 0 | 9 | L(9) | − | 8 | 1 |
| 2 | L(2) | 3 | 13 | 0 | 10 | L(10) | − | 11 | 0 |
| 3 | L(3) | 4 | 5 | 0 | 11 | L(11) | − | 7 | 1 |
| 4 | L(4) | − | 3 | 1 | 12 | L(12) | − | 5 | 1 |
| 5 | L(5) | 6 | 2 | 1 | 13 | L(13) | − | 1 | 1 |
| 6 | L(6) | 7 | 12 | 0 | 14 | L(14) | − | 15 | 0 |
| 7 | L(7) | 8 | 6 | 1 | 15 | L(15) | − | − | 1 |
| 8 | L(8) | 9 | 10 | 0 | | | | | |

Die so entwickelte Speicher- und Verweis-Technik heißt auch Methode der "Auffädelung" (engl. threading). Direkte Adressierbarkeit
aller Speicherzellen vorausgesetzt, unterscheidet sie sich für
Bäume kaum mehr von der in Abschnitt 5.5 dargestellten Speicherung
von Tupeln durch Verkettung. Man wird in dieser Technik "wie an
einem roten Faden" im Sinne lexikographischer Durchlaufung durch
den Baum geführt. Natürlich kann diese Idee analog auch für andere Durchlaufungstechniken (vgl. das Folgende) realisiert werden.

Weitere Durchlaufstrategien für binäre Bäume. Die lexikographische
Durchlaufungsstrategie gehört zu denjenigen Methoden M, die sich
mit den drei Begriffen
W: besuche die Wurzel des Baumes
L: durchlaufe den linken Unterbaum nach der Methode M
R: "            "    rechten   "          "    "    "         "
codieren lassen, und zwar durch die Sequenz
1) W L R ,
welche die Prioritätenrangfolge angibt.
Alle möglichen Methoden in diesen Begriffen sind durch die Sequen-
zen 1) WLR, 2) LWR, 3) LRW, 4) WRL, 5) RWL und 6) RLW gegeben. Es
sollen 2) und 3) hier noch kurz behandelt werden, während 4) bis
6) nichts grundsätzlich Neues mehr ergeben, da sie aus den ersten
durch Vertauschen von "links" mit "rechts" hervorgehen. Die lexikographische Methode 1) heißt auch Methode der Prä-Ordnung. 2)
heißt Methode der Horizontal-Ordnung, symmetrischen Ordnung oder
auch des Durchlaufs von links nach rechts. Man durchläuft die jeweils linken Bäume unter möglichst langer Vermeidung der Wurzel, sodann die Wurzel, schließlich die rechten Bäume. 3) heißt Methode
der Nach-Ordnung oder Post-Ordnung. Die in der Literatur verwende-

te Terminologie ist sehr uneinheitlich. Unsere Definitionen sind
typische Beispiele für <u>rekursive</u> Begriffsbildungen, da sie die
Sinnhaftigkeit der Begriffe für "kleinere" Bäume bei der Anwendung
auf einen gegebenen Baum voraussetzen.

<u>Beispiel 6.13</u> Betrachte den sog. vollständig entwickelten binären
Baum der Tiefe 3:

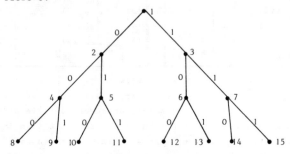

Fig. 6.16

Die Nummern der Knoten ergeben sich in ersichtlicher Weise aus den
Kantenfolgen zu diesen Knoten. Die folgende Durchlaufungsreihenfol-
ge ergibt sich bei den einzelnen Strategien:

| Nr | Code | Reihenfolge | | | | | | | | | | | | | |
|----|------|---|---|---|---|----|---|----|----|---|---|----|----|---|----|
| 1 | WLR | 1 | 2 | 4 | 8 | 9 | 5 | 10 | 11 | 3 | 6 | 12 | 13 | 7 | 14 | 15 |
| 2 | LWR | 8 | 4 | 9 | 2 | 10 | 5 | 11 | 1 | 12 | 6 | 13 | 3 | 14 | 7 | 15 |
| 3 | LRW | 8 | 9 | 4 | 10 | 11 | 5 | 2 | 12 | 13 | 6 | 14 | 15 | 7 | 3 | 1 |

<u>Aufgabe 6.4</u> Man bestimme hier die Reihenfolgen für die restlichen
Codes WRL, RWL und RLW.

Es sind noch ganz andere Durchlaufstrategien üblich. Die Numerierung der Knoten im Beispiel entspricht einer Technik des Absu-
chens der Tiefen-Niveaus von oben nach unten und darin von links
nach rechts (natürliche <u>Schreib-Ordnung</u>). Man überlege sich, zu
welcher Durchlaufstrategie die <u>arabische</u> und <u>hebräische</u> Schreib-
konvention führt!
Für binäre Bäume, die algebraische Terme verschlüsseln, liefert
der Durchlauf in Prä-Ordnung die sog. <u>Präfix</u>-Notation, der Durchlauf in Post-Ordnung die sog. <u>Postfix</u>-Notation, für das Beispiel
6.8 also einerseits die Darstellung in polnischer Notation, ande-

rerseits die Folge

$$2asin \cdot bcd : dc : + \cdot - \quad .$$

Auch im zweiten Fall handelt es sich also um eine klammerfreie Notation, die eindeutige Wiederlesbarkeit gestattet. In beiden Fällen kommt es nicht darauf an, ob man einen einstelligen Operator
(hier den sin) nach links oder nach rechts legt, während die andere Stelle leer bleibt. Bei der Horizontalordnung wird hingegen die
Festlegung der Richtung eines einstelligen Operators bedeutsam, da
dort zwischen links und rechts die Wurzel abgesucht wird und somit
verschiedene Durchlaufungsfolgen herauskommen können. Beschränkt
man sich auf nur zweistellige Operatoren, so entspricht dem Durchlauf durch den Baum in Horizontal-Ordnung die sog. Infix-Notation,
d.h. die gewöhnliche Schreibung des Operators zwischen den beiden
Operanden. Es ist leicht zu sehen, daß das Weglassen aller rechten Klammern die Wiederlesbarkeit eines Termes nicht zerstört.
Demnach entspricht einer Klammerung in Infix-Notation (diese wird
z.B. bei den Catalanschen Zahlen in Abschnitt 2.3 verwendet) eine
"zulässige" Folge der Zeichen "(" und eines Operandenzeichens "p"
(denn auch der Operator kann - falls er im ganzen Term ein und der-
selbe ist - noch fortgelassen werden). Um die Zulässigkeit einer
"("-"p"-Zeichenfolge zu definieren, ordne man der "(" den Wert +1
und "p" den Wert -1 zu. Dann betrachte man die Partialsummen
$\Sigma(i,x)$ der Werte aller Zeichen in der Zeichenfolge $x$ bis zur i-ten
Stelle einschließlich. Eine Folge $x$ ist genau dann zulässig, wenn
sie bei n-maligem Vorkommen von "p" genau (n-1)mal "(" enthält und
die Partialsummen $\Sigma(i,x) \geqslant 0$ sind für $1 \leqslant i \leqslant 2n-2$. Für die Endstelle
2n-1 kommt stets als Partialsumme $\Sigma(2n-1,x) = -1$ heraus.
Für n=4 wird z.B. die Klammerung
((p*(p*p))*p) verkürzt charakterisiert durch ((p(ppp.

Diese Bemerkung eröffnet eine Möglichkeit zur elementaren Berechnung der Catalanschen Zahlen $a_n$ (vgl. Abschnitt 2.3 und Aufgabe
6.3):

Behauptung: $a_n = \frac{1}{2n-1} \binom{2n-1}{n}$, also $= \frac{1}{n} \binom{2n-2}{n-1}$.

Beweis: Aus den 2n-1 Plätzen einer Folge der Länge 2n-1 kann man
auf $\binom{2n-1}{n}$ Weisen n Plätze für das Symbol "p" auswählen. Die restlichen n-1 Plätze bleiben für das Symbol "(" reserviert. Wir fassen die so erhaltenen $\binom{2n-1}{n}$ Folgen zu disjunkten Klassen der
Größe 2n-1 so zusammen, daß jede Klasse genau eine zulässige

Folge enthält. Dann ist die Behauptung bewiesen.

Zwei Folgen $x$ und $y$ heißen äquivalent (Schreibweise $x \sim y$), wenn sie durch eine Folge zyklischer Vertauschungen der Zeichen auseinander hervorgehen. $\sim$ ist eine Äquivalenzrelation, deren Klassen offenbar genau $2n-1$ Elemente haben. Es bleibt zu zeigen die

**Behauptung:** Jede Klasse C enthält genau eine zulässige Folge.

a) **Existenz:** Sei $y \in$ C. Sei $\mu$ das Minimum der Partialsummen von $y$. Sei $y = wyv$, derart, daß y das erste Zeichen von $y$ ist, an dem die Partialsummen das Minimum $\mu$ annehmen. Die Folge $x := vwy$ geht aus $y$ durch zyklische Vertauschung hervor. Sie ist auch zulässig. Denn seien w bzw. v die Längen von $w$ bzw. $v$; dann gilt $\Sigma(i,x) \geqslant 0$ für $1 \leqslant i \leqslant v$, da $\Sigma(w+1,y) \leqslant \Sigma(i,y)$ für $1 \geqslant w+1$ war. Ferner gilt $\Sigma(i,x) > \Sigma(2n-1,x)$ für $v+1 \leqslant i \leqslant v+w = 2n-2$, da $\Sigma(i,y) < \Sigma(w+1,y)$ für $1 \leqslant i \leqslant w$ war. Da aber stets $\Sigma(2n-1,x) = -1$ ist, so ist $\Sigma(i,x) \geqslant 0$ für $i < 2n-1$. Damit ist $x$ zulässig, d.h. C enthält **wenigstens** eine zulässige Folge.

b) **Eindeutigkeit:** Sei $x \in$ C zulässig, und $y$ entstehe aus $x$ durch v-maligen zyklischen Tausch (v>0). Dann haben wir die Darstellungen $x = vwy$ und $y = wyv$.

Da $x$ zulässig ist, so ist $\Sigma(v,x) \geqslant 0$. Dann ist $\Sigma(w+1,y) \leqslant \Sigma(v+w+1,x)$. Die rechte Zahl ist aber als Partialsumme am rechten Ende von $x$ gleich -1. Damit ist für die (w+1)te Stelle von $y$, die wegen v>0 nicht die Endstelle von $y$ ist, die Partialsumme $\leqslant -1$. Also ist $y$ nicht zulässig. Somit enthält C auch **höchstens** eine zulässige Folge.

Weitere Einzelheiten zur Durchlaufung binärer Bäume findet man in [ 30 ] I, 2.3.1.

Einen Überblick über Durchlaufungsprobleme in anderen für die Informatik wichtigen Strukturen, insbesondere für ungeordnete Bäume und für Graphen (man denke an Labyrinthe!) findet man bei E v e n [13], Kap. 4.5 und 6.5 .


**Suchbäume.** Bei der Interpretation eines binären Baumes als Suchbaum stellt man sich verschiedene Informationen (=Knoten) an gewissen Stellen dieses Baumes gespeichert vor und fragt, welche mittlere Zugriffszeit für die Daten besteht. Zur Beantwortung nimmt man an, daß für die einzelnen Knoten $X_i$ durch Wahrscheinlichkeiten $\alpha_{X_i}$ die relativen Häufigkeiten bestimmt sind, mit denen diese Knoten benötigt werden. Der Zugriff zu einer Stelle s erfolgt stets durch Absteigen von der Wurzel zu s. Die Schrittzahl t(s) ist die Anzahl der dabei durchlaufenen Kanten (=Tiefe der Stelle). Ist der Knoten X an der Stelle s(X) gespeichert, so beträgt die mittlere Zugriffszahl

$$z := \sum_{X \in X} \alpha_X t(s(X)).$$

Die möglichen Probleme hängen von folgenden Voraussetzungen ab:

a) Vereinbarten Baumtyp

b) Struktur der zu speichernden Knotenmenge

c) Nebenbedingungen für die Speicherung

Legt man a), b) und c) fest, so ergibt sich als natürliches Problem die Frage nach der Konstruktion eines optimalen Suchbaumes.

<u>Definition 6.8</u>  Ein Baum mit einer dazu gehörigen Speicherung, welche a), b) und c) erfüllt, heißt ein <u>optimaler Suchbaum</u>, falls in keinem anderen Baum gleichen Typs die Menge $X$ mit einer geringeren mittleren Zugriffszahl "zulässig" (gemäß b) und c)) gespeichert werden kann.

Zwei Spezialfälle sollen hier erwähnt werden.

<u>Beispiel 6.14</u>

A) <u>Huffman-Methode</u>

a) Baumtyp: Volle ungeordnete binäre Bäume

b) Knotenmenge nicht strukturiert

c) Speicherung an allen Endstellen des Baumes und nur dort.

B) <u>Knuth-Methode</u>

a) Baumtyp: geordnete binäre Bäume

b) Knotenmenge durch $<$ total strikt geordnet.

c) Speicherung an allen Stellen des Baumes, so daß beim Horizontaldurchlauf die Knotenmenge im Sinn der Ordnung $<$ aufsteigend durchlaufen wird.

Als Beispiel betrachte man die in der Tabelle angegebenen Wahrscheinlichkeiten $\alpha$ bzw. $\beta$ für die Knotenmenge $X = \{X_1, \ldots X_8\}$:

|  | $X_1$ | $X_2$ | $X_3$ | $X_4$ | $X_5$ | $X_6$ | $X_7$ | $X_8$ |
|---|---|---|---|---|---|---|---|---|
| $\alpha_{X_i}$ | 0,01 | 0,02 | 0,04 | 0,05 | 0,06 | 0,12 | 0,2 | 0,5 |
| $\beta_{X_i}$ | 0,125 | 0,125 | 0,125 | 0,125 | 0,125 | 0,125 | 0,125 | 0,125 |

<u>Zu A)</u> Zur Illustration der Huffman-Methode betrachte man die in
Fig. 6.17.I bzw. in Fig. 6.17.II dargestellten an den Endstellen
bewerteten Bäume. Es handelt sich hier also um partielle Listen.

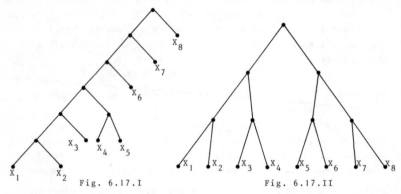

Fig. 6.17.I                    Fig. 6.17.II

Die mittlere Zugriffszahl ergibt sich für die Wahrscheinlichkeitsverteilung $\alpha$ im Baum I zu $z_\alpha^{(I)} = 2,19$ und im Baum II zu
$z_\alpha^{(II)} = 3,0$. Für die Verteilung $\beta$ ergibt sich $z_\beta^{(I)} = 3,625$ bzw.
$z_\beta^{(II)} = 3,0$.

In Abschnitt 8.5 wird gezeigt werden, daß der Baum I mit der dort
verwendeten Speicherung für $\alpha$ optimal ist, während der Baum II mit
der angegebenen Speicherung für $\beta$ optimal ist. Es wird dort ein
(Bottom-up-)Algorithmus angegeben zur sukzessiven Gewinnung optimaler Suchbäume bei gegebener Wahrscheinlichkeitsverteilung, der
die gesuchte optimale Speicherung automatisch mit ergibt.

Unsymmetrisch verteilte Wahrscheinlichkeiten wie bei $\alpha$ machen es
also lohnend, nach anderen Suchbäumen als dem voll entwickelten
binären Baum in II) zu suchen. Andererseits ist das Suchen gemäß
einem voll entwickelten binären Baum i.a. wesentlich effizienter
als das sequentielle Heraussuchen (z.B. aus Stapeln). Unter Gleich-
verteilungsannahmen wird man z.B. für $N=2^n$ Daten bei Stapeldurch-
suchung im Mittel etwa $\frac{N+1}{2}$, also etwa $2^{n-1}$ Suchschritte bis zum
Erfolg benötigen. Demgegenüber sind bei Speicherung in vollständig
entwickelten binären Bäumen stets $n+1=1+\log_2 N$ Schritte erforderlich. Deshalb wird dieses "<u>binäre Suchen</u>" häufig auch <u>logarith-
misches Suchen</u> genannt.

<u>Zu B)</u> Die betrachteten Stellen mögen beispielsweise folgende na-
türliche Ordnung haben: $s_8 \prec s_2 \prec s_1 \prec s_3 \prec s_5 \prec s_4 \prec s_6 \prec s_7$.
Die binären Bäume in Fig. 6.18 wahren diese Ordnung im Sinne der
Horizontal-Durchlaufungsstrategie:

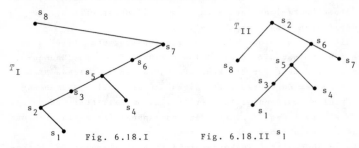

Fig. 6.18.I          Fig. 6.18.II

$T_I$ wurde nach folgender "<u>Maximum-Methode</u>" gewonnen: Wähle die
größte Wahrscheinlichkeit für die Wurzel und verfahre entsprechend
bei den Unterbäumen (benutzt wird die Wahrscheinlichkeit $\alpha$).
$T_{II}$ wurde konstruiert nach der Methode der "<u>ausbalancierten Bäume</u>":
Wähle die Wurzel so, daß linker und rechter Teilbaum möglichst
gleiche Wahrscheinlichkeitssumme haben und verfahre entsprechend
bei den Unterbäumen.
Die zweite Methode ist der ersten im allgemeinen vorzuziehen (vgl.
M e h l h o r n [41]). Das Auffinden absolut optimaler Konstrukti-
onsstrategien ist aber wesentlich schwieriger als im Fall A). Bei
den vorliegenden Wahrscheinlichkeiten ist $T_I$ sogar günstiger als
$T_{II}$.
Genaueres über Suchbäume findet man bei K n u t h ([30], III, 6.2
und 6.3).

7. Graphen

Bei der Verallgemeinerung des Listenbegriffs haben wir in Abschnitt
6 geordnete und ungeordnete Bäume kennengelernt. In Abschnitt 6.3
wurde ferner über einen Äquivalenzklassenbildungsprozeß der Begriff des freien Baumes abgeleitet.

Interessiert man sich nun weniger für Datenstrukturen (dieses Interesse gab in Abschnitt 6 den Anlaß zur Definition des Baumbe-
griffs) als vielmehr für Strukturuntersuchungen an solchen Bäumen
selbst, dann ist der vorgeführte Zugang zu den freien Bäumen natürlich viel zu aufwendig. Man wird in diesem Fall freie Bäume als
einen Spezialfall des allgemeineren Graphenbegriffs definieren und
zunächst diesen axiomatisch einführen.

Über den im Abschnitt 6 im Vordergrund stehenden Aspekt der Datenstrukturen hinaus sind Graphen für die Informatik insofern wichtig,
als sich viele Probleme der Informatik graphentheoretisch formulieren lassen und in dieser Terminologie Verfahren entwickelt worden sind, die unmittelbar in die Praxis umgesetzt werden können.
Daher sollen hier einige grundlegende Begriffe aus der Graphentheorie zusammengestellt werden, die für den Informatiker relevant sein können. Es ist leider unumgänglich, daß dazu zunächst
eine Fülle von Definitionen gegeben wird.

7.1 Graphentheoretische Terminologie

Definition 7.1 P sei endliche Punktmenge, $B \subseteq P \times P$.
$G=(P,B)$ heißt ein __gerichteter Graph__. $B$ heißt Menge der (gerichteten) __Bögen__, die zu G gehören.

Definition 7.2 G sei gerichteter Graph mit $P=\{p_1,\ldots,p_n\}$.

Die $n \times n$ Matrix $A(G)=(a_{ij})$ mit $a_{ij} := \begin{cases} 1, & \text{falls } (p_i,p_j) \in B \\ 0 & \text{sonst} \end{cases}$
heißt __Adjazenzmatrix__ von G.

Gerichtete Graphen können damit durch ihre Adjazenzmatrix beschrieben werden. Insbesondere für die Speicherung von Graphen in digitalen Rechenanlagen ist diese Beschreibungsmöglichkeit überaus
wichtig (vgl. z.B. D ö r f l e r - M ü h l b a c h e r [10]).
Ferner besteht natürlich wie bei den Bäumen eine zeichnerische
Darstellungsmöglichkeit für Graphen. Dazu zeichnen wir zunächst

die Punkte und dann jeweils einen Pfeil von $p_i$ nach $p_j$, falls $(p_i,p_j) \in B$ gilt. Für $P = \{p_1, p_2, p_3, p_4\}$ und $B = \{(p_1,p_1), (p_1,p_4),$ $(p_2,p_3), (p_3,p_2)\}$ erhalten wir so z.B. den Graphen G in Fig. 7.1 mit der danebenstehenden Adjazenzmatrix A(G).

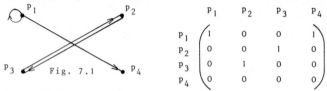

Fig. 7.1

$$A(G) = \begin{array}{c|cccc} & p_1 & p_2 & p_3 & p_4 \\ \hline p_1 & 1 & 0 & 0 & 1 \\ p_2 & 0 & 0 & 1 & 0 \\ p_3 & 0 & 1 & 0 & 0 \\ p_4 & 0 & 0 & 0 & 0 \end{array}$$

Besitzt ein gerichteter Graph wie in Fig. 7.2 nur Bögen zwischen zwei verschiedenen Punkten $p_i$ und $p_j$

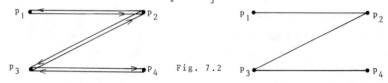

Fig. 7.2

und enthält er zudem mit $(p_i,p_j)$ auch stets $(p_j,p_i)$, so wählen wir als graphische Darstellung statt des linken Bildes in Fig. 7.2 i.a. eine "ungerichtete" Darstellung, wie das rechte Bild in Fig. 7.2 sie zeigt. In der Terminologie der Adjazenzmatrizen definieren wir solche Graphen wie folgt.

Definition 7.3   G heißt (gewöhnlicher) Graph, falls A(G) symmetrisch ist und $a_{ii}=0$ für alle i gilt. Ein Paar von Bögen $(p_i,p_j), (p_j,p_i) \in B$ heißt eine Kante von G. Für eine Kante schreiben wir auch $\{p_i,p_j\}$.

Mengentheoretisch sind nach diesen Definitionen gerichtete Graphen zweistellige Relationen über einer Menge P, und gewöhnliche Graphen sind irreflexive und symmetrische Relationen.
Die Terminologie bei gewöhnlichen und bei gerichteten Graphen ist in der Literatur sehr uneinheitlich. Häufig wird z.B. von gerichteten Graphen ebenfalls verlangt, daß sie schlingenlos sind, d.h. keine Bögen der Art $(p_i,p_i)$ besitzen. Deshalb beachte man beim Studium der im Literaturverzeichnis angegebenen Bücher über Graphentheorie als erstes die genaue Graphendefinition des jeweiligen Autors. Das gleiche gilt auch für einige der im folgenden de-

finierten Begriffe.

**Definition 7.4**  G sei gerichteter Graph, $p_i$ Punkt von G.

$d^-(p_i) := \#$(in $p_i$ ankommenden Bögen) heißt <u>Eingangsgrad</u> von $p_i$.

$d^+(p_i) := \#$(aus $p_i$ auslaufenden Bögen) heißt <u>Ausgangsgrad</u> von $p_i$.

Ist G gewöhnlicher Graph, so heißt $d(p_i) := \#$(von $p_i$ ausgehenden Kanten) der <u>Grad</u> von $p_i$.

In Fig. 7.1 gilt z.B. $d^-(p_1)=1$ und $d^+(p_1)=2$

**Satz 7.1**

a) Für gerichtete Graphen G gilt:

$$\underset{p_i}{\Sigma} d^-(p_i) = \underset{p_i}{\Sigma} d^+(p_i) = \#(\text{Bögen in G})$$

b) Für Graphen gilt: $\underset{p_i}{\Sigma} d(p_i) = 2 \cdot \#(\text{Kanten von G})$

Der Beweis ist trivial.

**Definition 7.5**  $G=(P,B)$ sei Graph. Zwei Punkte $a,b \in P$ heißen verbunden (in G), falls es eine endliche Punktfolge $(a_0,a_1,\ldots,a_n)$ mit $a_0=a$, $a_n=b$ und $(a_i,a_{i+1}) \in B$ für $i=0,1,\ldots,n-1$ gibt.

Ist G gerichteter Graph, so heißt die Folge ein <u>Weg</u> der Länge n von $a_0$ nach $a_n$.

Ist G gewöhnlicher Graph und sind $\{a_i,a_{i+1}\}$ für $i=0,\ldots,n-1$ Kanten, so heißt die Folge ein <u>Kantenzug</u> der Länge n.

**Definition 7.6**  Ein gerichteter Graph G heißt <u>zusammenhängend</u>, falls zwischen je zwei Punkten ein Weg existiert, <u>schwach zusammen-hängend</u>, wenn der symmetrisierte Graph $\bar{G}$ zusammenhängend ist. Dabei entsteht $\bar{G}$ aus $G=(P,B)$ dadurch, daß zu jedem $(p,q) \in B$ das Paar $(q,p)$ - falls erforderlich - als Bogen neu hinzugenommen wird.

In Fig. 7.3 ist z.B.
$(p_4,p_5,p_1,p_2,p_2)$ ein
Weg der Länge 4 von
$p_4$ nach $p_2$. Der ge-
richtete Graph ist
nicht zusammenhängend.

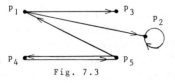

Fig. 7.3

Für gewöhnliche Graphen, die ja eine Teilmenge der gerichteten Graphen sind, folgt aus Definition 7.6 unmittelbar der Satz 7.2.

**Satz 7.2**  Ein gewöhnlicher Graph ist genau dann zusammenhängend, wenn zwischen je zwei Punkten ein Kantenzug existiert.

Definition 7.7   In einem <u>gerichteten</u> Graphen heißt ein Weg
$(a_o,a_1,...,a_n)$ genau dann <u>Zykel</u>, wenn $a_o=a_n$ ist und keine Doppel-
punkte vorliegen, d.h. wenn $a_o,a_1,...,a_{n-1}$ paarweise verschieden
sind.

Definition 7.8   In einem <u>gewöhnlichen</u> Graphen heißt ein Kantenzug
$(a_o,a_1,...,a_n)$ mit $a_o=a_n$, $n\geqslant 3$ und ohne Doppelpunkt ein <u>Kreis</u>.

Man beachte folgendes bei den Definitionen 7.7 und 7.8: Da wir wegen Definition 7.3 gewöhnliche Graphen als Spezialfälle gerichteter
Graphen ansehen, sind alle für gerichtete Graphen definierten Begriffe auch für gewöhnliche Graphen definiert, aber dort nicht un-
bedingt relevant für uns.

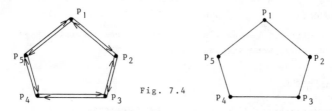

Fig. 7.4

Betrachten wir z.B. den gewöhnlichen zusammenhängenden Graphen
$G=(P,B)$ in Fig. 7.4. Die Folge $(p_1,p_2,p_3)$ ist ein Weg in G, da
$(p_1,p_2)\in B$ und $(p_2,p_3)\in B$ . Die Folge ist ebenfalls ein Kantenzug, da
$\{p_1,p_2\}$ und $\{p_2,p_3\}$ Kanten sind. Für Wege in gewöhnlichen Graphen
werden wir uns aber nicht interessieren; die Darstellung gewöhnlicher Graphen ist so, daß hierbei Wege als solche gar nicht erkennbar sind. Ferner ist nach Definition 7.7 die Folge
$(p_1,p_2,p_3,p_4,p_5,p_1)$ ein Zykel in G. Auch dieser Begriff kann für
gewöhnliche Graphen nicht direkt veranschaulicht werden, da wir
diese Graphen in der Form darstellen wollten, wie das rechte Bild
in Fig. 7.4 es zeigt. Die Zusatzbedingung $n\geqslant 3$ in Definition 7.8
ist nötig, um zu vermeiden, daß - entgegen unserer Anschauung -
Kantenzüge, die nur aus einer Kante bestehen, also z.B. $(p_1,p_2,p_1)$,
auch als Kreise gelten.

Es ist also festzuhalten, daß wir für gewöhnliche Graphen nur die
Begriffe Kantenzug und Kreis verwenden und niemals die Begriffe
Weg und Zykel.

Definition 7.9   Ein gerichteter Graph ohne Zykel heißt <u>azyklisch</u>,
im anderen Falle heißt er <u>zyklisch</u>.

<u>Aufgabe 7.1</u>  Man zeige, daß es in einem azyklischen Graphen mindestens einen Punkt a mit $d^+(a)=0$ und einen Punkt b mit $d^-(b)=0$ gibt.

Von einem gegebenen gerichteten Graphen läßt sich leicht mittels eines Markierungsalgorithmus entscheiden, ob er azyklisch ist. Dazu markiere man

1. jeden Punkt p, für den $d^+(p)=0$ gilt;

2. jeden Punkt q, für den <u>alle</u> Punkte p mit $(q,p)\in B$ schon markiert sind.

Sind nach Ablauf des Markierungsprozesses alle Punkte markiert, ist der Graph azyklisch, sonst zyklisch.

<u>Aufgabe 7.2</u>  Man beweise diese Aussage.
(siehe dazu  B e r g e , G h o u i l a - H o u r i  [6])

In Abschnitt 7.5 werden wir noch ein matrizentheoretisches Kriterium für azyklische Graphen formulieren.

## 7.2  Turniere

Ein in der Praxis häufiger Spezialfall gerichteter Graphen sind die sog. Turniere.

<u>Definition 7.10</u>  Ein <u>Turnier</u> (engl. tournament) $T_n$ über n Punkten $\{1,...,n\}$ ist ein gerichteter Graph (ohne Schlingen), bei dem für $i\neq j$ entweder $(i,j)$ oder $(j,i)$ als Bogen vorhanden sind.

Z.B. spielt bei einem Tennis-Ranglistenturnier jeder gegen jeden, und entweder siegt i über j, d.h. $(i,j)\in B$, oder umgekehrt. Für Turniere sprechen wir statt vom Ausgangsgrad $d^+(i)$ vom <u>Rang</u> $r_i$ von i.

$r_i$ bedeutet also bei dieser Interpretation die Anzahl der "Siege" von i. Normalerweise numeriert man die Punkte eines Turniers derart, daß die Ränge nicht fallen: $r_1 \leqslant r_2 \leqslant ... \leqslant r_n$. In Fig. 7.5 gilt z.B. $r_1=1$; $r_2=r_3=r_4=2$; $r_5=3$.

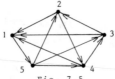

Fig. 7.5

Der "Letzte" steht also ganz links, der "Meister" ganz rechts. Unter dieser Voraussetzung heißt der Zahlenvektor $r := (r_1, \ldots, r_n)$ auch der <u>Rangvektor</u> von $T_n$.

Man kann nun einerseits bei gegebenem n alle mögliche Turniere a priori aufzustellen versuchen. Dabei wird man gleiche Typen, d.h. durch eine Umbenennung ineinander überführbare (isomorphe) Turniere, identifizieren. Andererseits - und das soll hier kurz beleuchtet werden - sind gewisse aus der Wettkampfpraxis interessierende Turniertypen durch den Rangvektor charakterisierbar, d.h. man kann aus der "Tabelle" gelegentlich mehr als nur die Zahl der Siege ablesen.

<u>Definition 7.11</u>  Ein Turnier $T_n$ über $N = \{1, \ldots, n\}$ heißt <u>reduzibel</u>, falls es eine Zerlegung von N in nichtleere Teilmengen A, B gibt, so daß für alle $a \in A$ und für alle $b \in B$ gilt $(a,b) \in B$.

Die Elemente aus A und die aus B bilden in diesem Falle also eine "Klasse für sich". Kann man die Reduzibilität von $T_n$ aus dem Rangvektor $r$ erkennen? Es gilt folgender Satz.

<u>Satz 7.3</u>  Ein Turnier mit Rangvektor $r = (r_1, \ldots, r_n)$ ist reduzibel genau dann, wenn für mindestens ein $k < N$ gilt $\sum_{i=1}^{k} r_i = \binom{k}{2}$.

Zum Beweis sei auf  M o o n [43], S. 2 verwiesen.

Reduzibilität ist ein relativ seltenes Vorkommnis. Hält man bei gegebenem n alle Turniere für gleichwahrscheinlich, so geht die Wahrscheinlichkeit, daß ein gegebenes Turnier irreduzibel ist, gegen 1. Sie beträgt z.B. für n=8 schon 0,881 und für n=16 bereits 0,9990.

Die Irreduzibilität läßt sich durch den Zusammenhang des Graphen $T_n$ charakterisieren:

<u>Satz 7.4</u>  $T_n$ ist irreduzibel genau dann, wenn $T_n$ zusammenhängend ist.

Zum Beweis vgl. M o o n [43], S. 5.

In einem irreduziblen Turnier ist jeder Punkt i in mindestens einem Zyklus der Form $(i, i_1, \ldots i_k)$ enthalten, und zwar gibt es so etwas für jedes k mit $2 \leqslant k \leqslant n-1$ . Man mache sich die Wettkampf-Interpretation dieser Aussage klar!

Der Rangbegriff ermöglicht die Einführung einer Ordnung innerhalb eines Turniers, welches i.a. durch die graphentheoretische Tur-

nier-Relation keineswegs geordnet ist. Die Rangordnung kumuliert gewissermaßen die Häufigkeit des Sachverhaltes, daß ein Element über einem anderen liegt, auf eine vereinfachende Weise.
Für das allgemeine Problem, zwischen Dingen, die paarweise vergleichbar sind, eine Rangordnung einzuführen, ist die Abhaltung eines vollen Turniers mit allen $\binom{n}{2}$ Vergleichen oft zu aufwendig. Ein Beispiel für eine kleinere Menge von Vergleichen ist das sog. Schweizer System. Hierbei werden die Anfangsvergleiche ausgelost und sodann über wesentlich weniger als n-1 Runden hinweg jeweils immer bisher möglichst benachbarte Partner verglichen, soweit dies nicht bereits geschehen ist. Im Zweifelsfall muß hier gelost werden. Ein noch weniger aufwendiges System - allerdings nur zur Bestimmung eines Rangersten und nicht einer vollen Rangordnung - ist das sog. Pokalsystem oder K.o.-System, bei dem die Sieger solange aufeinander treffen, bis nur noch ein letzter Sieger verbleibt.

## 7.3  Freie Bäume

Obwohl wir in Abschnitt 6.3 schon eine Definition für freie Bäume gegeben haben, wollen wir hier im Rahmen der Graphentheorie die übliche Definition hierfür aufführen.

Definition 7.12  Ein gewöhnlicher zusammenhängender Graph ohne Kreise heißt freier Baum.

In einer streng mathematischen Abhandlung müßte man nun natürlich die Äquivalenz der beiden gegebenen Definitionen für freie Bäume zeigen. Da diese Äquivalenzaussage aber auf der Hand liegt, verzichten wir auf einen genauen Beweis.

Bemerkung: In der Literatur wird i.a. statt freier Baum nur der Begriff Baum verwandt. Da wir in Abschnitt 6 den Baumbegriff aber schon anders festgelegt haben, müssen wir hier von der üblichen Terminologie abweichen.
Als erstes Ergebnis über freie Bäume halten wir fest (vgl. dazu auch Aufgabe 6.1):

Satz 7.5  G sei freier Baum mit n Punkten. Dann besitzt G genau n-1 Kanten.

Als Folgerung ergibt sich daraus eine Aussage über die Anzahl von Endpunkten in freien Bäumen. (Endpunkte sind Punkte p mit d(p)=1.)

Satz 7.6 Jeder freie Baum besitzt mindestens 2 Endpunkte.

Beweis: Wir erhalten folgende Gleichungen:

$$2(n-1) = 2 \cdot \#(\text{Kanten von G}) \qquad (\text{Satz 7.5})$$

$$= \sum_{p_i} d(p_i) \qquad (\text{Satz 7.1})$$

Da G zusammenhängend ist, gilt $d(p) \geqslant 1$ für alle $p \in P$. Angenommen es gibt mehr als $n-2$ Punkte $p$ mit $d(p) > 1$. Dann folgt $\sum_{p_i} d(p_i) \geqslant 2(n-1) + 1 > 2(n-1)$ im Widerspruch zur obigen Gleichung.

Unter der Annahme, daß ein Graph G kreisfrei ist und $n-1$ Kanten besitzt, kann man auch schließen, daß G zusammenhängend ist. Damit ist eine weitere Charakterisierungsmöglichkeit für freie Bäume angegeben. Es gibt eine ganze Reihe solcher äquivalenter Definitionen für freie Bäume; wir geben im folgenden Satz einige wichtige davon an.

Satz 7.7 G sei gewöhnlicher Graph mit $n$ Punkten. Dann sind folgende Aussagen äquivalent:

1. G ist freier Baum.

2. G ist kreisfrei und besitzt $n-1$ Kanten.

3. G ist zusammenhängend und besitzt $n-1$ Kanten.

4. Je zwei Punkte von G sind durch genau einen Kantenzug miteinander verbunden.

5. G ist kreisfrei. Verbindet man aber zwei beliebige in G nicht verbundene Punkte durch eine Kante miteinander, so enthält der neue Graph genau einen Kreis.

Beweis: Zum Beweis kann man z.B. die Implikationskette $1 \to 4 \to 3 \to 2 \to 5 \to 1$ zeigen. Für die Beweise der Implikationen $1 \to 4$, $4 \to 3$, $3 \to 2$, und $2 \to 5$ sei auf H a r a r y [21]verwiesen. Es bleibt $5 \to 1$ zu zeigen.

Dazu ist wegen der Voraussetzung der Kreisfreiheit lediglich der Zusammenhang von G zu zeigen, d.h. je zwei Punkte müssen in G durch einen Kantenzug verbunden sein. Seien also $p,q \in P$ beliebig. Sind sie durch eine Kante in G verbunden, so existiert trivialerweise ein Kantenzug zwischen $p$ und $q$. Im anderen Falle verbinde man $p$ und $q$ durch eine Kante. Nach Voraussetzung enthält G dann einen Kreis, auf dem offenbar $p$ und $q$ liegen müssen. Also waren $p$ und $q$ schon vor dem Hinzufügen der Kante $\{p,q\}$ durch einen Kantenzug in G "hinten herum" verbunden.

Aufgabe 7.3  Für die Anzahl $t_n$ der freien Bäume mit n Punkten zeige
man die folgende Formel von  C a y l e y :  $t_n = n^{n-2}$ .

Dazu versuche man, eine Bijektion zwischen freien Bäumen mit n
Punkten und n-2-Tupeln über einer n elementigen Menge herzustellen. Die Durchführung dieses Beweises sowie weitere Beweismöglich-
keiten für die  C a y l e y 'sche Formel findet man in [42].

### 7.4  Eulersche und Hamiltonsche Linien in Graphen

Wir beschränken uns in diesem Abschnitt im wesentlichen auf gewöhnliche Graphen, um nicht alle Definitionen und Sätze in zwei-
facher Form aufschreiben zu müssen. Es sei aber darauf hingewiesen, daß die meisten Ergebnisse in modifizierter Form auf gerichtete Graphen übertragbar sind (vgl. etwa die Sätze 7.8 und 7.9).

Definition 7.13  $G=(P,B)$ heißt Eulerscher Graph, falls es einen
geschlossenen Kantenzug in G gibt, der jede Kante aus B genau einmal enthält. Der Kantenzug heißt Eulersche Linie in G.

Eulersche Graphen lassen sich leicht charakterisieren, wie der
folgende Satz zeigt.

Satz 7.8  Für einen zusammenhängenden Graphen $G=(P,B)$ sind folgende Aussagen äquivalent:

1. G ist Eulerscher Graph.
2. $d(p_i) \equiv 0 \mod 2$ für alle $p_i \in P$
3. $B$ läßt sich in kantendisjunkte Kreise partitionieren.

Beweis: $1 \rightarrow 2$
Betrachte eine Eulersche Linie in G und ein $p_i \in P$.
Jedes Vorkommen von $p_i$ in der Eulerschen Linie liefert den Anteil
2 zu $d(p_i)$. Also gilt $d(p_i) \equiv 0 \mod 2$.
$2 \rightarrow 3$
Es gibt einen Kreis $K_1$ in G, denn sonst wäre G ein Baum und hätte
damit nach Satz 7.6 einen Punkt p mit $d(p)=1$ im Widerspruch zur
Voraussetzung. Wir entfernen die in $K_1$ auftretenden Kanten aus $B$
und erhalten einen Graphen $G_1=(P,B_1)$, bei dem wieder jeder Punkt
geraden Grad besitzt. Gilt $B_1=\emptyset$, sind wir fertig, sonst konstruieren wir nach der gleichen Methode einen Graphen $G_2$ usw. Ver-

liert ein Graph $G_i$ während dieser Prozedur seinen Zusammenhang, so führe man diese Überlegungen für die maximalen zusammenhängenden Teilgraphen von $G_i$ (sog. Zusammenhangskomponenten) separat weiter. Da wir stets Endlichkeit voraussetzen, muß schließlich $B_m = \emptyset$ gelten, und wir sind fertig.

$3 \to 1$

Sei $K_1$ einer der Kreise. Besteht G nur aus diesem Kreis, so sind wir fertig. Sonst gibt es einen weiteren Kreis $K_2$ in G, der einen gemeinsamen Punkt p mit $K_1$ besitzt: Wäre das nämlich nicht der Fall, so folgte aus der Voraussetzung über $B$, daß keine Kante aus $B$, die nicht in $K_1$ vorkommt, einen Punkt mit einer Kante aus $K_1$ gemeinsam hat. Folglich wäre G nicht zusammenhängend. Wir betrachten nun den Kantenzug von p über den Kreis $K_1$ zurück nach p und dann über $K_2$ wieder nach p. Dies ist ein geschlossener Kantenzug. Ist es schon G, sind wir fertig, sonst wird die Konstruktion fortgesetzt. Sie muß mit einer Eulerschen Linie enden.

Bemerkung 1: Der zuletzt geführte Beweis $3 \to 1$ läßt sich leicht zu einem Algorithmus zur Konstruktion einer Eulerschen Linie in einem Eulerschen Graphen ausweiten. Wir überlassen diese leichte Herleitung dem Leser als Aufgabe und verweisen dazu z.B. auf
D ö r f l e r , M ü h l b a c h e r [10].

Bemerkung 2: Es ist unmittelbar einsichtig, daß Satz 7.8 auch für allgemeinere Graphen gilt, bei denen zusätzlich Schlingen und sog. Mehrfachkanten erlaubt sind.

Ohne Beweis soll auch die Charakterisierung gerichteter Eulerscher Graphen angegeben werden.

Satz 7.9 Für einen zusammenhängenden gerichteten Graphen $G=(P,B)$ sind folgende Aussagen äquivalent:

1. G ist gerichteter Eulerscher Graph.
2. Für alle $p \in P$ gilt $d^+(p)=d^-(p)$.
3. $B$ läßt sich in bogendisjunkte Zykeln partitionieren.

Beispiel 7.1 Als Anwendung dieses Satzes betrachten wir das folgende Problem (siehe L i u [37], Seite 176 ff.):
Gegeben sei eine drehbare Trommel mit $2^n$ Plätzen (Köpfen), die mit 2 verschiedenen Oberflächensubstanzen (leitend bzw. nicht leitend) versehen sein können. An n aufeinanderfolgenden Stellen des Trommelgehäuses besteht die Möglichkeit eines Abgriffes (Fig. 7.6).

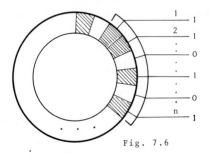

Fig. 7.6

Falls ein Kopf mit <u>leitender</u> Oberfläche abgegriffen wird, wird auf
der zugehörigen Signalleitung der Impuls 1 erzeugt, falls der Kopf
<u>nicht leitend</u> war, der Impuls 0. Damit wird jeder der $2^n$ Positionen
$\varphi$ (interpretierbar als Drehwinkel) der Trommel eine Zahl $x(\varphi)$ mit
$0 \leqslant x(\varphi) < 2^n$ - interpretiert als Dualfolge - zugeordnet. Ist es möglich, die Verteilung der Oberflächensubstanzen auf der Trommel so
zu wählen, daß bei einmaliger Umdrehung der Trommel jede Zahl im
Intervall $0 \leqslant x < 2^n$ einmal (und damit offenbar auch genau einmal)
dargestellt worden ist?

<u>Deutung:</u> Man kann die Tatsache, daß eine Trommelposition $\varphi$ die
Zahl $x(\varphi)$ repräsentiert, z.B. dahingehend interpretieren, daß in
dieser Stellung der Trommel die Adresse $x(\varphi)$ eines Random-Access-
Speichers ansprechbar ist. Die Existenz einer solchen Belegung bedeutet also die Möglichkeit, bei einmaligem Umlauf der Trommel jede Adresse einmal ansprechen zu können.

<u>Mathematisch formuliert</u> liegt folgende Aufgabe vor:
Man ordne die Elemente 0 oder 1 auf einem Kreis mit $2^n$ Plätzen an
und betrachte alle Folgen von n aufeinanderfolgenden Elementen in
dieser Anordnung. Davon gibt es $2^n$ Stück. Ist es möglich, die
Kreisanordnung so zu wählen, daß diese $2^n$ n-Tupel paarweise verschieden sind?

Für n=3 leistet z.B. die Anordnung $(a_1, \ldots, a_8) = (0,0,1,1,1,0,1,0)$
das Gewünschte (wir betrachten dabei $a_8$ und $a_1$ als benachbart),
denn man erhält sukzessive die paarweise verschiedenen Tripel
$(0,0,1)$, $(0,1,1)$, $(1,1,1)$, $(1,1,0)$, $(1,0,1)$, $(0,1,0)$, $(1,0,0)$ und
$(0,0,0)$. Wir werden nun mit Hilfe von Satz 7.9 zeigen, daß eine
gewünschte Kreisanordnung für alle n möglich ist, und ein Kon-

struktionsverfahren dafür angeben.

Dazu betrachten wir einen gerichteten Graphen $G=(P,B)$ mit
$P=\{(a_1,\ldots,a_{n-1}) \mid a_i \in \{0,1\}$ für $i=1,\ldots,n-1\}$, also mit $2^{n-1}$ Punkten. Von jedem Punkt $(a_1,\ldots,a_{n-1})$ sollen zwei Bögen ausgehen und zwar zu den Punkten $(a_2,\ldots,a_{n-1},0)$ und $(a_2,\ldots,a_{n-1},1)$. Man beachte, daß dabei zwei Schlingen entstehen, denn die Punkte $(0,\ldots,0)$ und $(1,\ldots,1)$ werden mit sich selbst verbunden. Einen Bogen von $(a_1,\ldots a_{n-1})$ nach $(a_2,\ldots,a_n)$ bezeichnen wir mit $(a_1,\ldots,a_n)$.

Für den gerichteten Graphen $G=(P,B)$ gilt nun nach Konstruktion:

1. $|B|=2^n$

2. Für alle $p\in P$ gilt $d^+(p)=d^-(p)=2$,

denn in $p=(a_1,\ldots,a_{n-1})$ enden genau die Bögen von $(0,a_1,\ldots,a_{n-2})$ und $(1,a_1,\ldots,a_{n-2})$.

3. Verschiedene Bögen besitzen verschiedene Bezeichnungen.

4. $G$ ist zusammenhängend.

Sind nämlich $(a_1,\ldots,a_{n-1}),(b_1,\ldots,b_{n-1})\in P$, so ist die Punktfolge $((a_1,\ldots,a_{n-1}),(a_2,\ldots,a_{n-1},b_1),(a_3,\ldots,a_{n-1},b_1,b_2),\ldots,(b_1,\ldots,b_{n-1}))$ ein Weg von $(a_1,\ldots,a_{n-1})$ nach $(b_1,\ldots,b_{n-1})$.

Nach Satz 7.9 folgt aus 2. und 4. damit, daß $G$ eine gerichtete Eulersche Linie besitzt. Hieraus folgt sofort die endgültige Lösung unseres Problems:

Die Eulersche Linie bestehe aus den Bögen

$$b_1=(a_1^1,\ldots,a_n^1), b_2=(a_1^2,\ldots,a_n^2),\ldots,b_{2^n}=(a_1^{2^n},\ldots,a_n^{2^n}).$$

Nach Konstruktion gilt für $i=1,\ldots,2^n-1$:

$(a_1^{i+1},\ldots,a_n^{i+1})=(a_2^i,\ldots,a_n^i,a_n^{i+1})$ und $(a_1^1,\ldots,a_n^1)=(a_2^{2^n},\ldots,a_{n-1}^{2^n},a_n^1)$

Folglich ist $(a_1^1,\ldots,a_n^1,a_n^2,a_n^3,\ldots,a_n^{2^n-n+1})$ eine gewünschte Anordnung (man lese dieses $2^n$-Tupel zyklisch!), denn die möglichen $2^n$ n-Tupel entsprechen den $2^n$ Bögen in $G$ und diese sind nach 3. paarweise verschieden.

Für $n=3$ ist diese Konstruktion in Fig. 7.7 dargestellt. Tupel sind dabei ohne Klammern und Kommata geschrieben.

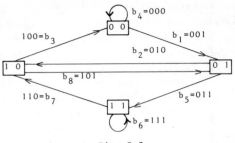

Fig. 7.7

Zur <u>Konstruktion</u> einer Eulerschen Linie in diesem Graphen kann der
im Beweis von Satz 7.8 angedeutete Algorithmus verwendet werden.
Wir beginnen z.B. im Punkt (0,0) und durchlaufen in beliebiger
Weise Bögen, z.B. $b_1, b_2, b_3, b_4$. Vom Punkt (0,1) geht dann ein noch
nicht durchlaufener Bogen ab. Von dort durchlaufen wir $b_5, b_6, b_7$
und $b_8$. Dieser Zykel wird nun nach Durchlaufen von $b_1$ zunächst
durchschritten. Damit haben wir eine Eulersche Linie erhalten.
Diese erzeugt die vorn angegebene zyklische Anordnung
(0,0,1,1,1,0,1,0) mit der gewünschten Eigenschaft.

In nicht-Eulerschen Graphen G besteht aber noch die Möglichkeit,
daß ein Kantenzug jede Kante von G genau einmal enthält. Daher
führt man zusätzlich den Begriff der offenen Eulerschen Linie ein.

<u>Definition 7.14</u>  Ein nicht geschlossener Kantenzug, der jede Kante
eines Graphen genau einmal enthält, heißt <u>offene Eulersche Linie</u>.

Auch Graphen, die offene Eulersche Linien besitzen, lassen sich
noch leicht charakterisieren.

<u>Satz 7.10</u>  In einem zusammenhängenden Graphen G existiert eine of-
fene Eulersche Linie genau dann, wenn es genau zwei Punkte von G
gibt, die ungerade Gradzahlen besitzen.

Beweis: Gibt es eine offene Eulersche Linie in G, so verbinde man
die beiden Endpunkte dieses Kantenzuges durch eine zusätzliche
Kante. Dann besitzt der entstehende Graph G' eine (geschlossene!)
Eulersche Linie. Nach der Bemerkung 2 zu Satz 7.8 besitzt jeder
Punkt von G' geraden Grad. Also gibt es in G genau zwei Punkte mit
ungeradem Grad. Umgekehrt schließt man entsprechend.

133

Hamiltonsche Graphen. Wir wollen eine weitere Klasse von Kantenzü-
gen in gewöhnlichen Graphen näher untersuchen.

Definition 7.15   G heißt Hamiltonscher Graph, falls es einen Kreis
in G gibt, der alle Punkte von G enthält.
Der Kreis selbst heißt dann Hamiltonscher Kreis.

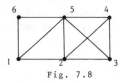
Fig. 7.8

Fig. 7.9

Fig. 7.8 stellt einen (nicht eulerschen) Hamiltonschen Graphen dar,
denn ein Hamiltonscher Kreis ist z.B. der Kreis (1,2,3,4,5,6,1).
Dagegen ist der Graph in Figur 7.9 kein Hamiltonscher Graph, wohl
aber ein Eulerscher Graph.
Hamiltonsche Graphen sind insofern wesentlich wichtiger als Eulersche Graphen, als mit ihnen - wie wir zeigen werden - gewisse für
die Praxis wichige Extremprobleme eng verbunden sind.
Interpretiert man z.B. in einem Graphen die Punkte als Orte und die
Kanten als mögliche direkte Verbindungen zwischen den Orten, so ist
im Existenzfall ein Hamiltonscher Kreis eine Lösung des folgenden
Rundreiseproblems (Traveling-Salesman-Problem):
Ein Vertreter will von einer Ausgangsstadt alle anderen Städte genau einmal besuchen und erst nach dem Besuch aller Städte zum Ausgangspunkt zurückkehren. Ist dies möglich und wenn ja, in welcher
Reihenfolge muß er die Städte besuchen?
Häufig wird dieses Problem auch als Minimisierungsproblem gestellt,
wenn nämlich den Kanten noch gewisse Kosten zugeordnet sind (z.B.
die Flugkosten). Dann wird ein Hamiltonscher Kreis mit möglichst
geringen Gesamtkosten gesucht. Wir ordnen dieses Problem in Abschnitt 8 ein und geben ferner in Abschnitt 9.2 ein Lösungsverfahren für das Traveling-Salesman-Problem an, das für Graphen mit
nicht zu vielen Punkten in nicht allzu langer Zeit im Falle der
Lösbarkeit eine Lösung liefert. Einen einfachen allgemein anwend-
baren Algorithmus für dieses Problem gibt es wahrscheinlich nicht.
In der sehr reichhaltigen Literatur zum Rundreiseproblem sind
allerdings verschiedene Lösungsmethoden für gewisse Spezialfälle
zu finden (siehe z.B. K n ö d e l [29]). Eine Ursache, warum über

das Rundreiseproblem so wenig allgemein Gültiges gesagt werden
kann, liegt darin, daß beim Durchlaufen aller Punkte eines Graphen
nicht notwendig alle seine Kanten benutzt werden müssen, während
im Gegensatz dazu beim Euler-Problem zum Durchlaufen aller Kanten
eines Graphen selbstverständlich alle Punkte benutzt werden müssen.
Bei der Konstruktion von Hamilton-Kreisen hat man demgemäß i.a. um-
fangreiche Auswahlmöglichkeiten für Kanten. Hierdurch wird das Optimierungsproblem schwierig. Es überrascht demnach auch wohl nicht,
daß im Gegensatz zur Charakterisierung Eulerscher Graphen kein allgemeiner Satz bekannt ist, der notwendige und hinreichende Kriteri-
en für Hamiltonsche Graphen angibt. Man kennt einige einfache hinreichende, aber stets nicht notwendige Bedingungen für die Existenz eines Hamiltonschen Kreises.
Am einfachsten zu formulieren und nachzuprüfen ist das folgende
Kriterium von D i r a c.

Satz 7.11  G=(P,B) sei gewöhnlicher Graph mit $|P|=n$.
Gilt $d(p) \geqslant \frac{n}{2}$ für alle $p \in P$, so besitzt G einen Hamiltonschen Kreis.

Wenn also jeder Punkt eines Graphen "genügend viele" Nachbarn besitzt, so ist die Existenz eines Kreises, der alle Punkte von G
enthält, gesichert. Wir werden diesen Satz von D i r a c als Korollar aus dem folgenden schärferen Kriterium von P o s a herleiten.

Satz 7.12   G=(P,B) sei Graph mit $|P|=n \geqslant 3$. Für alle k mit $1 \leqslant k < \frac{n-1}{2}$
sei die Anzahl der Punkte p mit $d(p) \leqslant k$ kleiner als k. Falls n ungerade ist, sei außerdem die Anzahl der Punkte p mit $d(p) \leqslant \frac{n-1}{2}$
höchstens gleich $\frac{n-1}{2}$. Dann besitzt G einen Hamiltonschen Kreis.

Zum Beweis dieses Satzes sei auf S a c h s [52] verwiesen.
In diesem Satz wird als Voraussetzung nicht mehr generell von jedem Punkt eine genügend große Anzahl von Nachbarn gefordert. Es
dürfen lediglich "wenige" Punkte mit "wenigen" Nachbarn in G vorhanden sein. Dann kann man also ebenfalls auf die Existenz eines
Hamiltonschen Kreises schließen.
Trivialerweise folgt der Satz von D i r a c aus dem Satz von
P o s a, denn wenn in einem Graphen $d(p) \geqslant \frac{n}{2}$ für alle $p \in P$ gilt, so
gibt es keinen Punkt $p \in P$ mit $d(p) \leqslant k$ für ein k mit $1 \leqslant k < \frac{n-1}{2}$. Folglich erfüllt ein solcher Graph die Voraussetzungen des Satzes von
P o s a und besitzt demnach einen Hamiltonschen Kreis.

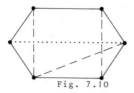

Fig. 7.10

Fig. 7.10 illustriert die unterschiedliche Schärfe dieser Sätze. Der Kreis G über 6 Punkten ist ein Hamiltonscher Graph, obwohl G weder die Voraussetzungen von Satz 7.11 noch von Satz 7.12 erfüllt. Also sind diese beiden Sätze keine notwendigen Kriterien. Nimmt man zu G die drei gestrichelten Linien hinzu, so liefert Satz 7.12 die Existenz eines Hamiltonschen Kreises, Satz 7.11 dagegen noch nicht. Fügt man außerdem die gepunktete Linie hinzu, so haben alle Punkte genügend Nachbarn, und Satz 7.11 reicht dann ebenfalls zum Existenznachweis eines Hamiltonschen Kreises aus.

An dieser Stelle sei einmal darauf hingewiesen, daß genaue Kenntnisse über die Kompliziertheit notwendiger und hinreichender Kriterien für die Existenz von Hamiltonschen Kreisen in Graphen einen Lösungsansatz für das noch ungelöste Problem geben können, ob das Traveling-Salesman-Problem durch einen polynomialen Algorithmus gelöst werden kann, d.h. ob dieses Problem in $P$ liegt (vgl. Abschnitt 1.2).

## 7.5 Graphen und ihre Adjazenzmatrizen

Wie wir im vorigen Abschnitt am Traveling-Salesman-Problem gesehen haben, ist die Frage der Existenz von Wegen und Zykeln in Graphen sehr wichtig und vor allem sehr praxisbezogen. Wir wollen uns hier weniger schwierigen Problemen zuwenden und zunächst grundsätzliche Fragen über die Existenz von Wegen in gerichteten Graphen mit Hilfe von Adjazenzmatrizen behandeln. Dazu bezeichnen wir mit $(A(G))^k =: (a^{(k)}(i,j))$ im folgenden die k-te Potenz der Adjazenzmatrix $A(G)$. Die Sätze dieses Abschnitts gelten alle in entsprechender Weise für Kantenzüge in gewöhnlichen Graphen.

Satz 7.13  $A(G)$ sei Adjazenzmatrix eines Graphen G und $w^{(k)}(i,j) := \#$(Wege der Länge k von $x_i$ nach $x_j$ in G). Dann gilt $w^{(k)}(i,j) = a^{(k)}(i,j)$.

Beweis: Vollständige Induktion über k

1) Für k=1 ist der Satz richtig, da aus A(G) die Anzahl der Wege der Länge 1 zwischen $x_i$ und $x_j$ direkt ablesbar ist (Diese ist 0, falls $(x_i, x_j) \notin B$, sie ist 1, falls $(x_i, x_j) \in B$).

2) Wege der Länge k+1 zwischen $x_i$ und $x_j$ entstehen aus Wegen der Länge k von $x_i$ nach $x_m$, falls $x_m$ mit $x_j$ durch einen Bogen verbunden ist. Es gibt $w^{(k)}(i,m)$ Wege der Länge k von $x_i$ nach $x_m$. Man erhält daher:

$$w^{(k+1)}(i,j) = \sum_{\substack{x_m \\ (x_m, x_j) \in B}} w^{(k)}(i,m) = \sum_{\substack{x_m \\ (x_m, x_j) \in B}} a^{(k)}(i,m) \quad \text{nach Induktions-}$$
$$\text{voraussetzung}$$

$$= \sum_m a^{(k)}(i,m) \cdot a(m,j) \qquad \text{nach Definition von A(G)}$$

$$= a^{(k+1)}(i,j) \qquad \text{nach Definition des}$$
$$\text{Matrizenproduktes}$$

Mit Hilfe dieses Satzes lassen sich die azyklischen Graphen leicht durch ihre Adjazenzmatrizen charakterisieren.

<u>Satz 7.14</u>  A ist Adjazenzmatrix eines azyklischen Graphen G über n Punkten genau dann, wenn es ein $r \in \mathbb{N}$ gibt mit $1 \leqslant r \leqslant n$ und $A^r = 0$. (0 sei dabei die entsprechend dimensionierte Nullmatrix)

Satz 7.14 läßt sich logisch äquivalent auch folgendermaßen formulieren:

<u>Satz 7.15</u>  G ist zyklisch genau dann, wenn für alle r mit $1 \leqslant r \leqslant n$ gilt $A^r \neq 0$.

Wir beweisen den Satz in dieser Fassung.

a) G sei zyklisch. Dann gibt es in G Wege beliebiger Länge. Nach Satz 7.13 folgt $A^r \neq 0$ für alle $r \geqslant 1$. Insbesondere gilt also $A^r \neq 0$ für alle r mit $1 \leqslant r \leqslant n$.

b) Nach Voraussetzung ist insbesondere $A^n \neq 0$. Sei $a^{(n)}(i,j) \neq 0$. Dann gibt es zwischen $x_i$ und $x_j$ einen Weg der Länge n, z.B. $(x_i(=x_0), x_1, x_2, \ldots, (x_n=)x_j)$. Da die Punktmenge P aber nur die Mächtigkeit n hat, müssen zwei der Punkte $x_0, x_1, x_2, \ldots, x_n$ übereinstimmen.

Sei $x_k = x_{k+r}$ mit $r > 0$. Dann ist $(x_k, x_{k+1}, \ldots, x_{k+r})$ ein Zykel.

Aus Satz 7.13 kann ein Verfahren zur Bestimmung der Länge eines
kürzesten Weges zwischen zwei Punkten $x_i$ und $x_j$ in einem Graphen
hergeleitet werden. Dazu stellt man die Adjazenzmatrix A von G auf
und bildet der Reihe nach die Potenzen $A^k = (a^{(k)}(i,j))$ für $k=1,\dots$
Gilt dann $a^{(k)}(i,j)=0$ für $k < r$ und $a^{(r)}(i,j) \neq 0$, so hat nach Satz
7.13 ein kürzester Weg zwischen $x_i$ und $x_j$ die Länge r. Der folgende Satz liefert die Endlichkeit des Verfahrens.

<u>Satz 7.16</u>  G besitze n Punkte. Gilt dann $a^{(1)}(i,j)=a^{(2)}(i,j)=\dots$
$\dots =a^{(n)}(i,j)=0$, so gibt es in G keinen Weg zwischen $x_i$ und $x_j$.

Beweis: Nehmen wir an, $(x_i=x_0,x_1,x_2,\dots,x_r=x_j)$ mit $r>n$ sei ein Weg
einer Länge $r>n$ zwischen $x_i$ und $x_j$. Wegen $|P|=n$ gibt es ein
$h \in \{0,\dots,r-1\}$ und ein $k \geq 1$ mit $x_h = x_{h+k}$. Dann ist aber der verkürzte
Weg $(x_i=x_0,x_1,\dots,x_h,x_{h+k+1},\dots,x_r=x_j)$ ein Weg zwischen $x_i$ und $x_j$
mit einer Länge $r_1 < r$. Gilt $r_1 \leq n$, so hat man einen Widerspruch erhalten. Für $r_1 > n$ wiederhole man das Verfahren. Es endet nach m
Schritten bei einem Weg zwischen $x_i$ und $x_j$ mit einer Länge $r_m \leq n$.
Damit ist also ein Widerspruch zu $a^{(1)}(i,j)=\dots=a^{(n)}(i,j)=0$ erreichbar.

<u>Aufgabe 7.4</u>  Mit Hilfe der Adjazenzmatrix A bestimme man für den
Graphen in Fig. 7.11 die Länge eines kürzesten Weges zwischen $p_6$
und $p_5$.

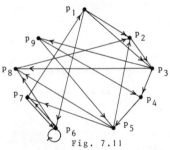

Fig. 7.11

Mit den Matrizen A, $A^2$ und der sechsten Zeile der Matrix $A^4$ erhält
man leicht $a^{(1)}(6,5)=a^{(2)}(6,5)=a^{(3)}(6,5)=a^{(4)}(6,5)=0$ und
$a^{(5)}(6,5)=4$. Ein kürzester Weg zwischen $p_6$ und $p_5$ hat also die
Länge 5.

Die Adjazenzmatrix eines Graphen zeigt direkt nur an, ob zwei
Punkte des Graphen durch einen <u>Bogen</u> verbunden sind oder nicht.

Im allgemeinen besteht aber größeres Interesse an der Frage, ob
zwei Punkte durch <u>Wege</u> im Graphen verbunden sind. Dazu definieren
wir im folgenden die Wegematrix eines Graphen.

<u>Definition 7.16</u>  G sei gerichteter Graph. Die <u>Wegematrix</u> $W(G)=:(w_{ij})$
ist definiert durch  $w_{ij}:=\begin{cases} 1, & \text{falls ein Weg von } x_i \text{ nach } x_j \text{ existiert} \\ 0 & \text{sonst} \end{cases}$

Die Wegematrix W(G) enthält also zumindest an allen den Stellen
Einsen, an denen in der Adjazenzmatrix A(G) eine 1 steht.
Der Graph in Fig. 7.12 besitzt z.B. die danebenstehende Wegematrix.

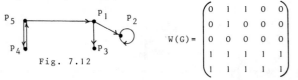

$$W(G) = \begin{pmatrix} 0 & 1 & 1 & 0 & 0 \\ 0 & 1 & 0 & 0 & 0 \\ 0 & 0 & 0 & 0 & 0 \\ 1 & 1 & 1 & 1 & 1 \\ 1 & 1 & 1 & 1 & 1 \end{pmatrix}$$

Fig. 7.12

Wie läßt sich W(G) zu einem gegebenen Graphen berechnen?
Zu einer Matrix $M=(m_{ij})$ sei $Sg(M)=:(sg(m_{ij}))$ diejenige Matrix,
die an der Stelle (i,j) das Element $sg(m_{ij}):=\begin{cases} 1, & \text{falls } m_{ij} \neq 0 \\ 0 & \text{sonst} \end{cases}$
hat.

<u>Satz 7.17</u>  A sei Adjazenzmatrix zum gerichteten Graphen G über n
Punkten. Dann gilt $W(G) = Sg(A + A^2 + \ldots + A^n)$.

Beweis: Nach Satz 7.16 gibt es einen Weg von $x_i$ nach $x_j$, wenn es
einen Weg der Länge 1 oder der Länge 2 oder ... oder der Länge n
von $x_i$ nach $x_j$ gibt. Das ist nach Satz 7.13 genau dann der Fall,
wenn in $A + A^2 + \ldots + A^n$ an der Stelle (i,j) eine Zahl $\neq 0$ steht.
Damit folgt Satz 7.17.

Die Sätze diese Abschnitts sind so beschaffen, daß man zum Testen
der entsprechenden Eigenschaften (z.B. in Satz 7.14) bzw. zur Herleitung der entsprechenden Anzahl oder der Matrix (z.B. bei Satz
7.13 und 7.17) leicht Programme schreiben kann, mit deren Hilfe
das jeweilige Problem mittels eines Computers wenigstens im Prinzip gelöst werden kann. Insbesondere zur Bestimmung der Wegematrix
eines Graphen ist das Verfahren nach Satz 7.17 aber viel zu rechen-
aufwendig. Vernachlässigen wir nämlich dabei die durchzuführenden

Additionen und zählen nur jede Multiplikation als einen Schritt, so sind zum Aufstellen der Matrizen $A^2$, $A^3$, . . . , $A^n$ jeweils $n^3$ Schritte nötig, insgesamt erreicht die Schrittzahl zur Berechnung von $W(G)$ also die Größenordnung $n^4$. Im folgenden Abschnitt werden wir ein Verfahren zur Berechnung von $W(G)$ angeben, bei dem die Schrittzahl geringer ist. Es wird dabei $W(G)$ in höchstens $n^3$ Schritten erreicht, und diese bestehen alle aus einfachen Vergleichen zweier Boolescher Werte. Selbst Additionen, die bei der Schrittabschätzung nach Satz 7.17 vernachlässigt werden mußten, treten hierbei gar nicht auf.

## 7.6 Das Verfahren von W a r s h a l l

Wir werden das Verfahren von W a r s h a l l zur Bestimmung der Wegematrix eines gegebenen Graphen zunächst allgemein beschreiben und sodann ein Beispiel durchrechnen. Auf einen Beweis soll verzichtet werden (vgl. z.B. W a r s h a l l[58]).

$G$ sei Graph mit $n$ Punkten und Adjazenzmatrix $A$. Ausgehend von $A$ wird eine Folge von Matrizen $A^{(1,1)}$, $A^{(2,1)}$, . . . , $A^{(n,1)}$, $A^{(1,2)}$ . . . . . , $A^{(n,2)}$, . . . , $A^{(1,n)}$, . . . , $A^{(n,n)}$ konstruiert, so daß $A^{(n,n)} = W$ ist. Genauer verfährt man wie folgt: Man durchläuft spaltenweise von oben nach unten alle Stellen $(i,j)$. Sei $M$ die momentane Matrix vor der Behandlung der Stelle $(i,j)$. Sei ferner $a^{(i,j)}_{k,h}$ das Element in der Matrix $A^{(i,j)}$ an der Stelle $(k,h)$. Ist $m_{ij}=0$, so setzen wir $A^{(i,j)} := M$. Ist aber $m_{ij}=1$, so ändert man die Zeile $i$ von $M$ dadurch ab, daß man für $1 \leqslant k \leqslant n$ setzt

$$a^{(i,j)}_{i,k} := \text{Max} (m_{ik}, m_{jk}),$$

d.h. Zeile $i$ von $M$ wird komponentenweise ersetzt durch das Maximum an den entsprechenden Komponenten der Zeilen $i$ und $j$.

Dieses Verfahren liefert damit die Wegematrix nach höchstens $n^3$ Vergleichsschritten. Denn bei jeder Stelle sind höchstens $n$ Vergleiche nötig (evtl. gar keine), und $n^2$ Stellen müssen durchlaufen werden.

Wir wollen als Beispiel die Wegematrix für den Graphen aus Fig. 7.13 nach diesem Verfahren bestimmen.

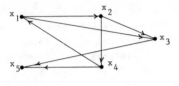

Fig. 7.13

Wir beginnen mit der Adjazenzmatrix A und markieren die Stelle für
den jeweiligen Schritt durch ein Kästchen. Das Verfahren liefert
die Matrixfolge:

$$A = \begin{pmatrix} 0 & 1 & 1 & 0 & 0 \\ 0 & 0 & 1 & 1 & 0 \\ 0 & 0 & 0 & 0 & 1 \\ \boxed{1} & 0 & 0 & 0 & 1 \\ 0 & 0 & 0 & 0 & 0 \end{pmatrix} \quad A^{(4,1)} = \begin{pmatrix} 0 & \boxed{1} & 1 & 0 & 0 \\ 0 & 0 & 1 & 1 & 0 \\ 0 & 0 & 0 & 0 & 1 \\ 1 & 1 & 1 & 0 & 1 \\ 0 & 0 & 0 & 0 & 0 \end{pmatrix} \quad A^{(1,2)} = \begin{pmatrix} 0 & 1 & 1 & 1 & 0 \\ 0 & 0 & 1 & 1 & 0 \\ 0 & 0 & 0 & 0 & 1 \\ 1 & \boxed{1} & 1 & 0 & 1 \\ 0 & 0 & 0 & 0 & 0 \end{pmatrix}$$

$$A^{(4,2)} = \begin{pmatrix} 0 & 1 & \boxed{1} & 1 & 0 \\ 0 & 0 & 1 & 1 & 0 \\ 0 & 0 & 0 & 0 & 1 \\ 1 & 1 & 1 & 1 & 1 \\ 0 & 0 & 0 & 0 & 0 \end{pmatrix} \quad A^{(1,3)} = \begin{pmatrix} 0 & 1 & 1 & 1 & 1 \\ 0 & 0 & \boxed{1} & 1 & 0 \\ 0 & 0 & 0 & 0 & 1 \\ 1 & 1 & 1 & 1 & 1 \\ 0 & 0 & 0 & 0 & 0 \end{pmatrix} \quad A^{(2,3)} = \begin{pmatrix} 0 & 1 & 1 & \boxed{1} & 1 \\ 0 & 0 & 1 & 1 & 1 \\ 0 & 0 & 0 & 0 & 1 \\ 1 & 1 & \boxed{1} & 1 & 1 \\ 0 & 0 & 0 & 0 & 0 \end{pmatrix}$$

Die Stelle (4,3) steht in einer Zeile, die aus lauter Einsen besteht. Der Vergleich der 4. Zeile mit der 3. Zeile ändert aber
nichts. Daher übergehen wir in Zukunft Schritte, bei denen die zu
bearbeitende Stelle in einer Zeile aus lauter Einsen steht. Wir
fahren hier jetzt also an der Stelle (1,4) fort.

$$A^{(1,4)} = \begin{pmatrix} 1 & 1 & 1 & 1 & 1 \\ 0 & 0 & 1 & \boxed{1} & 1 \\ 0 & 0 & 0 & 0 & 1 \\ 1 & 1 & 1 & 1 & 1 \\ 0 & 0 & 0 & 0 & 0 \end{pmatrix} \quad A^{(2,4)} = \begin{pmatrix} 1 & 1 & 1 & 1 & 1 \\ 1 & 1 & 1 & 1 & 1 \\ 0 & 0 & 0 & 0 & \boxed{1} \\ 1 & 1 & 1 & 1 & 1 \\ 0 & 0 & 0 & 0 & 0 \end{pmatrix} \quad A^{(3,5)} = \begin{pmatrix} 1 & 1 & 1 & 1 & 1 \\ 1 & 1 & 1 & 1 & 1 \\ 0 & 0 & 0 & 0 & 1 \\ 1 & 1 & 1 & 1 & 1 \\ 0 & 0 & 0 & 0 & 0 \end{pmatrix}$$

$$= A^{(5,5)} = W.$$

Zur Abkürzung des Verfahrens könnte man auch auf den letzten Über-
gang verzichten, da hierbei mit einer Nullzeile verglichen wird
und auch in diesem Fall sich nichts ändert.

# 8. Optimierung

Optimierungsfragen tauchen in fast allen Gebieten der Mathematik auf und sind vor allem durch ihre gewöhnlich sehr starke Praxisbezogenheit von Bedeutung. Wir wollen hier unter Optimierung Theorien zur Lösung von verschiedenartigen Planungsproblemen der Praxis verstehen. Man interessiert sich für wissenschaftliche Methoden, den besten Plan zu finden, wenn die Voraussetzungen des Problems und auch dessen Zielsetzung gegeben sind.
Wir geben zwei typische Beispiele für solche Planungsprobleme an.

**Beispiel 8.1** (Traveling-Salesman-Problem; vgl. Abschnitt 7.4)
Gegeben sind n Städte und zu je zwei Städten deren Entfernung voneinander. Ein Vertreter will - beginnend in einer Stadt A - auf einer Rundreise jede Stadt genau einmal besuchen und nach A zurückkehren. In welcher Reihenfolge hat er die Städte zu besuchen, wenn die zurückgelegte Strecke minimal werden soll?

**Beispiel 8.2** Ein gegebener deutscher Text soll buchstabenweise mittels 0,1-Folgen verschlüsselt werden. Wie muß die Verschlüsselung der Buchstaben vorgenommen werden, damit bei der Verschlüsselung des Textes möglichst wenig Bits benötigt werden und zusätzlich der verschlüsselte Text ohne Verwendung von Trennzeichen wiederlesbar ist?

In beiden Fällen handelt es sich um Spezialfälle des folgenden allgemeinen Optimierungsproblems:
Auf einer gegebenen Menge X ist eine Funktion $f : X \to \mathbb{R}$ zu minimisieren.
(Durch Betrachtung von - f kann man jedes Maximierungsproblem auf diese Form bringen.)
In Beispiel 8.1 kann man setzen:
X:=     Menge aller Permutationen der Zahlen $1,...,n$, die einer
        möglichen Rundreise entsprechen
$f(\tau)$:= Länge der durch die Permutation $\tau$ erzeugten Rundreise

bei Beispiel 8.2 wäre
X:=     Menge aller zulässigen Verschlüsselungen V des Alphabets
$f(V)$:= Anzahl der bei V zur Verschlüsselung des Textes benötigten
        Bits.

Unter dem Gesichtspunkt der diskreten Strukturen handelt es sich
bei den gegebenen Beispielen um durchaus verschiedene Typen von
Optimierungsaufgaben.

In Beispiel 8.1 soll eine Funktion f innerhalb einer fest gegebenen
diskreten Struktur (bewerteter Graph, vgl. Abschnitt 9) minimisiert
werden. In Beispiel 8.2 dagegen wird eine optimale Struktur aus
einer Klasse von Strukturen (ungleichmäßige Codes, siehe Abschnitt
8.5) gesucht.

Diese Differenzierung läßt schon vermuten, daß Lösungsmethoden
sicherlich nur für gewisse Spezialfälle des allgemeinen Optimierungsproblems existieren und daß diese Methoden je nach Spezialisierung durchaus verschiedener Art sein werden.

Ohne Spezialisierung sowohl von X als auch von f läßt sich keine
Theorie angeben, mit der alle Optimierungsprobleme gelöst werden
können, ja noch nicht einmal die Existenz einer Optimallösung ist
für unendliches X gesichert.

Im Rahmen der diskreten Strukturen beschränken wir uns ja generell
auf Probleme mit höchstens abzählbarer Menge X. Doch reicht diese
Spezialisierung nicht aus. Weitere Spezialisierungen führen dann
auf Problemklassen, die in der Praxis häuftig auftreten und daher
besonders wichtig sind.

## 8.1  Ganzzahlige Optimierung

Wir spezialisieren zunächst X weiter und nehmen an, X sei eine
Teilmenge von $\mathbb{N}^n$. Jedes $x \in X$ ist dann also eine n-gliedrige Folge
natürlicher Zahlen. Für ein solches Problem ist die Bezeichnung
"ganzzahliges Optimierungsproblem $G$" üblich.

Jedes $x \in X$ heißt zulässig für $G$; minimiert $x$ außerdem f auf X, so
heißt $x$ optimal.

Bei den meisten in der Praxis auftretenden ganzzahligen Optimierungsproblemen läßt sich X durch eine endliche Menge von Unglei-
chung der Form $f_i(x) \leqslant b_i$ beschreiben, wobei auf der linken Seite ein
reellwertiger Term steht, der funktional von $x = (x_1, \ldots, x_n)$ abhängt. Solche Ungleichungen werden meist als Nebenbedingungen (Restriktionen) bezeichnet.

Ein Optimierungsproblem $G$ in dieser Spezialisierung lautet also:

Unter den Nebenbedingungen

$$
(1) \quad \left\{ \begin{array}{c} f_1(x_1,\ldots,x_n) \leqslant b_1 \\ \cdot \\ \cdot \\ \cdot \\ f_m(x_1,\ldots,x_n) \leqslant b_m \end{array} \right.
$$

(2) $\qquad x_i \in \mathbb{N}$ für $i=1,\ldots,n$

ist eine (Ziel-)Funktion

(3) $\qquad f : \mathbb{N}^m \to \mathbb{R}$

zu minimisieren.

Einige spezielle Problemklassen, die in der Praxis häufig auftreten und für die jeweils eigene Lösungsverfahren entwickelt worden sind, wollen wir hier erwähnen, ohne auf spezielle Lösungsverfahren einzugehen.

## Beispiel 8.3 Transportprobleme

Aus Lagern $L_1,\ldots L_m$ soll eine Ware (z.B. Bierfässer) zu Verbrauchsplätzen $V_1,\ldots,V_n$ transportiert werden. Es sind $a_i$ Mengeneinheiten am Lagerplatz $L_i$ vorhanden, am Verbrauchsplatz $V_j$ werden $b_j$ Mengeneinheiten benötigt. Der Transport einer Mengeneinheit vom Lager $L_i$ zum Verbrauchsplatz $V_j$ koste $c_{ij}$ DM. Gesucht ist ein optimaler Transportplan.

Bezeichnet man mit $x_{ij}$ die dabei von $L_i$ nach $V_j$ zu transportierenden Mengeneinheiten, so ist das folgende ganzzahlige Optimierungsproblem zu lösen:

Minimisiere $f = \sum\limits_{i,j} c_{ij} \cdot x_{ij}$ unter den Nebenbedingungen

$$x_{11} + \ldots + x_{1n} \leqslant a_1$$
$$\cdot$$
$$\cdot$$
$$x_{m1} + \ldots + x_{mn} \leqslant a_m$$
$$x_{11} + \ldots + x_{m1} \leqslant b_1$$
$$\cdot$$
$$\cdot$$
$$x_{1n} + \ldots + x_{mn} \leqslant b_n$$
$$x_{ij} \in \mathbb{N}$$

Da hier alle Koeffizienten in den Nebenbedingungen ihrer Natur nach nichtnegativ sind, ist X hier endlich; damit existiert eine optimale Lösung.

## Beispiel 8.4  Rucksackprobleme (engl. knapsack-Problem)

Ein Transportflugzeug kann K Tonnen Ladung aufnehmen. Von einem Ort A sollen gewisse von n (unteilbare) Waren nach einem Ort B transportiert werden. Die Ware i wiegt dabei $a_i$ Tonnen und kostet $c_i$ DM. Man belade das Flugzeug so, daß der Warenwert maximal wird. Dieses Problem ist dem folgenden ganzzahligen Optimierungsproblem äquivalent.

Maximiere $f = c_1 \cdot x_1 + \ldots + c_n \cdot x_n$ unter den Nebenbedingungen

$$a_1 \cdot x_1 + \ldots + a_n \cdot x_n \leq K$$
$$x_i \in \{0, 1\}$$

Auch hier ist X endlich und demnach das Problem optimal lösbar.

## Beispiel 8.5  Zuordnungsprobleme

In einer Fabrik stehen zur Ausführung n verschiedener Arbeiten $A_1, \ldots, A_n$ die m Arbeiter $M_1, \ldots, M_m$ zur Verfügung. Zahlen $c_{ij}$ seien Maße für die Qualifikation des Arbeiters $M_i$ zur Arbeit $A_j$. Wie müssen die Arbeiter den Arbeiten zugeordnet werden, um eine möglichst große Effektivität zu erzielen?

Wir führen Variable $x_{ij}$ (i=1,...,m; j=1,...,n) mit $x_{ij} \in \{0, 1\}$ ein und interpretieren $x_{ij} = 1$ so, daß der Arbeiter $M_i$ die Arbeit $A_j$ ausführt. Dann erhält man eine Lösung des angegebenen Problems aus einer Lösung des folgenden ganzzahligen Optimierungsproblems.

Maximiere $f = \sum_{i,j} c_{ij} \cdot x_{ij}$ unter den Nebenbedingungen

$$x_{11} + \ldots + x_{1n} \leq 1$$
$$\vdots$$
$$x_{m1} + \ldots + x_{mn} \leq 1$$
$$x_{11} + \ldots + x_{m1} \leq 1$$
$$\vdots$$
$$x_{1n} + \ldots + x_{mn} \leq 1$$
$$x_{ij} \in \{0, 1\}$$

Ein Vergleich mit Beispiel 8.3 zeigt, daß ein Zuordnungsproblem ein spezielles Transportproblem ist.

Klassifiziert man ganzzahlige Optimierungsprobleme nach der speziellen Gestalt der Nebenbedingungen und der Zielfunktion noch
weiter, so fallen die aufgeführten Probleme in die Klasse der ganzzahligen linearen Optimierungsprobleme, da die Nebenbedingungen und
die Zielfunktion linear in den $x_i$ sind.
Die Optimierungsprobleme in Beispiel 8.4 und 8.3 gehören außerdem
zur Klasse der sog. Pseudo-Booleschen Optimierungsprobleme; das
sind Probleme, bei denen die Variablen nur die Werte 0 oder 1 annehmen können, während die Koeffizienten nicht dieser Bedingung genügen müssen.

## 8.2 Lineare Optimierung

Ganzzahlige lineare Optimierungsprobleme lauten in ihrer allgemeinen Form:
Unter den Nebenbedingungen

$$(4) \quad \begin{cases} a_{11} \cdot x_1 + \ldots + a_{1n} \cdot x_n \leqslant b_1 \\ \qquad\qquad\qquad \cdot \\ \qquad\qquad\qquad \cdot \\ a_{m1} \cdot x_1 + \ldots + a_{mn} \cdot x_n \leqslant b_m \end{cases}$$

$$(5) \qquad\qquad x_i \geqslant 0$$

$$(6) \qquad\qquad x_i \in \mathbb{N}$$

ist die Funktion

$$(7) \qquad\qquad f(x) = c_1 \cdot x_1 + \ldots + c_n \cdot x_n$$

zu minimisieren.
Die meisten Lösungsverfahren für (4) - (7) benutzen den Simplexalgorithmus für kontinuierliche lineare Optimierungsprobleme. Dabei versteht man unter kontinuierlichen Optimierungsproblemen solche Probleme, bei denen die Nebenbedingung (6) entfällt. Da dieser Algorithmus in jedem Buch über lineare Optimierung dargestellt
wird und auf Probleme angewandt wird, bei denen eine lineare Funktion auf einer i.a. konvexen Teilmenge des $\mathbb{R}^n$ zu optimieren ist
- das sind nicht in unserem Sinne diskrete Probleme -, verzichten
wir hier auf die Darstellung des Simplexalgorithmus und damit auch
auf Verfahren zur Lösung von (4) - (7), die ihn benutzen (siehe
dazu z.B. G o m o r y [17]; L a n d , D o i g [32]). Da außerdem die Linearität von Nebenbedingungen und Zielfunktion im diskreten Fall angesichts der vorhandenen allgemeinen Methoden schon

eine sehr einschneidende Zusatzbedingung an ein Problem darstellt, wollen wir auch auf Lösungsverfahren für ganzzahlige lineare Optimierungsprobleme ohne Simplexalgorithmus (die meist sehr umständlich darzustellen sind) verzichten und uns statt dessen sofort der anderen angesprochenen und wesentlich allgemeineren Problemklasse der Pseudo-Booleschen (nicht notwendig linearen) Optimierung zuwenden.

## 8.3 Pseudo-Boolesche Optimierungsprobleme

Es soll hier der Einfachheit halber angenommen werden, daß Nebenbedingungen in Ungleichungsform vorliegen. Dann lassen sich Pseudo-Boolesche Optimierungsprobleme $P$ wie folgt formulieren:
Unter den Nebenbedingungen

$$(8) \qquad \begin{cases} f_1(x_1,\ldots,x_n) \leqslant b_1 \\ \qquad \cdot \\ \qquad \cdot \\ f_m(x_1,\ldots,x_n) \leqslant b_m \end{cases}$$

$$(9) \qquad x_i \in \{0,1\}$$

ist eine Zielfunktion

$$(10) \qquad f : \mathbb{N}^m \to \mathbb{R}$$

zu minimisieren.

Der folgende Satz sagt aus, daß die Klasse der Pseudo-Booleschen Optimierungsprobleme übereinstimmt mit der Klasse der ganzzahligen Optimierungsprobleme (1) - (3), bei denen X beschränkt ist.

Satz 8.1 Gegeben sei ein ganzzahliges Optimierungsproblem (1) - (3) - genannt $G$ - mit den Zusatzbedingungen $x_i \leqslant M_i$ für $i=1,\ldots,n$. Dann läßt sich ein Pseudo-Boolesches Optimierungsproblem $P$ so angeben, daß jeder optimalen Lösung von $G$ eine optimale Lösung von $P$ entspricht und umgekehrt.

Beweis: Die Idee des Beweises besteht darin, natürliche Zahlen durch die Ziffern ihrer Dualzahldarstellung zu beschreiben und entsprechend der durch $M_i$ gegebenen Maximalzahl dieser Ziffern für jedes $x_i$ neue (Boolesche) Variablen $x_{ij}$ einzuführen.
Sei daher $k_i$ die größte ganze Zahl, so daß $2^{k_i} \leqslant M_i$. Man schreibe dann in $G$ die Variable $x_i$ in der Form

$$x_i = \sum_{j=0}^{k_i} 2^j x_{ij} \quad (i=1,\ldots,n).$$

$P$ sei das entstehende Problem in $\sum_{i=1}^{n} (k_i+1)$ Variablen $x_{ij}$, bei dem zusätzlich $x_{ij} \in \{0,1\}$ gefordert wird.

Sei $(x_1^*, \ldots, x_n^*)$ eine optimale Lösung von $G$. Man schreibe $x_i^*$ als $k_i$-stellige Dualzahl. Wegen $x_i \leqslant M_i$ und nach Definition von $k_i$ ist das möglich. Interpretiert man nun die von rechts gesehen $j$-te Ziffer dieser Dualzahl als Wertzuweisung für $x_{ij}$, erhält man eine optimale Lösung von $P$. Umgekehrt schließt man entsprechend.

Der Beweis für Satz 8.1 war konstruktiv. Daher kann jedes Verfahren zur Lösung des Problems $P$ auch zur Lösung des beschränkten Problems $G$ dienen und umgekehrt. Fast alle in der Praxis vorkommenden ganzzahligen Optimierungsprobleme erfüllen die in Satz 8.1 geforderte Zusatzbedingung $x_i \leqslant M_i$. Das gilt z.B. auch für die in Abschnitt 8.1 aufgeführten Beispiele 8.3 bis 8.5.

## 8.4 Branch und Bound Methode

Im folgenden sollen einige einfache Lösungsverfahren für Pseudo-Boolesche Optimierungsprobleme $P$ skizziert werden.

Es sei erinnert, daß wir dabei o.B.d.A. Minimisierungsaufgaben betrachten können.

Ein begrifflich triviales sog. kombinatorisches Lösungsverfahren für (8) - (1o) (Enumerationsverfahren) besteht darin, unter allen 0,1-Vektoren der Länge n systematisch zunächst die zulässigen und darunter dann die minimalen Lösungen durch einfaches Einsetzen in (8) - (10) herauszusuchen. Für großes n und viele Nebenbedingungen versagt dieses Verfahren natürlich wegen des exponentiell wachsenden Zeitaufwandes.

Ein weiterer einfacher Lösungsweg für $P$ benutzt die sog. Branch und Bound Methode (siehe z.B. E s c h e r in [12]). Dieses mathematisch nicht tiefsinnige, aber häufig recht wirkungsvolle und auch gut programmierbare Verfahren kann zur Behandlung von Problemen über einem endlichen Lösungsraum benutzt werden. Wir wollen nach einer kurzen Skizzierung der Branch und Bound Methode für Pseudo-Boolesche Optimierungsprobleme als Beispiel ein Problem mit nicht linearer Zielfunktion lösen. In Abschnitt 9.2 wird ferner ein Lösungsweg für das Traveling-Salesman-Problem mittels Branch und Bound vorgestellt.

Beim Branch und Bound Verfahren wird die Menge der zulässigen Lösungen eines Problems $P$ in zwei disjunkte Teilmengen zerlegt, indem man eine beliebige Variable $x_i$ einmal als 0, zum anderen als 1 fixiert (Branch-Schritt). Für jede der Teilmengen möge man in der Lage sein, eine untere Schranke der Zielfunktion auf dieser Teilmenge zu berechnen (Bound). Bei dieser Berechnung spielt die Individualität des zu lösenden Problems eine große Rolle. Es muß nämlich von Fall zu Fall entschieden werden, auf welche Weise man untere Schranken berechnen kann. Dabei kann man o.B.d.A. annehmen, daß bei Teilmengenbildung Bounds höchstens vergrößert werden.

Da die Zielfunktion zu minimisieren ist, ist es naheliegend, die Teilmenge mit dem kleineren Bound auf die gleiche Weise wieder in zwei Teilmengen zu zerlegen. Man kann dabei irren, da das Verfahren einen Bound liefern kann, der unrealistisch ist und in Wirklichkeit das Minimum in einer anderen Teilmenge liegt. Diese bei dem Verfahren nicht auszuschließende Möglichkeit verkompliziert es häufig, hat aber keine Auswirkungen auf das Funktionieren des Verfahrens.

Es sind nun zwei Möglichkeiten üblich, das Branch und Bound Verfahren aufzubauen.

Verfahren A:

Man betrachtet jeweils nur die gerade erhaltenen zwei Teilmengen und zerlegt die Teilmenge mit dem nach obigem Verfahren bestimmten kleineren Bound weiter. Stimmen die Bounds überein, zerlegt man eine beliebige der beiden Teilmengen. Man gelangt schließlich zu einem der folgenden Fälle:

α) Beide Teilmengen sind leer, abzulesen daran, daß sich in den Restriktionen ein Widerspruch ergibt. (Dann war natürlich auch die Ausgangsmenge leer, die zu diesen beiden Mengen führte. Es ist bei dem Verfahren durchaus möglich, daß man die Unerfüllbarkeit der Restriktionen erst nach Fixierung weiterer Variablen feststellt.) Man sucht nun unter den bisher anderweitig erhaltenen nichtleeren Teilmengen diejenige mit dem kleinsten Bound und fährt ensprechend fort, d.h. während des Verfahrens ist es nötig, die früher verworfenen Teilmengen in irgendeiner Weise festzuhalten.

β) Man erhält eine Lösung für (8) - (10). Dies wird i.a. erst der Fall sein, wenn die gerade betrachtete Teilmenge übersichtlich oder klein genug ist, z.B. einelementig. Ist der Zielfunktionswert der Lösung kleiner oder gleich dem kleinsten aller berechneten Bounds, so ist man fertig und hat eine optimale Lösung gefunden. Sonst nehme man die Teilmenge mit dem kleinsten Bound, verwerfe diejenigen Teilmengen, deren Bound größer als der Zielfunktionswert der soeben erhaltenen Lösung war, und setze das Verfahren fort.

Verfahren B:

In jedem Schritt vergleicht man alle bisher berechneten Bounds und setzt das Verfahren stets mit der Teilmenge mit kleinstem Bound fort.

Sowohl Verfahren A als auch Verfahren B liefern schließlich bei nichtleeren X eine optimale Lösung des Problems $P$. Der wesentliche Unterschied zwischen diesen Verfahren und dem reinen Enumerationsverfahren besteht darin, daß man in jedem Schritt überlegt, ob nicht gewisse Teilmengen aller 0,1-Vektoren der Länge n als optimale Lösungen ausscheiden, so daß das Einsetzen dieser Vektoren in (8) - (10) überflüssig wird.

Die Praxis zeigt, daß das Verfahren trotz des simplen Aufbaus häufig nach wenigen Schritten eine optimale Lösung liefert.

Beispiel 8.6

Unter den Nebenbedingungen

$$7x_1 + 13x_2 + 17x_3 + 4x_4 \leqslant 24 \; ; \; x_i \in \{0,1\}$$

ist die Funktion

$$f(x) = 5x_1 - 13x_2 + x_3 - 12x_1 \cdot x_2 + 17x_2 \cdot x_4$$

zu maximieren.

Um das Problem für das beschriebene Verfahren zu präparieren, schreiben wir $-f(x) = -5x_1 + 13x_2 - x_3 + 12x_1 \cdot x_2 - 17x_2 \cdot x_4$

Die Reihenfolge der Auswahl der Variablen bei den Branch-Schritten sei einfach durch die Indizes der Variablen festgelegt. Wir teilen also zunächst nach $x_1$ auf, benutzen das Verfahren A (das hier mit Verfahren B identisch sein wird) und verwenden die Abkürzung $T_i$ für die Teilmenge der zulässigen Lösungen mit $x_1 = i$, $T_{ij}$ für die Teilmenge der zulässigen Lösungen mit $x_1 = i$ und $x_2 = j$ usw. .

1. Branch-Schritt:

$x_1 = 0$ : Neue Nebenbedingung: $13x_2 + 17x_3 + 4x_4 \leqslant 24$

$x_1 = 1$ : Neue Nebenbedingung: $13x_2 + 17x_3 + 4x_4 \leqslant 17$

Für $T_0$ erhalten wir als Bound $-5$, indem wir alle nicht fixierten Variablen gleich 1 setzen. Eine Inspektion der Zielfunktion zeigt, daß jede Abweichung von dieser Einsetzung größere Zielfunktionswerte liefert.

Für $T_1$ entnimmt man der Zielfunktion

$$-f(x) = -5 + 13x_2 - x_3 + 12x_2 - 17x_2 \cdot x_4$$

den Bound -6, da sich als Minimum für $25x_2 - x_3 - 17x_2 \cdot x_4$ gerade -1 ergibt.

2. Branch-Schritt: Wir müssen $T_1$ zerlegen.

$x_1 = 1 \wedge x_2 = 0$ : Neue Nebenbedingung: $17x_3 + 4x_4 \leq 17$

$x_1 = 1 \wedge x_2 = 1$ : Neue Nebenbedingung: $17x_3 + 4x_x \leq 4$

Durch Betrachtung der Zielfunktion erhält man wie unter 1. hier für $T_{10}$ den Bound -6 und für $T_{11}$ den Bound 2.

3. Branch-Schritt: Zerlegung von $T_{10}$

$x_1 = 1 \wedge x_2 = 0 \wedge x_3 = 0$ : Neue Nebenbedingung: $4x_4 \leq 17$

$x_1 = 1 \wedge x_2 = 0 \wedge x_3 = 1$ : Neue Nebenbedingung: $4x_4 \leq 0$

$T_{100}$ hat den Bound -5, $T_{101}$ den Bound -6.

Da in $T_{101}$ die zulässige Lösung $(1,0,1,0)$ liegt und wegen $-f((1,0,1,0)) = -6$ diese Lösung den kleinsten aller berechneten Bounds sogar annimmt, haben wir mit $(1,0,1,0)$ eine optimale Lösung gefunden. Da $T_{101} = \{(1,0,1,0)\}$ und die anderen berechneten und verworfenen Bounds $>-6$ sind, ist dies auch die einzige Lösung.

Zur Berechnung der Bounds haben wir hier stets die spezielle Gestalt der Zielfunktion benutzt. Will man vermeiden, daß in jedem Schritt zur Berechnung der Bounds erst Schlußfolgerungen aus der jeweils entstandenen Zielfunktion gezogen werden sollen, so berechne man einen Bound einfach stets als Summe aller negativen Koeffizienten in der momentanen Zielfunktion. Die Nichtberücksichtigung der Summanden mit positiven Koeffizienten liefert höchstens eine irreale Verkleinerung der Bounds, die aber nicht das Verfahren an sich gefährdet, sondern höchstens verlängert.

Bei dieser Vorgehensweise ergeben sich in unserem Beispiel die folgenden Bounds:

|   |   |   |   |   |
|---|---|---|---|---|
| zu | $T_0$ | der Bound | - | 18 |
| " | $T_1$ | " " | - | 23 |
| " | $T_{10}$ | " " | - | 6 |
| " | $T_{11}$ | " " |  | 2 |

An dieser Stelle teilt man erst $T_0$ weiter auf und erhält:

| zu | $T_{00}$ | den Bound | -1 |
|----|----------|-----------|----|
| zu | $T_{01}$ | den Bound | -5 |

Jetzt erfolgt der Rücksprung zu $T_{10}$, und mit $T_{101}$ erhält man dann die oben angegebene Lösung. Damit ist ein Branch-Schritt mehr erforderlich als bei den Zusatzüberlegungen zur Bound-Bestimmung.

Bemerkung: Bei Optimierungsproblemen mit linearer Zielfunktion hat sich empirisch gezeigt, daß häufig am schnellsten dann eine optimale Lösung gefunden wird, wenn die Auswahl der Variablen bei den Branch-Schritten nach steigenden Koeffizienten der Zielfunktion erfolgt.

Aufgabe 8.1:  Man maximiere die Funktion
$$f(x) = 39x_1 + 23x_2 + 54x_3 + 30x_4$$
unter den gleichen Nebenbedingungen wie in Beispiel 8.6.
Als Lösung ergibt sich die gleiche Lösung wie dort.

Nach der Beschreibung dieses recht allgemeinen Optimierungsverfahrens knüpfen wir im folgenden an Abschnitt 6.4 an und beschäftigen uns mit einem spezielleren Optimierungsproblem in der Theorie der Bäume.


8.5  Der Algorithmus von H u f f m a n

Zu Beginn des Abschnitts 8 hatten wir uns als Beispiel zur Optimierung das Problem gestellt, in einer Klasse von diskreten Strukturen eine optimale Struktur zu finden. Wir gehen nun zurück auf das H u f f m a n - Optimierungsproblem aus Abschnitt 6.4; von ihm wird sich zeigen, daß seine Lösung - in die Sprache des eingangs gestellten Codierungsproblems übersetzt - auch dafür eine Lösung ist.

Definition 8.1  Gegeben sei ein ungeordneter, voller binärer Baum $T$ mit n Endpunkten $s_1, \ldots, s_n$. Ferner seien $\alpha_1, \ldots, \alpha_n \in \mathbb{R}^+$ gegeben (Häufigkeiten).
$$T(T) := \sum_{i=1}^{n} \alpha_i \cdot t(s_i) \quad \text{heißt gewichtete Kantenlänge von } T.$$
(vgl. die Terminologie von Abschnitt 6.4. Die Gewichte $\alpha_i$ brauchen aber - im Gegenteil zu dort - keine relativen Häufigkeiten zu sein, sondern können auch absolute Anzahlen von Vorkommnissen bedeuten.)
Wir wollen nun das Problem lösen, zu gegebenen positiven Zahlen $\alpha_1, \ldots, \alpha_n$ einen binären Baum $T$ mit minimaler gewichteter Kantenlänge zu finden. Da es nur endlich viele binäre Bäume mit n Endpunkten gibt, existiert eine solche Lösung des Problems. Wir nennen sie

im Einklang mit Definition 6.8 einen <u>optimalen Suchbaum</u>.

Ein Zusammenhang zum angegebenen Codierungsproblem ist dadurch gegeben, daß man jede sich aus dem Suchbaum ergebende Bitfolge zu Endknoten interpretiert als Verschlüsselung des Buchstabens, dessen Häufigkeit am entsprechenden Endknoten steht. Auf diese Weise hat man den Text mit möglichst wenig Bits so verschlüsselt, daß jede Bitfolge auch wieder entschlüsselt werden kann.

Es liegt hier ein Präfixcode (vgl. Aufgabe 6.2) vor. Natürlich werden bei diesem Verfahren die Buchstaben i.a. durch verschieden lange Bitfolgen verschlüsselt, d.h. wir erhalten einen "ungleichmäßigen" Code. Solche Codes werden wir in Abschnitt 11 nicht behandeln. (Siehe dazu aber z.B. J a g l o m , J a g l o m [25] und K a m e d a , W e i h r a u c h [27])

Zum Aufstellen eines optimalen Suchbaums zu $\alpha_1, \ldots, \alpha_n \in \mathbb{R}^+$ verwenden wir einen Algorithmus von H u f f m a n (siehe auch K n u t h [30], I. Seite 401 ff.). Wir benutzen im folgenden häufig als Bezeichnung für Endknoten einfach die ihnen zugeordneten Zahlen $\alpha_i$.

## Algorithmus von H u f f m a n

1. Suche die beiden kleinsten Werte von $\alpha_1, \ldots, \alpha_n$.
O.B.d.A. seien dies $\alpha_1$ und $\alpha_2$.
2. Setze $\alpha := \alpha_1 + \alpha_2$
3. Suche einen optimalen Suchbaum $T'$ (mit n-1 Endknoten) für $\alpha, \alpha_3, \ldots, \alpha_n$.
4. Ersetze in $T'$ den Endknoten $\alpha$ durch

Fig. 8.1

Durch wiederholte Bottom-up-Anwendung von 1. bis 3. und anschliessende Top-down-Anwendung von 4. läßt sich damit ein Baum $T$ herleiten.

<u>Satz 8.2</u> Der Algorithmus von H u f f m a n liefert einen optimalen Suchbaum.

Wir beweisen zunächst zwei Lemmas.

<u>Lemma 8.1</u> Gegeben seien positive relle Zahlen $\alpha_1 \leqslant \alpha_2 \leqslant \ldots \leqslant \alpha_n$. Dann gibt es einen optimalen Suchbaum zu $\alpha_1, \ldots, \alpha_n$, der Fig. 8.1 als Teilbaum enthält.

Beweis: $T$ sei binärer Baum mit minimaler gewichteter Kantenlänge.

s sei innerer Punkt von $T$, für den gilt:

t(s) = max {t(s*) | s* ist innerer Punkt von $T$}

Die Nachfolger von s sind dann Endknoten, etwa $\alpha_i$ und $\alpha_j$.

1. Fall: $\{\alpha_i, \alpha_j\} = \{\alpha_1, \alpha_2\}$

$T$ enthält dann schon den geforderten Teilbaum.

2. Fall: $\{\alpha_i, \alpha_j\} \cap \{\alpha_1, \alpha_2\} = \emptyset$.

Man vertausche $\alpha_i$ und $\alpha_1$ sowie $\alpha_j$ und $\alpha_2$. Der entstehende Baum $T'$
enthält dann einen Teilbaum der angegebenen Art, und es gilt

$T(T) = \alpha_1 \cdot k + \alpha_2 \cdot m + \alpha_i(t(s)+1) + \alpha_j(t(s)+1) + R$

$T(T') = \alpha_i \cdot k + \alpha_j \cdot m + \alpha_1(t(s)+1) + \alpha_2(t(s)+1) + R$

wobei R sich jeweils aus den von $\alpha_1$, $\alpha_2$, $\alpha_i$ und $\alpha_j$ verschiedenen
Endknoten ergibt. Nach Definition von s und $\alpha_1, \ldots, \alpha_n$ gilt

$k \leqslant t(s)+1$ , $m \leqslant t(s)+1$ , $\alpha_1 \leqslant \alpha_i$ und $\alpha_2 \leqslant \alpha_j$.

Damit folgt

$\alpha_1 \cdot k + \alpha_i(t(s)+1) \geqslant \alpha_i \cdot k + \alpha_1(t(s)+1)$

$\alpha_2 \cdot m + \alpha_j(t(s)+1) \geqslant \alpha_j \cdot m + \alpha_2(t(s)+1)$, also $T(T) \geqslant T(T')$.

Wegen der Optimalität von $T$ gilt damit $T(T) = T(T')$, und $T'$ ist ein
optimaler Suchbaum zu $\alpha_1, \ldots, \alpha_n$.

3. Fall:

Der Fall $|\{\alpha_i, \alpha_j\} \cap \{\alpha_1, \alpha_2\}| = 1$ wird ähnlich behandelt.

Gegeben sei nun ein binärer Baum $T$ mit n Endknoten $\alpha_1, \ldots, \alpha_n$.
Jedem inneren Punkt s von $T$ ordne man die Summe $\alpha(s)$ der beiden
unmittelbaren Nachfolger von s zu. Diese Zuordnung muß also sukzessive Bottom-up erfolgen.

Lemma 8.2 $\qquad \sum\limits_{T}^{o} \alpha(s) = \sum\limits_{i=1}^{n} \alpha_i \cdot t(\alpha_i)$ ,

wobei die Summation in $\sum\limits_{T}^{o}$ über alle Punkte s von $T$ mit $s \notin \{\alpha_1, \ldots, \alpha_n\}$
zu erstrecken ist, d.h. über alle inneren Punkte von $T$.

Beweis: (Induktion über n)

Für n=2 ist die Behauptung trivial.

Die Behauptung gelte für alle binären Bäume mit weniger als n Endknoten. Sei $T$ binärer Baum mit den Endknoten $\alpha_1, \ldots, \alpha_n$. O.B.d.A.
seien $\alpha_1$ und $\alpha_2$ direkte Nachfolger eines Punktes q. Im Sinne der
obigen Identifizierung von Punkten mit reellen Zahlen ist also
$q = \alpha_1 + \alpha_2$. $T'$ sei der durch Fortlassen von $\alpha_1$ und $\alpha_2$ aus $T$ entstehende Baum. Nun gilt zunächst nach Induktionsvoraussetzung:

$$\sum_T^o \alpha(s) = \sum_{T'}^o \alpha(s) + (\alpha_1 + \alpha_2)$$

$$= (\sum_{i=3}^n \alpha_i \cdot t(\alpha_i) + (\alpha_1 + \alpha_2) t(q)) + (\alpha_1 + \alpha_2).$$

Da $t(q) = t(\alpha_1) - 1 = t(\alpha_2) - 1$, ist dies

$$= \sum_{i=3}^n \alpha_i \cdot t(\alpha_i) + \alpha_1 (t(\alpha_1) - 1) + \alpha_2 (t(\alpha_2) - 1 + (\alpha_1 + \alpha_2)),$$

$$= \sum_{i=1}^n \alpha_i \cdot t(\alpha_i)$$

Es folgt jetzt der Beweis von Satz 8.2 ebenfalls durch Induktion über n.

Für n=2 ist nichts zu zeigen.

Sei nun n>2 und o.B.d.A. $\alpha_1 \leqslant \alpha_2 \leqslant \ldots \leqslant \alpha_n$. Wir setzen $\alpha := \alpha_1 + \alpha_2$ und betrachten einen optimalen Suchbaum $T'$ zu $\alpha, \alpha_3, \ldots, \alpha_n$. Zu zeigen bleibt:

Ist $T'$ optimaler Suchbaum zu $\alpha, \alpha_3, \ldots, \alpha_n$ und ersetzt man in $T'$ den Endknoten $\alpha$ durch Fig. 8.1, so erhält man einen optimalen Suchbaum $T$ für $\alpha_1, \ldots, \alpha_n$.

Sei also $T'$ optimaler Suchbaum für $\alpha, \alpha_3, \ldots, \alpha_n$. Für $T$ gilt nach Lemma 8.2

(11)    $T(T) = T(T') + \alpha$.

Angenommen, $T$ ist kein Baum mit minimaler gewichteter Kantenlänge. Dann gibt es einen Baum $T^*$ mit

(12)    $T(T^*) < T(T)$ ,

der nach Lemma 8.1 so wählbar ist, daß er einen Teilbaum der Fig. 8.1 enthält. Betrachte den durch Fortlassen von $\alpha_1$ und $\alpha_2$ entstehenden Baum $(T^*)'$ mit dem neuen Endpunkt $q = \alpha_1 + \alpha_2 = \alpha$. Nach Lemma 8.2 gilt $T((T^*)') = T(T^*) - \alpha$. Mit (12) und (11) ergibt das $T((T^*)') = T(T^*) - \alpha < T(T) - \alpha = T(T')$. Also ist $T'$ kein optimaler Suchbaum für $\alpha, \alpha_3, \ldots, \alpha_n$, im Widerspruch zur Annahme.

Beispiel 8.6  Gesucht ist ein optimaler Suchbaum für 1,2,4,5,6, 12,20,50 (vgl. die Wahrscheinlichkeitsverteilung in Abschnitt 6.4 nach Multiplikation mit 100).

In der folgenden Tabelle wird durch ⌞____⌟, angedeutet, in
                                          +
welcher Reihenfolge beim H u f f m a n - Algorithmus Werte zusammengefaßt werden.

| 1 | 2 | 4 | 5 | 6 | 12 | 20 | 50 |
|---|---|---|---|---|----|----|----|
| + |   |   |   |   |    |    |    |
| 3 | | 4 | 5 | 6 | 12 | 20 | 50 |
| | + |   |   |   |    |    |    |
| | 7 | | 5 | 6 | 12 | 20 | 50 |
| | | | + |   |    |    |    |
| | 7 | | | 11 | 12 | 20 | 50 |
| | | + |   |   |    |    |    |
| | | 18 | | | 12 | 20 | 50 |
| | | | + |   |    |    |    |
| | | | 30 | | | 20 | 50 |
| | | | | + |    |    |    |
| | | | | 50 | | | 50 |
| | | | | | + |    |    |
| | | | | | 100 |    |    |

Daraus ergibt sich sukzessive der optimale Suchbaum Fig. 8.2. Die
Beschriftung wurde dabei gemäß Lemma 8.2 vorgenommen.

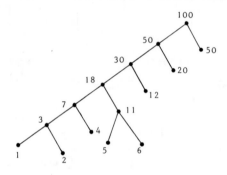

Fig. 8.2

Damit ist auch endgültig bewiesen, daß der Baum in Fig. 6.17.I optimal war.

<u>Aufgabe 8.2</u>  Man gebe eine zulässige Buchstabenverschlüsselung mit-
tels 0-1-Folgen an, mit der der folgende Satz möglichst kurz verschlüsselt werden kann: Eine Schwalbe macht noch keinen Sommer.

## 8.6 Dynamische Optimierung

Zum Schluß dieses Abschnittes soll mit dem dynamischen Optimieren
ein weiteres recht allgemeines diskretes Optimierungsprinzip behandelt werden. Das Grundprinzip dieser Methode soll zunächst an
einem Beispiel aus der Wasserstraßentechnik motiviert werden:

**Beispiel 8.7** Gegeben seien eine Schleuse $K_o$ und zwei ebenso große
Ausgleichsbecken $K_1$ und $K_2$. Alle drei Kammern sind gegenseitig verbunden und nach unten (in den unteren Kanal) ablaßbar (vgl. Fig.
8.3). Man will den Wasserverlust im oberen Kanal, besser die er-

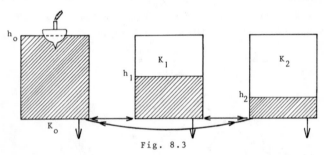

Fig. 8.3

forderliche Rückpumparbeit, möglichst gering halten. Die (poten-
tielle) Energie einer Kammerfüllung (der Höhe h) - diese Größe
entspricht der erforderlichen Pumparbeit - ist bekanntlich propor-
tional zu $h^2$. Unter einem Steuerungsvorgang sei entweder ver-
standen ein Ausgleich zwischen zwei Kammern $K_i$ und $K_j$ mit $h_i \geq h_j$
um eine Höhe $\Delta$ , so daß hinterher noch $h_i -\Delta \geq h_j +\Delta$ gilt (hierbei
sei ausdrücklich i=j, also der triviale, inaktive Ausgleich zuge-
lassen); oder ein Steuerungsvorgang sei ein Ablassen (=Wasser-
spiegelerniedrigung) nach unten.
Da wir im Diskreten bleiben wollen, akzeptieren wir nur ganzzahlige Wasserspiegeländerungen. Es erhebt sich folgendes Problem:
Gegeben sei ein Anfangszustand $x_o$=$(h_o,h_1,h_2)$, z.B. $x_o$=(16,8,4).
Wie kann man durch drei Steuerungsvorgänge $h_o$=0 erzielen unter mi-
nimalem Verlust potentieller Energie?
Ohne Rücksicht auf die Optimalitätsbedingung gibt es zunächst viele
Möglichkeiten. Einige sind in der Tabelle angegeben mit dem zugehörigen Energieverlust, der bei angenommener Proportionalitätskon-
stante 1 bestimmt ist als Summe der Energiedifferenzen zwischen je

zwei Zeitpunkten. Die Energie z.B. des Zustandes $(10,8,4)$ ist dabei $= 10^2 + 8^2 + 4^2 = 180$.

| Zeit-punkt | a | b | c | d | e |
|---|---|---|---|---|---|
| $t_0$ | $(16,8,4)$ | $(16,8,4)$ | $(16, 8,4)$ | $(16,8, 4)$ | $(16, 8,4)$ |
| $t_1$ | $( 0,8,4)$ | $(10,8,4)$ | $(16, 6,6)$ | $(10,8,10)$ | $(12,12,4)$ |
| $t_2$ | $( 0,8,4)$ | $( 9,9,4)$ | $(11,11,6)$ | $( 9,9,10)$ | $( 8,12,8)$ |
| $t_3$ | $( 0,8,4)$ | $( 0,9,4)$ | $( 0,11,6)$ | $( 0,9,10)$ | $( 0,12,8)$ |
| Verlust | 256 | 239 | 179 | 155 | 128 |

a) ist das sog. naive Schleusen ohne Benutzung der Hilfskammern;
e) ist das in der Praxis durchgeführte Verfahren; es ist optimal
und beruht auf dem sog. Gegenstromprinpip, wonach die Schleuse sukzessiv mit dem jeweils höchsten unbenutzten Hilfsbecken bis zum
Niveau-Ausgleich zu verbinden ist.

Der Rückschleusvorgang geschieht bei e) ebenfalls nach dem Gegenstromprinzip unter Zuhilfenahme nunmehr des jeweils niedrigsten
unbenutzten Hilfsbeckens. Wir erhalten die Sequenz
$(0,12,8)$ $(4,12,4)$ $(8,8,4)$ und dann durch Pumpen nach $K_0$ $(16,8,4)$,
d.h. den Anfangszustand.

Verwendet man entsprechend N statt 2 Hilfskammern, so kann man
leicht zeigen, daß bei Anwendung des Gegenstromprinzips für $N \to \infty$
die Energieverluste beliebig klein werden.

Es soll nun angedeutet werden, inwiefern hier (z.B. für N=2) ein
typisches dynamisches Optimierungsproblem vorliegt und wie man die
hierzu gehörige Theorie benutzen kann.

Es liege ein Prozeß mit n diskreten Zeitstufen $t_0, \ldots, t_n$ vor (hier
n=3). Zu jedem Zeitpunkt $t_i$ wird das System durch einen "Zustand"
$x_i$ aus einer Zustandsmenge $\mathcal{X}_i$ beschrieben (hier durch den Vektor
$x_i = (h_0^{(i)}, h_1^{(i)}, h_2^{(i)})$). In der j-ten Stufe, also zwischen $t_{j-1}$
und $t_j$, wird nun eine "Entscheidung" oder "Steuerung" $y_j$ aus einer
"Zulässigkeitsmenge" $S_j$ getroffen, welche vermöge einer Funktion
$v_j$, die nur von $x_{j-1}$ und von $y_j$ abhängt, zum neuen Zustand $x_j$
führt: $x_j = v_j(x_{j-1}, y_j)$.

Im Beispiel 8.7 ist $y_j$ ein "Steuerungsvektor", d.h. ein solcher
Vektor, daß $x_j - x_{j-1} = y_j$ ist und von $x_{j-1}$ nach $x_j$ eine "zulässige"

Steuerung stattgefunden hat, wobei für j=3 zusätzlich noch $h_o^{(3)}$=0 werden muß. Dabei bedeutet zulässig hier eine Beachtung des physikalischen Gesetzes von den kommunizierenden Röhren. Im Fall e) lauten die Steuerungsvektoren $y_1$=(-4.4,0); $y_2$=(-4,0,4); $y_3$=(-8,0,0).

Die Zulässigkeitsmenge $S_j$ darf - das ist auch im Beispiel der Fall - höchstens von $x_{j-1}$ abhängen, nicht aber z.B. von früheren Zuständen. Mit jeder Entscheidung $y_j$ ist ein gewisser <u>Verlust</u> $u_j$ (bei Wahl des umgekehrten Vorzeichens als <u>Gewinn</u> zu interpretieren) verbunden, der von $x_{j-1}$ und von $y_j$ abhängen darf. Im Beispiel ist es der Energieverlust, gegeben (mit der Schreibweise des Skalarproduktes von Vektoren) durch $u_j = x_{j-1}^2 - x_j^2 = x_{j-1}^2 - (x_{j-1}+y_j)^2$. Jede Folge von zulässigen Steuerungen $Y = (y_1,...,y_n)$ bestimmt bei gegebenem Anfangszustand $x_o$ einen Wert der Zielfunktion $U := \sum_{j=1}^{n} u_j$. Gesucht wird eine "optimale" Folge $Y^*=(y_1^*,...,y_n^*)$ von zulässigen Steuerungen, so daß der Wert der Zielfunktion minimal wird.

Wir wollen annehmen, daß zu $x_o$ stets eine "zulässige" Steuerungsfolge $Y$ existiert, also insbesondere kein $S_j(x_{j-1})$ leer ist. Beschränkt man sich auf endliche Mengen $S_j(x_{j-1})$ - in unserem Beispiel sind alle Höhen ganze Zahlen -, so ist die Existenz einer <u>optimalen</u> Steuerung $Y^*=(y_1^*,...,y_n^*)$ bei gegebenem $x_o$ trivial und diese Steuerung im Prinzip durch endliches Probieren bestimmbar. Der Hauptsatz des dynamischen Optimierens gibt aber eine i.a. ökonomischere Konstruktionsmethode für solche optimalen Steuerungen durch Betrachten der Endstücke der von uns studierten Prozesse.

$P$ sei ein durch $x_o$ und $Y$ festgelegter Prozeß. Insbesondere ist dann auch $x_1, x_2,...,x_n$ festgelegt.

<u>Definition 8.2</u>  $P_j$ sei der mit $x_{j-1}$ beginnende Teilprozeß von $P$ mit den Steuerungen $Y_{(j)} := (y_j, y_{j+1},...,y_n)$. In dieser Terminologie ist $P=P_1$ und $Y=Y_{(1)}$.

Als Hauptsatz der Theorie formulieren wir:

<u>Satz 8.3</u>  (<u>Optimalitätsprinzip</u> von R. B e l l m a n n )

$P$ sei optimaler Prozeß zu $x_o$ mit $Y^*=(y_1^*,...,y_n^*)$ und der Zustandsfolge $x_o, x_1,...,x_n$. Dann ist $Y^*_{(j)}$ eine optimale Steuerung zu $P_j$ mit Anfangszustand $x_{j-1}$ (j=1,...,n). Jede optimale Steuerung, die bei $x_{j-1}$ beginnt, kann als Endstück eines optimalen Prozesses, der bei $x_o$ beginnt, angesehen werden.

Der (naheliegende) Beweis soll hier nicht gegeben werden (vgl. etwa
N e u m a n n [44], S. 5-11). Der Satz ermöglicht es - und diese
Beobachtung ist auch der Kern des Beweises -, "von hinten her"
einen optimalen Prozeß zu konstruieren. Der tiefere Grund für die
Gültigkeit des Hauptsatzes ist selbstverständlich die Voraussetzung,
nach der alle Größen und Funktionen der betrachteten Prozesse nur
vom momentanen Zustand und nicht von der "Vorgeschichte" abhängen.
Im Schleusenbeispiel zeigt man z.B., daß der letzte Schritt eine
(evtl. triviale) Entleerung der Schleuse $K_o$ in den unteren Kanal
sein muß, da jeder andere nicht-triviale Steuerungsvorgang den Wert
der Zielfunktion erhöht. Ausgehend hiervon, kann man durch weiteres
Zurückverfolgen (engl. Back-Tracking) mit wenigen Fallunterscheidungen zeigen, daß es keine günstigere Steuerung als das Gegenstromprinzip gibt.

Natürlich sind nicht alle dynamischen Optimierungsprobleme durch
eine so einfache Strategie wie das Gegenstromprinzip lösbar. In
den meisten Fällen kann eine Lösung nur durch ausgedehnte computer-
gestützte Fallunterscheidungsüberlegungen erzielt werden. Der entscheidende Einstieg in das Problem ist aber stets durch das Bell-
man-Prinzip gegeben. Eine etwas detailliertere Einführung in das
dynamische Optimieren geben H e n n ,  K ü n z i [22], Kap. 7.

## 9. Bewertete Graphen

### 9.1 Die Kosten-Wege-Matrix

Der Begriff des gerichteten Graphen ist für viele Anwendungen noch zu speziell. Häufiger liegt eine Situation vor, bei der die Bögen des Graphen zusätzlich durch nichtnegative reelle Zahlen bewertet sind. Man denke z.B. an ein Straßennetz zwischen Städten, bei dem die Entfernung zwischen den einzelnen Städten als Bewertung der Bogen (Straßen) aufgefaßt werden kann. Dabei ist also zu einem Graphen $G=(P,B)$ eine Funktion $c:B \to \mathbb{R}^+\cup\{0\}$ gegeben, und $c((x,y))$ wird etwa gedeutet als $\underline{\text{Länge}}$, $\underline{\text{Zeitaufwand}}$ oder als $\underline{\text{Kosten}}$. Man fordert deshalb zusätzlich stets $c((x,x))=0$ für $(x,x)\in B$.

Wir wollen die Funktion c ausdehnen auf ganz $P\times P$, indem für nunmehr alle $(x,x)$ der Wert 0 festgelegt wird und für alle anderen Paare $(x,y)\in P\times P\setminus B$ das Symbol $\infty$ ("unendlich"). Bei einer Kosteninterpretation von c kann man $c(x,y) = \infty$ dahingehend deuten, daß für nicht verbundene Punkte x und y keine noch so großen Kosten ausreichen, um direkt von x nach y zu gelangen. Diese Deutung motiviert auch die folgenden Rechenregeln, die wir für $\infty$ einführen wollen:

$$\infty + a = a + \infty = \infty \quad \text{für } a\in\mathbb{R}\cup\{\infty\}$$
$$a < \infty \quad \text{für } a \in \mathbb{R}$$

$\underline{\text{Definition 9.1}}$  $G = (P,B)$ sei gerichteter Graph.

Sei $c: P\times P \to \mathbb{R}\cup\{\infty\}$ mit
$$\begin{cases} c((x,x)) = 0 & \text{für alle } x\in P \\ c((x,y))\in\mathbb{R}^+\cup\{0\} & \text{für } (x,y)\in B \\ c((x,y)) = \infty & \text{sonst.} \end{cases}$$

Dann heißt $(P,B,c)$ $\underline{\text{bewerteter Graph}}$.

An Stelle der Adjazenzmatrix $A(G)$ ist für bewertete Graphen eine $\underline{\text{Kostenmatrix}}$ $C(G)$ interessanter, bei der an der Stelle $(i,j)$ der Wert $c((x_i,x_j))$ steht.

Z.B. gehört zum bewerteten Graphen in Fig. 9.1 die danebenstehende Kostenmatrix.

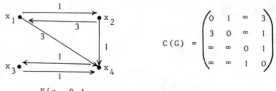

Fig. 9.1

<u>Definition 9.2</u>  Sei $w = (x_1,...,x_m)$ eine Punktfolge von $x_1$ nach $x_m$.

$c(w) := \sum_{j=1}^{m-1} c((x_j,x_{j+1}))$ sind die <u>Kosten der Punktfolge</u>.

Man beachte, daß in Definition 9.2 $w$ kein Weg in G zu sein braucht.
Es gilt aber: Die Wege haben endliche Kosten.

Sei $d(x_i,x_j) := \text{Min} \{c(w) \mid w \text{ Punktfolge von } x_i \text{ nach } x_j\}$

Man überlegt sich leicht, daß dieses Minimum existiert. Denn es
reicht, doppelpunktfreie Punktfolgen von $x_i$ nach $x_j$ zu betrachten,
und davon gibt es wegen der Endlichkeit von P nur endlich viele.

<u>Lemma 9.1</u>  $d(x,x) = 0$. Ferner ist $d(x,y) = \infty$ genau dann, wenn $x \neq y$
und y von x aus in G durch keinen Weg erreichbar ist.

<u>Definition 9.3</u>  Die Matrix D mit $d_{ij} := d(x_i,x_j)$ heißt <u>Kosten-Wege-</u>
<u>Matrix</u>.

D ist eine sehr wichtige praxisbezogene Matrix, deren Bestimmung
daher von großem Interesse ist. Wir stellen uns hier das folgende
Problem: Wie kann man D aus C bestimmen?
Im Spezialfall $c((x,y)) = 1$ für $x \neq y$ und $(x,y) \in B$ gibt $d_{ij}$ für $x_i \neq x_j$
die Länge eines kürzesten Weges zwischen $x_i$ und $x_j$ an. Damit läßt
sich Aufgabe 7.4 auch als Spezialfall dieser allgemeinen Theorie
lösen.
Um das gestellte Problem in einem Matrix-Algorithmus lösen zu können, führen wir ein neuartiges "Produkt" zweier Matrizen ein,
welches wir in Anlehnung an  M.  H a s s e (1962) das Hasse-Pro-
dukt nennen wollen (vgl. auch  H e n n ,  K ü n z i [22], S. 148).

<u>Definition 9.4</u>  $A = (a_{ij})$ sei $n \times m$ Matrix über $\mathbb{R}$, $B = (b_{ij})$ sei
$m \times r$ Matrix über R. Die $n \times r$ Matrix C mit
$c_{ij} = \text{Min} \{a_{ik}+b_{kj} \mid k=1,...,m\} =: \underset{k}{\text{Min}}(a_{ik}+b_{kj})$ heißt <u>Hasse-Pro-</u>
<u>dukt</u> von A und B. Wir schreiben $C = A \otimes B$.

Für praktische Zwecke ist bedeutsam, daß zur Berechnung des Hasse-
Produktes keinerlei <u>Multiplikationen</u>, sondern nur Additionen und

Vergleiche erforderlich sind.

<u>Satz 9.1</u>   $\otimes$ ist assoziativ, aber nicht kommutativ.

Beweis: $A = (a_{ij})$, $B = (b_{ij})$ und $C = (c_{ij})$ seien so dimensionierte Matrizen, daß alle folgenden Produkte $\otimes$ ausführbar sind.

Sei $(A \otimes B) \otimes C = (d_{ij})$ und $A \otimes (B \otimes C) = (e_{ij})$. Dann gilt

$$d_{ij} = \min_r (\min_k (a_{ik} + b_{kr}) + c_{rj})$$

$$= \min_r \min_k (a_{ik} + b_{kr} + c_{rj})$$

$$= \min_k \min_r (a_{ik} + b_{kr} + c_{rj})$$

$$= \min_k (a_{ik} + \min_r (b_{kr} + c_{rj}))$$

$$= e_{ij}.$$

Die Kommutativität gilt nicht, wie das folgende Gegenbeispiel zeigt:

$$\begin{pmatrix} 1 & 1 \\ 0 & 1 \end{pmatrix} \otimes \begin{pmatrix} 1 & 0 \\ 1 & 0 \end{pmatrix} = \begin{pmatrix} 2 & 1 \\ 1 & 0 \end{pmatrix}, \text{ aber } \begin{pmatrix} 1 & 0 \\ 1 & 0 \end{pmatrix} \otimes \begin{pmatrix} 1 & 1 \\ 0 & 1 \end{pmatrix} = \begin{pmatrix} 0 & 1 \\ 0 & 1 \end{pmatrix}$$

<u>Beispiel 9.1</u>   Für die Kostenmatrix C des Graphen in Fig. 9.1 sollen $C \otimes C$, $C \otimes C \otimes C$ und $C \otimes C \otimes C \otimes C$ bestimmt werden.

$$C = \begin{pmatrix} 0 & 1 & \infty & 3 \\ 3 & 0 & \infty & 1 \\ \infty & \infty & 0 & 1 \\ \infty & \infty & 1 & 0 \end{pmatrix} \quad C \otimes C = \begin{pmatrix} 0 & 1 & 4 & 2 \\ 3 & 0 & 2 & 1 \\ \infty & \infty & 0 & 1 \\ \infty & \infty & 1 & 0 \end{pmatrix} \quad C \otimes C \otimes C = \begin{pmatrix} 0 & 1 & 3 & 2 \\ 3 & 0 & 2 & 1 \\ \infty & \infty & 0 & 1 \\ \infty & \infty & 1 & 0 \end{pmatrix}$$

$C \otimes C \otimes C \otimes C = C \otimes C \otimes C$.

Mit der Abkürzung $C^{[m]} = \underbrace{C \otimes C \otimes \ldots \otimes C}_{m \text{ Matrizen } C}$ gilt in diesem Beispiel,

daß $C^{[m]} = C^{[3]}$ für alle $m \geq 3$ ist.

In Verallgemeinerung dieser Bemerkung gilt der folgende auf M. H a s s e (1962) zurückgehende Satz.

**Satz 9.2**  Sei C die Kostenmatrix des bewerteten Graphen $(P, B, c)$.

Sei $C^{[m]} =: (c_{ij}^{(m)})$. Dann gilt

$$c_{ij}^{(m)} = \begin{cases} 0 & \text{falls } i = j \\[1ex] \infty & \text{falls } i \neq j \text{ und } x_j \text{ von } x_i \text{ aus durch einen Weg einer} \\ & \text{Länge } \leqslant m \text{ nicht erreichbar ist} \\[1ex] c(w) & \text{falls } i \neq j \text{ und } x_j \text{ von } x_i \text{ aus durch einen Weg einer} \\ & \text{Länge } \leqslant m \text{ erreichbar ist und } w \text{ ein kostengünstig-} \\ & \text{ster dieser Wege ist.} \end{cases}$$

Der Beweis erfolgt durch vollzählige Induktion über m (vgl. z.B.
H e n n ,  K ü n z i [22], S. 159). Wir wollen einige Korollare angeben.

**Korollar 9.1**  Spätestens für m = n gilt $C^{[m]} \otimes C = C^{[m]}$

Beweis: Wenn zwischen zwei Punkten in G ein Weg existiert, dann
existiert auch ein Weg einer Länge $\leqslant n$ (vgl. Satz 7.16), und sogar
ein kostengünstigster. Folglich bleiben die Elemente von $C^{[m]}$ für
$m \geqslant n$ aufgrund ihrer Bedeutung laut Satz 9.2 unverändert.

**Korollar 9.2**  Sei $m_o$ die kleinste Zahl mit $C^{[m_o]} \otimes C = C^{[m_o]}$.
Dann gilt $D = C^{[m_o]}$.

Wegen $m_o \leqslant n$ läßt sich also stets in endlich vielen Schritten die
Kosten-Wege-Matrix D aus der Kostenmatrix C berechnen. Im Beispiel
9.1 war $m_o = 3$, und $C^{[3]}$ ist daher die Kosten-Wege-Matrix des
Graphen zur Fig. 9.1.

## 9.2  Eine Lösungsmethode für das Traveling-Salesman-Problem in bewerteten Graphen

In Abschnitt 7.4 haben wir das Traveling-Salesman-Problem als Problem des Auffindens eines Hamiltonschen Kreises in einem Graphen
formuliert und auf die folgende allgemeinere Form des Problems
hingewiesen:
Gegeben sei ein bewerteter Graph $G = (P, B, c)$ mit $P = \{x_i, \ldots, x_n\}$. Gesucht ist - falls existent - ein Hamiltonscher Kreis $w*$ mit mini-
malem $c(w*)$.
Die im folgenden angegebene Lösungsmethode mittels eines Branch
und Bound Verfahrens stammt von L i t t l e ,  M u r t y ,
K a r e l ,  S w e e n e y [36].

Das Verfahren beginnt mit dem Aufstellen der Kostenmatrix
$C(G) = (c_{ij})$, in der danach die Diagonalglieder $c_{ii}$ in $\infty$ abgeändert
werden. Es läuft sodann in einzelnen Schritten ab.

1. Schritt: Die erhaltene Matrix nennen wir die momentane Matrix
$A$. Wir numerieren Zeilen und Spalten jeweils von 1 bis n und be-
halten diese Numerierung bei allen Schritten (auch nach Streichen
von Zeilen und Spalten) bei. $A$ wird wie folgt "reduziert".

α) In allen Zeilen von $A$ subtrahiert man jeweils das kleinste Element der Zeile von allen Elementen.

β) In der erhaltenen Matrix führt man die gleiche Operation mit
allen Spalten durch.

Die Summe aller subtrahierten Zahlen sei S. S heißt Reduktionskonstante.

Die erhaltene Matrix, die in jeder Zeile und in jeder Spalte mindestens eine Null besitzt, nennen wir die momentane reduzierte
Matrix $A_R = (a_{ij}^R)$. Interpretiert man $A_R$ als Kostenmatrix eines bewerteten Graphen $G_R = (P, B, c_R)$, so folgt, daß jeder minimale Hamiltonsche Kreis in $G_R$ umkehrbar eindeutig einem minimalen Hamiltonschen Kreis in G entspricht. Die Wegekosten unterscheiden sich lediglich um die Konstante S. Es gilt also insbesondere $c(w^*) \geqslant S$.

2. Schritt: (Branch-Schritt) Die Grundidee des Branch-Schrittes
besteht darin, die Rundreisen in $G_R$ so in zwei Teilmengen aufzu-
teilen, daß die eine Teilmenge mit großer Plausibilität eine optimale Rundreise enthält, die andere Teilmenge mit großer Plausibilität keine optimale Rundreise. Man beachte aber, daß jede Auf-
teilungsmöglichkeit höchstens die Geschwindigkeit, nicht aber das
Funktionieren des Verfahrens beeinträchtigt. Wir wählen hier stets
folgende Aufteilung:

Zu beliebigem i und j sei [i,j] die Menge der Rundreisen, die den
Bogen $(x_i, x_j)$ enthalten und $[\overline{i,j}]$ die Menge der Rundreisen, die
$(x_i, x_j)$ nicht enthalten. Wir teilen nun die Rundreisen in $G_R$ in
zwei solche Mengen [i,j] und $[\overline{i,j}]$ auf, wobei wir bei der Auswahl
von i und j die oben genannten Plausibilitätsgründe berücksichtigen. Dazu suchen wir in der Matrix $A_R$ alle (i,j) mit $a_{ij}^R = 0$. Da die
Aufnahme des Bogens von $x_i$ nach $x_j$ in einen Hamiltonschen Kreis
die Kosten 0 verursacht, erhalten wir leicht eine untere Schranke
b[i,j] für die Kosten der Hamiltonschen Kreise in [i,j]. Aufgrund
der Überlegungen in Schritt 1 können wir nämlich b[i,j]=S setzen.
Hamiltonsche Kreise, die $(x_i, x_j)$ nicht enthalten, müssen einen Bo-

gen $(x_i, x_k)$ mit $k \neq j$ und einen Bogen $(x_m, x_j)$ mit $m \neq i$ enthalten.
Folglich besitzen Hamiltonsche Kreise in $[\overline{i,j}]$ mindestens die Länge

(1) $\quad S + \min \quad \{a^R_{ik} \mid k=1,\ldots,n, k \neq j\} + \min \{a^R_{mj} \mid m=1,\ldots,n, m \neq i\}$

$$=: p_{ij}$$

Zu allen $(i,j)$ mit $a^R_{ij} = 0$ berechnen wir $p_{ij}$ und wählen nun i und j
aus den angegebenen Plausibilitätsgründen so, daß $p_{ij}$ maximal ist.

3. Schritt: Seien die zum Branch-Schritt benötigten Indizes i und
j auf die in Schritt 2 angegebene Weise berechnet worden. Dann ordnen wir den Mengen $[i,j]$ und $[\overline{i,j}]$ neue momentane Matrizen zu, deren Gestalt jeweils einfacher ist als die Gestalt der Ausgangsmatrix.

α) Die $[\overline{i,j}]$ zugeordnete momentane Matrix $A$ entsteht aus $A_R$, indem in
$A_R$ lediglich $a^R_{ij}$ in ∞ abgeändert wird. (Verbot des Bogens $(x_i, x_j)$)
Reduzieren wir $A$ wieder, erhalten wir die neue momentane reduzierte Matrix $A_R$. Durch Addition der neuen Reduktionskonstanten zur
alten erhalten wir gerade den Ausdruck (1), also eine untere
Schranke für alle Rundreisen in $[\overline{i,j}]$.

β) Die der Menge $[i,j]$ zugeordnete momentane Matrix $A$ ergibt sich
wie folgt:
Zunächst streichen wir in $A_R$ die i-te Zeile und die j-te Spalte.
Anschließend ändern wir beim erstmaligen Durchlaufen dieses
Schrittes $a^R_{ji}$ in ∞ ab, denn Aufnahme des Bogens $(x_i, x_j)$ in einen
Hamiltonschen Kreis verbietet eine spätere Aufnahme des Bogens
$(x_j, x_i)$, da jeder Punkt nur einmal in dem Kreis auftreten darf. Be-
finden wir uns dagegen in einem späteren Stadium des Verfahrens,
so daß $(x_i, x_j)$ nicht der erste für einen Hamiltonschen Kreis aus-
gewählte Bogen war, so müssen wir alle bereits vorher gewählten
Bögen berücksichtigen und - soweit möglich - vor $x_i$ und hinter $x_j$
ansetzen. Ergibt das insgesamt ein Wegstück $(x_r, \ldots, x_s)$, so wird
$a^R_{sr}$ in ∞ abgeändert. Damit wird ein vorzeitiges Schließen eines
Weges zu einem Zyklus, der nicht alle Punkte von G enthält, vermieden. Die neu erhaltene Matrix wird wieder reduziert. Die dabei
entstehende Reduktionskonstante, addiert zur Reduktionskonstanten
der Ausgangsmatrix, ergibt eine untere Schranke für die Kosten der
Rundreisen in $[i,j]$.

4. Schritt: Um in jedem Schritt des Verfahrens die benötigte Information zur Verfügung zu haben, bauen wir einen (geordneten) bi-

nären Baum gemäß Fig. 9.2 auf

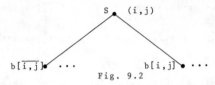

Fig. 9.2

Die Wurzel entspricht der Menge aller momentan noch zulässigen Hamiltonschen Kreise in G. Wenn momentan (i,j) zur Verzweigung benutzt wird, dann wird die Wurzel auch so bezeichnet. Wir notieren links daneben den Bound für die durch die Wurzel dargestellte Menge, am Anfang des Verfahrens also S. Der linke Nachfolger entspricht stets der Menge [$\overline{i,j}$], der rechte entspricht [i,j]. Neben den Punkten stehen die Bounds für die entsprechenden Lösungsmengen. Diese Nachfolger erhalten später u.U. selber Bezeichnungen, wenn sie Ausgangspunkt für einen weiteren Branch-Schritt werden.

5. Schritt: Wir suchen den Endpunkt mit dem kleinsten Bound und unterteilen die durch ihn gegebene Menge von Hamiltonschen Kreisen nach dem eben geschilderten Verfahren weiter, d.h. wir fahren nun mit Schritt 2 fort.

Das Verfahren ist beendet, wenn wir einen Endpunkt E erhalten, so daß der Weg von der Wurzel W des Gesamtbaumes nach E einem Hamiltonschen Kreis in G entspricht und der Bound von E kleiner als alle anderen an Endpunkten des Baumes auftretenden Bounds ist. Es kann vorkommen, daß die zu einem Endpunkt E gehörende momentane Matrix nur die Elemente ∞ enthält. Dann existiert im Graphen G kein Hamiltonscher Kreis mit einem durch den Weg von W nach E im Baum bestimmten Anfangsstück.

Da bei der Baumkonstruktion sukzessive alle möglichen Wege von G aufgebaut werden und G endlich ist, muß das Verfahren mit einem minimalen Hamiltonschen Kreis enden, oder man stellt fest, daß in G kein Hamiltonscher Kreis existiert.

Beispiel 9.2 Im Graphen aus Fig. 9.3 mit der nebenstehenden Kostenmatrix $A$ ist ein kostenminimaler Hamiltonscher Kreis gesucht.

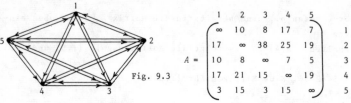

$$A = \begin{pmatrix} & 1 & 2 & 3 & 4 & 5 \\ & \infty & 10 & 8 & 17 & 7 \\ & 17 & \infty & 38 & 25 & 19 \\ & 10 & 8 & \infty & 7 & 5 \\ & 17 & 21 & 15 & \infty & 19 \\ & 3 & 15 & 3 & 15 & \infty \end{pmatrix} \begin{matrix} \\ 1 \\ 2 \\ 3 \\ 4 \\ 5 \end{matrix}$$

Fig. 9.3

Zeilenreduzierung liefert die linke Matrix, anschließende Spalten-reduzierung sodann $A_R$:

$$\begin{pmatrix} \infty & 3 & 1 & 10 & 0 \\ 0 & \infty & 21 & 8 & 2 \\ 5 & 3 & \infty & 2 & 0 \\ 2 & 6 & 0 & \infty & 4 \\ 0 & 12 & 0 & 12 & \infty \end{pmatrix} \begin{matrix} 1 \\ 2 \\ 3 \\ 4 \\ 5 \end{matrix} \qquad A_R = \begin{pmatrix} \infty & 0 & 1 & 8 & 0 \\ 0 & \infty & 21 & 6 & 2 \\ 5 & 0 & \infty & 0 & 0 \\ 2 & 3 & 0 & \infty & 4 \\ 0 & 9 & 0 & 10 & \infty \end{pmatrix} \begin{matrix} 1 \\ 2 \\ 3 \\ 4 \\ 5 \end{matrix}$$

Wir erhalten S=52. Die Berechnung der $p_{ij}$ liefert das folgende Schema, bei dem die $p_{ij}$ jeweils links oberhalb von $a_{ij}$ eingetragen sind.

$$\begin{pmatrix} \infty & {}^{0}0 & 1 & 8 & {}^{0}0 \\ {}^{2}0 & \infty & 21 & 6 & 2 \\ 5 & {}^{0}0 & \infty & {}^{6}0 & {}^{0}0 \\ 2 & 3 & {}^{2}0 & \infty & 4 \\ {}^{0}0 & 9 & {}^{0}0 & 10 & \infty \end{pmatrix} \begin{matrix} 1 \\ 2 \\ 3 \\ 4 \\ 5 \end{matrix}$$

Demnach ist die Aufteilung in [3,4] und $[\overline{3,4}]$ vorzunehmen. Es wird $b[\overline{3,4}]=52+6=58$. Zur Berechnung von b[3,4] muß zunächst die hierzu gehörige neue momentane Matrix $A$ berechnet werden, anschließend durch erneute Reduzierung die Matrix $A_R$.

$$A = \begin{pmatrix} \infty & 0 & 1 & 0 \\ 0 & \infty & 21 & 2 \\ 2 & 3 & \infty & 4 \\ 0 & 9 & 0 & \infty \end{pmatrix} \begin{matrix} 1 \\ 2 \\ 4 \\ 5 \end{matrix} \qquad A_R = \begin{pmatrix} \infty & {}^{1}0 & 1 & {}^{2}0 \\ {}^{2}0 & \infty & 21 & 2 \\ {}^{1}0 & 1 & \infty & 2 \\ {}^{0}0 & 9 & {}^{1}0 & \infty \end{pmatrix} \begin{matrix} 1 \\ 2 \\ 4 \\ 5 \end{matrix}$$

Die berechneten $p_{ij}$ sind bereits in die Matrix $A_R$ links oben ein-getragen.

Wir erhalten b[3,4]=54. Es folgt die Aufteilung in [1,5] und $[\overline{1,5}]$ bei [3,4].

$b[\overline{1,5}]$=54+2=56. Neue Matrizen für [1,5]:

$$A = \begin{pmatrix} 0 & \infty & 21 \\ 0 & 1 & \infty \\ \infty & 9 & 0 \end{pmatrix} \begin{matrix} 2 \\ 4 \\ 5 \end{matrix} \qquad A_R = \begin{pmatrix} {}^{21}0 & \infty & 21 \\ {}^{0}0 & {}^{8}0 & \infty \\ \infty & 8 & {}^{29}0 \end{pmatrix} \begin{matrix} 2 \\ 4 \\ 5 \end{matrix}$$

Wegen b[1,5]=55 folgt nun die Aufteilung bei [1,5] in [5,3] und $[\overline{5,3}]$. Es folgt $b[\overline{5,3}]$=84. Neue Matrizen für [5,3]:
(Da schon $(x_3,x_4)$ und $(x_1,x_5)$ ausgewählt wurden, ergibt sich ein Wegstück $(x_1,x_5,x_3,x_4)$, so daß jetzt $a_{41}=\infty$ gesetzt wird.)

$$A = A_R = \begin{pmatrix} {}^{\infty}0 & \infty \\ \infty & {}^{\infty}0 \end{pmatrix} \begin{matrix} 2 \\ 4 \end{matrix} \quad , \quad b[5,3]=55$$

Nun folgt die Aufteilung in [2,1] und $[\overline{2,1}]$.
$b[\overline{2,1}]$=$\infty$,  b[2,1]=55

$$A_R = \begin{pmatrix} 0 \end{pmatrix} \quad 4$$

Da in dieser letzten Matrix nicht $\infty$ steht, erhalten wir einen Ha-miltonschen Kreis (mit den Kosten 55) durch Hinzunahme des Bogens $(x_4,x_2)$.

Während des Verfahrens wurde der Baum von Fig. 9.4 aufgebaut.

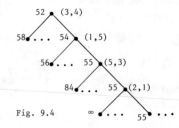

Fig. 9.4

Da kein Endknoten von Fig. 9.4 kleineren Bound als 55 hat, ist der
erhaltene Hamiltonsche Kreis kostengünstigst. Er lautet

$(x_3, x_4, x_2, x_1, x_5, x_3)$.

In diesem Beispiel wurde ein optimaler Hamiltonscher Kreis auf di-
rektem Wege, d.h. ohne Rücksprung zu einem Endpunkt auf einem hö-
heren Niveau von Fig. 9.4 gefunden. Ein Beispiel mit einem solchen
Rücksprung findet man z.B. in der oben zitierten Arbeit [36].

Es ist theoretisch natürlich denkbar, daß das Verfahren erst nach
dem Aufbau sämtlicher Wege in G beendet ist.

## 9.3  Flüsse in bewerteten Graphen

Die Bestimmung des minimalen Aufwandes zur Überwindung des Weges
von x nach y erlangte Bedeutung bei einer Kosten-Interpretation
der Funktion c eines bewerteten Graphen. Eine mathematisch inter-
essante Variante ergibt sich aus einer Kapazitätsvorstellung für
c. Hier lassen sich die Bögen von G z.B. als Rohrleitungen zum
Transport von Flüssigkeiten auffassen, deren Kapazität pro Zeit-
einheit durch c gegeben wird. Die daraus resultierende Fragestel-
lung ist folgende: Gegeben seien zwei Punkte des Graphen (die in
Anlehnung an die Kapazitätsvorstellung i.a. mit Quelle und Senke
bezeichnet werden). Wie kann man möglichst viel Flüssigkeit durch
die Rohrleitungen von der Quelle zur Senke transportieren? Zur mathematischen Beschreibung dieses Modells sind einige Definitionen
nötig.

Definition 9.5   G = (P,B,c) sei bewerteter Graph.
Eine Funktion $f: B \to \mathbb{R}$ mit $0 \leq f((x,y)) \leq c((x,y))$ heißt Fluß in G.

Es ist hier bequem, $f((x,y))=0$ für $(x,y) \notin B$ festzusetzen, so daß f
wie auch schon c auf ganz P×P definiert ist.

Definition 9.6   $v_f(x_o) := \sum_{(x_o,y) \in B} f((x_o,y)) - \sum_{(y,x_o) \in B} f((y,x_o))$
heißt lokaler Fluß in $x_o$.

Der lokale Fluß in $x_o$ gibt also im wesentlichen an, ob durch den
Fluß f mehr in den Knoten $x_o$ hineinfließt oder aus ihm heraus-
fließt.

__Definition 9.7__  Sei in G eine Quelle q und eine Senke s fixiert.
f ist ein __Fluß mit Quelle q und Senke s__, falls
$v_f(q) = -v_f(s) \geqslant 0$ und $v_f(x) = 0$ für alle x mit x≠q und x≠s.

__Beispiel 9.3__  Gegeben sei der bewertete Graph von Fig. 9.5. Dann
ist durch die Matrix $A$ ein Fluß gegeben, wobei $a_{ij} = f((x_i, x_j))$ ist.

$$A = \begin{pmatrix} 0 & 1 & 0 & 3 \\ 0 & 0 & 0 & 1 \\ 0 & 0 & 0 & 1/2 \\ 0 & 0 & 1/2 & 0 \end{pmatrix}$$

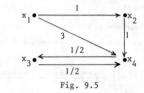

Fig. 9.5

Dafür erhält man:

$v_f(x_1) = 1 + 3 = 4$         $v_f(x_2) = 1 - 1 = 0$

$v_f(x_3) = 1/2 - 1/2 = 0$         $v_f(x_4) = 1/2 - 3 - 1 - 1/2 = -4$.

Also handelt es sich um einen Fluß mit Quelle $x_1$ und Senke $x_4$.

Zu einem bewerteten Graphen können irgend zwei Punkte q,s als
Quelle bzw. Senke festgelegt werden. Die Menge der Flüsse hierzu
gemäß Definition 9.7 liegt dann fest. Zu einem gegebenen Fluß existiert nicht notwendig genau eine Quelle und eine Senke. So hat
z.B. der triviale Fluß f≡0 jedes Punktepaar als Quelle bzw. Senke.
Ferner kann jeder Fluß, der an wenigstens 3 Punkten gemäß Definition 9.6 nicht verschwindet, niemals Fluß mit einer Quelle und
einer Senke sein.

In Beispiel 9.3 ist der angegebene Fluß f gleichzeitig auch maximaler Fluß von der Quelle $x_1$ zur Senke $x_4$. Maximalität ist dabei
in folgendem Sinn gemeint:

__Definition 9.8__   f sei Fluß mit Quelle q und Senke s.
f ist __maximaler Fluß__ von q nach s, wenn für jeden Fluß f* mit
Quelle q und Senke s gilt: $v_{f*}(q) \leqslant v_f(q) =: v_{max}(q,s)$.

Es stellt sich die Frage, ob es stets einen maximalen Fluß gibt
und wie man ggf. einen maximalen Fluß allein aus den Kapazitäten
berechnen kann. Die erste Frage ist nur dann trivialerweise zu bejahen, wenn der Fluß jeweils nur endlich viele Werte annehmen kann.
Andernfalls ist zunächst nur die Existenz eines Supremums für alle
anderen Flüsse sicher, ohne daß diesem Supremum selbst ein exi-
stierender Fluß entsprechen müßte.

Als Hilfsmittel zur Behandlung dieser Fragen führt man den Begriff des Schnittes ein.

Definition 9.9   Sei $X \subseteq P$ und sei $X\!\uparrow := \{(x,y) \mid x \in X \wedge y \notin X \wedge (x,y) \in B\}$. $X\!\uparrow$ heißt Schnitt zur Trägermenge X.

$$\sum_{(x,y) \in X\uparrow} c((x,y)) =: C(X\!\uparrow) \text{ heißt } Kapazität \text{ von } X\!\uparrow.$$

$X\!\uparrow$ besteht aus allen Bögen, deren Ausgangspunkt in X liegt und die aus X herausführen.

Wählt man etwa in Beispiel 9.3 die Trägermenge $X = \{x_1, x_2\}$, so erhält man den Schnitt $X\!\uparrow = \{(x_1, x_4), (x_2, x_4)\}$ und $C(X\!\uparrow) = 1 + 3 = 4$.

Da G endlich ist, gibt es nur endlich viele Schnitte $X\!\uparrow$. Also existiert zu jeder Fixierung einer Quelle q und Senke s

$$C_{min}(q,s) := Min\{C(X\!\uparrow) \mid X\!\uparrow \text{ ist Schnitt und } q \in X \text{ und } s \notin X\}$$

die minimale Kapazität irgendeines Schnittes $X\!\uparrow$ mit Trägermenge X und $q \in X$, $s \notin X$. Die Zahlen $C_{min}(q,s)$ sind effektiv bestimmbare wichtige Kenngrößen für einen bewerteten Graphen. Anschaulich erhält man $C_{min}(q,s)$ bei gegebenem q,s dadurch, daß man alle Rohre ausmißt, die irgendwie von q nach s führen, und die engste Stelle im gesamten System betrachtet. Der folgende wichtige Satz stellt einen Zusammenhang zwischen $C_{min}(q,s)$ und $v_{max}(q,s)$ her.

Satz 9.3   ( F o r d , F u l k e r s o n )

$$v_{max}(q,s) = C_{min}(q,s)$$

Der Satz ist auch unter dem Namen "Max-Flow-Min-Cut-Theorem" bekannt (vgl. z.B. F o r d , F u l k e r s o n [15]). Er sagt aus, daß ein maximaler Fluß zwischen Quelle q und Senke s stets existiert und gleich der Kapazität eines minimalen Schnittes ist.

Die Bestimmung der Minimalkapazität ist zwar - wie eben erwähnt - in endlich vielen Schritten möglich. Sie führt aber nur zum Wert eines maximalen Flusses und noch nicht automatisch zur seiner Konstruktion. Es soll deshalb ein konstruktiver Beweis kurz skizziert werden, der einen solchen maximalen Fluß tatsächlich bestimmt: Man beginnt mit irgendeinem zulässigen Fluß, schlimmstenfalls mit dem trivialen Fluß f=0, und betrachtet alle Wege in G von der Quelle q zur Senke s. Ein solcher Weg heißt gesättigt, wenn auf wenigstens einem seiner Bögen (x,y) gilt, daß $f((x,y)) = c((x,y))$

ist, der Gegenfluß f((y,x)) aber verschwindet. Gibt es nur <u>gesät-
tigte</u> Wege, so ist der lokale Fluß in q maximal, und man konstruiert hieraus leicht einen minimalen Schnitt C mit
$v_{max}(q,s) = C_{min}(q,s)$. Zu jedem <u>ungesättigten</u> Weg $w$ zwischen q und
s kann man aber den gegebenen Fluß derart erhöhen, daß er noch zulässig bleibt und gleichzeitg $w$ sättigt. Dies geschieht, indem man
auf dem Weg $w$ den Fluß im wesentlichen um den dort geltenden Minimalabstand zwischen Kapazität und Fluß erhöht (unter Beachtung et-
waiger Gegenflüsse). Da es nur endlich viele Wege zwischen q und s
gibt, also auch nur endlich viele ungesättigte Wege, so sind nach
endlich vielen Fluß-Erhöhungen alle Wege gesättigt, und damit ist
ein maximaler Fluß erreicht.
Zur genaueren Ausführung und zur praktischen Implementation dieses
Verfahrens vgl. K n ö d e l [29], S. 92-97.


9.4 <u>Netzpläne</u>

Spezielle bewertete Graphen heißen Netzpläne. Die Funktion c wird
dabei i.a. als Zeit-Aufwand gedeutet (sog. Termin-Netzpläne), jedoch etwas anders als in Abschnitt 9.1. Andere Deutungen, etwa von
c als Entfernung zwischen zwei Punkten oder als Fluß-Kapazität,
führen zu den sog. Entfernungs- bzw. Fluß-Netzplänen (letztere bilden eine Spezialisierung der in Abschnitt 9.3 betrachteten bewerteten Graphen) und sollen hier außer acht gelassen werden.

<u>Definition 9.10</u>   G=(P,$B$,c) sei bewerteter Graph. G sei azyklisch
und schwach zusammenhängend. Ferner besitze G genau einen Punkt X
mit $d^-(X)=0$ und genau einen Punkt Y mit $d^+(Y)=0$. Dann heißt G
<u>Netzplan</u>.
Die Bögen von Netzplänen werden als <u>Vorgänge</u> (Aktivitäten) gedeutet, so daß die Funktion c die Zeitdauer der Vorgänge angibt.
<u>Punkte</u> werden als <u>Ereignisse</u> gedeutet. Der Punkt X ist das Anfangs-
Ereignis, der Punkt Y das End-Ereignis des Netzplanes. Die Zykelfreiheit bedeutet, daß Vorgänge nicht wiederholt werden können.
Die Bögen eines Netzplanes können als die Elemente einer strikten
Ordnung (vgl. Abschnitt 4.2) gedeutet werden. Ein Bogen $\alpha$ heißt
<u>vor</u> einem Bogen $\beta$ , Schreibweise $\alpha \prec \beta$, wenn $\alpha \neq \beta$ und wenn es in G
einen Weg gibt, der $\alpha$ vor $\beta$ enthält. Die Asymmetrie der strikten
Ordnung und die Irreflexiviät folgen aus der Zykelfreiheit des

Netzplanes. Die Transitivität von $\prec$ ist trivial. $\alpha\prec\beta$ kann so gedeutet werden, daß $\alpha$ zeitlich <u>vor</u> $\beta$ erledigt werden muß.

<u>Beispiel 9.4</u>  Wir betrachten ein sehr vereinfacht dargestelltes Studium eines Informatikers mit lediglich folgenden Vorgängen und Ereignissen:

<u>Ereignisse:</u>

X: Beginn des Studiums
Y: Aushändigung des Diplom-Zeugnisses
A: "            des Vordiplom-Zeugnisses
B: "            eines Seminarscheines
C: "            eines Scheines in Analysis
D: "            eines Scheines in Informatik

<u>Vorgänge:</u>

$\alpha$: Hören der Analysis und Schein erlangen
$\beta$: "        "     Informatik und Schein erlangen
$\gamma$: Mündliche Prüfung in Informatik
$\delta$: Teilprüfung in Analysis
$\varepsilon$: Teilnahme an einem Seminar
$\chi$: Anfertigung der Diplomarbeit

Die Aufgabe besteht nun darin, durch einen Netzplan die zeitlichen Bedingungen für dieses Studium darzustellen.

Für die Erstellung von Netzplänen gibt es folgende Konventionen:
1. Ein <u>Ereignis</u> E soll nicht vor Erledigung <u>aller</u> Vorgänge eintreten, die auf irgendeinem Weg von X nach E liegen (z.B. soll das Diplom-Zeugnis nicht vor der Teilnahme an einem Seminar ausgehändigt werden).
2. Ein <u>Vorgang</u> $\rho = (R,S)$ soll nicht vor dem Eintreten <u>aller</u> Vor-Ereignisse V erfolgen, die auf irgendeinem Weg von X nach R liegen (z.B. soll die Diplomarbeit nicht vor Aushändigung des Vordiplom-Zeugnisses angefertigt werden).
Berücksichtigt man idealisierte Studienplanrichtlinien für Informatiker, so kann man versuchen, den Netzplan zunächst gemäß Fig. 9.6 aufzustellen (die Bewertung, d.h. die Angabe der Zeitdauer der einzelnen Vorgänge wird fortgelassen; stattdessen werden die Vorgänge an die jeweiligen Bögen geschrieben):

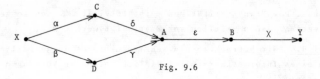

Fig. 9.6

Durch Fig. 9.6 wird die Situation jedoch noch nicht ganz richtig
getroffen. Denn lt. Studienplan soll γ nicht vor dem Ereignis C
erfolgen. Die Figur liefert aber lediglich die Notwendigkeit von
D für γ. Verschiedene Versuche, die Vorgänge anders anzuordnen,
schlagen fehl, da niemals die eigentliche Situation getroffen wird.
So scheitert z.B. der Versuch, den Netzplan gemäß Fig. 9.7 zu beginnen,

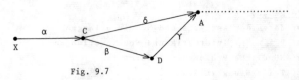

Fig. 9.7

da der Vorgang α nicht notwendig vor dem Vorgang β liegen muß.
Eine Lösung ergibt sich durch die Erweiterung des gesamten Ge-
rüsts um einen Bogen σ zwischen C und D, welcher den Zeitaufwand
c(σ)=0 erfordert. Solche Vorgänge heißen <u>Scheinvorgänge</u>. Sie werden gestrichelt in das Diagramm eingetragen (vgl. Fig. 9.8).

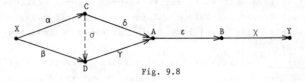

Fig. 9.8

Damit ist in unserem sehr einfachen Beispiel das Problem der Auf-
stellung eines Netzplanes gelöst.
Hieran schließt sich sofort folgende Frage an: In wie kurzer Zeit
kann man in einem Netzplan von X aus alle Bögen bis nach Y unter
Berücksichtigung der Konventionen 1) und 2) durchlaufen? Dies ist
die Frage nach der minimalen Projekt-Dauer.
Von grundlegender Bedeutung für eine Beantwortung sind die in
einem Netzplan vorkommenden <u>maximalen Ketten</u>. Eine (Bogen-) Kette
ist eine Folge von Bögen im Sinne aufsteigender Ordnung. Im Bei-

spiel ist $(\alpha,\delta,\chi)$ eine Kette. Jeder Kette K ist durch die Bewertung von G eine <u>Länge</u> zugeordnet:

$$d(K) := \sum_{\alpha \in K} c(\alpha)$$

Maximale Ketten sind solche, die nicht mehr verfeinerbar sind. Sie beginnen bei X und enden bei Y und entsprechen den <u>Wegen</u> von X nach Y.

<u>Definition 9.11</u>  M(G) sei die (endliche) Menge aller maximalen Ketten des Netzplanes G. Die <u>kritische Länge</u> von G sei

$$\Delta(M(G)) := \max_{K \in M(G)} d(K)$$

Die kritische Länge von G ist die kürzeste Zeit, innerhalb deren das Projekt G abgewickelt werden kann; denn jede maximale Kette muß einerseits durchlaufen werden. Wäre andererseits die Projektdauer größer als die größte Länge einer maximalen Kette K, so könnte man K auf ersichtliche Weise noch weiter verlängern im Widerspruch zur Maximalität von K.

Im Beispiel ist $M(G) = \{(\alpha,\delta,\varepsilon,\chi),(\alpha,\sigma,\gamma,\varepsilon,\chi),(\beta,\gamma,\varepsilon,\chi)\}$.

Ein Weg K von X nach Y heißt <u>kritisch</u>, wenn $d(K) = \Delta(M(G))$.

Das Auffinden kritischer Wege in Netzplänen ist besonders wichtig, da durch Herabsetzen ihrer Längen (etwa durch gezielten vermehrten Arbeitseinsatz auf kritischen Vorgängen) u.U. die kritische Länge des Gesamtnetzplanes und damit die Projektdauer vermindert werden kann. Die nicht-kritischen Wege enthalten <u>Pufferzeiten</u>. Durch ihre Beachtung kann man eine systematische, betriebswirtschaftlich orientierte Ablaufplanung für komplexe Projekte erreichen, die insbesondere Auskunft gibt über frühest mögliche und spätest erlaubte Anfangs- und Beendigungszeiten von Vorgängen. Die hier nur skizzierte Methode der kritischen Wege (engl. critical-path-method, <u>CPM</u>) ist von großer Bedeutung für die Netzplantechnik. Ganz allgemein gehen die grundlegenden Begriffe der Netzplantheorie stets aus von den maximalen Ketten des Netzplanes und den Werten ihrer Bögen. Nicht alle so definierbaren Begriffe sind allerdings für Termin-Netzpläne von praktischer Bedeutung. So etwa ist die kürzeste Länge eines Netzplanes

$$\delta(M(G)) := \min_{K \in M} d(K)$$

relativ unwichtig, wäre aber bei der Deutung von G als Entfernungsnetzplan von fundamentaler Wichtigkeit.

Zur Netzplantheorie vgl. insbesondere K a e r k e s [26] sowie
H e n n , K ü n z i [22], Kapitel 13. Die Netzplantechnik wird bei
Z i m m e r m a n n in [63] dargestellt.

## 9.5 Petri-Netze

Ein häufig verwendetes Hilfsmittel zur Beschreibung von diskreten
Prozessen, insbesondere beim gleichzeitigen (z.B. parallelen) Be-
trieb mehrerer solcher Prozesse, wurde von C. A. P e t r i eingeführt (vgl. z.B. S c h r o f f [54], L a u t e n b a c h ,
S c h m i d [33]. Es handelt sich hier um spezielle bewertete Graphen, bei denen gewisse Punkte zusätzlich noch durch eine "Mar-
kierungsfunktion" mit natürlichen Zahlen belegt werden. Charakte-
ristisch ist das Interesse am dynamischen Ändern der Markierungen
in solchen Netzen.

Die verschiedenen beteiligten Prozesse werden durch Punkte
$t_1, \ldots, t_n$ - sog. Transitionen - symbolisiert. Das abwechselnde oder
simultane "Arbeiten" der Transitionen (oft auch "Zünden" - engl.
'Firing' - genannt) wird durch ein System von "Stellen" $s_1, \ldots, s_m$
kontrolliert. Diese Stellen haben Einflußmöglichkeiten auf gewisse

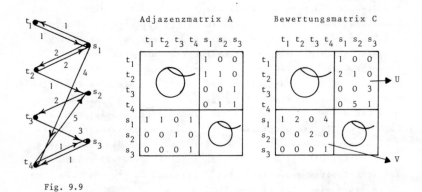

Fig. 9.9

Transitionen und können durch gewisse (i.a. andere) Transitionen
beeinflußt werden. Sie speichern natürliche Zahlen, die als An-

zahlen von Kontroll-"Marken" zu interpretieren sind. Diese Stapel
von Kontrollmarken werden beim Arbeiten einer Transition gemäß den
Werten auf den Verbindungsbögen aufgestockt bzw. dezimiert. An jeder Stelle s befindet sich also ein sehr elementarer Zähl-Stack,
der ein Zünden einer Transition t nur dann gestattet, wenn der auf
dem Bogen (s,t) stehende Wert c(s,t) nicht größer als die Markierung von s ist. Eine Transition t kann nur dann zünden, wenn sie
von allen Stellen, die sie kontrollieren (d.h. von allen Stellen,
von denen aus Bogen nach t gehen), genehmigt wird.

In Fig. 9.9 kontrolliert $s_1$ die Transitionen $t_1$, $t_2$ und $t_4$. Bei den
üblichen konkreten Anwendungen von Petri-Netzen werden Transitionen
und Stellen i.a. nicht so deutlich wie bei uns optisch getrennt,
sondern sind meist stärker miteinander verfilzt.

Definition 9.12   Ein gerichteter bewerteter Graph G=(P,B,c) heißt
bewertetes Petri-Netz, wenn

1) P=T∪S mit T∩S=∅, d.h. Punkte von G sind entweder Transitionen
aus T oder Stellen aus S. Sei |T|=n und |S|=m.

2) (T×T ∪ S×S)∩B = ∅, d.h. Transitionen sind untereinander nie verbunden, ebenso auch nicht Stellen untereinander.

3) c: P×P → ℕ ist eine Abbildung in die natürlichen Zahlen, wobei
c(x,y)=0, falls (x,y)∉B, und c(x,y)>0 sonst gilt.

Ist in 3) als positiver Wert lediglich 1 zugelassen, so heißt G
ein gewöhnliches Petri-Netz oder Petri-Netz schlechthin. Die
Kostenmatrix eines bewerteten Petri-Netzes wird in diesem Zusammenhang auch Bewertungsmatrix genannt. Vgl. die Matrizen bei Fig.
9.9.

Definition 9.13   G=(T∪S,B,c) sei Petri-Netz. Eine Abbildung
$m$: S → ℕ heißt eine Markierung von G. Das Paar (G,m) heißt auch
ein markiertes Petri-Netz.

Es soll nun das Zünden von Petri-Netzen formal beschrieben werden.
Um die Bewertungsmatrix für matrizentheoretische Methoden bequem
nutzen zu können, werden Auswahlen von Transitionen als n-reihige
(Zeilen-)Vektoren angesehen, ebenso wird $m$ als m-reihiger Vektor
aufgefaßt:

Definition 9.14   Eine Auswahl von Transitionen ist ein Vektor

$t = (\tau_1, \ldots, \tau_n)$, wobei $\tau_i = \begin{cases} 1, & \text{falls } t_i \text{ zur Auswahl gehört} \\ 0 & \text{sonst} \end{cases}$

Der Markierungsvektor zur Markierung $m$ ist der Vektor
$m = (m(1), m(2), \ldots, m(m))$.
Wir identifizieren im folgenden die Markierung $m$ mit dem zugehörigen Markierungsvektor. Wir denken uns in Definition 9.14 T und S
in willkürlicher, aber fester Weise geordnet.

Definition 9.15  $t$ sei eine Auswahl von Transitionen zum markier-
ten Petri-Netz $(G, m)$. $t$ heißt schaltfähig für $m$, wenn $tV^T \leqslant m$
ist.

Erläuterung: $V^T$ ist die Transponierte der Matrix V. Die Bedingung
bedeutet komponentenweise für jedes j mit $1 \leqslant j \leqslant m$:
$$\sum_{i=1}^{n} \tau_i c(s_j, t_i) \leqslant m(s_j) \, ,$$
d.h. die Anzahl der Marken bei $s_j$ reicht aus, um die beim Zünden
von $t$ erforderlichen Markenzuflüsse zu den einzelnen Transitionen
zu befriedigen. Die Marken können als Betriebsmittel für die Prozesse $t_1, \ldots, t_n$ gedeutet werden.
Zu jeder Markierung $m$ von G und zu jeder hierfür schaltfähigen
Transitionen-Auswahl $t$ ist eine Nachfolge-Markierung definiert:

Definition 9.16  Sei $t$ schaltfähig für $m$. Dann sei $m_t := m + t(U - V^T)$.
$m_t$ hat dann sicher nur nichtnegative Komponenten.

Beispiel 9.5  Ist z.B. $m = (4, 1, 2)$ und $t = (0, 1, 0, 1)$, so ist
$tV^T = (6, 0, 1)$ und $tU = (2, 6, 1)$. $t$ ist also nicht schaltfähig für $m$, obwohl $m + t(U - V^T) = (0, 7, 2)$ nur nichtnegative Komponenten hat. Die
anschauliche Vorstellung bei diesen Definitionen besteht darin,
beim Schalten erst alle erforderlichen Marken gemäß Matrix V von
den Stellen zu entfernen und danach die neue Zuteilung von Marken
auf die Stellen gemäß Matrix U durchzuführen. Dagegen ist
$t' := (0, 0, 0, 1)$, also $t_4$ allein, schaltfähig für $m$, denn
$(4, 1, 2) \geqslant t'V^T = (4, 0, 1)$. In diesem Fall ist $m + t'(U - V^T) = (0, 6, 2)$.

Hat $t$ insbesondere nur eine von Null verschiedene Komponente, etwa $\tau_j = 1$, so bedeutet $m_t$ die neue Markierung, die sich nach dem
Schalten von $t_j$ einstellt. Die Tatsache, daß beim Zünden von Transitionen i.a. auch Marken entstehen können, führt zu einer alter-
nativen Deutung der Marken als (Abfall) Produkte von Prozessen.
Man sieht insgesamt, daß das parallele Arbeiten mehrerer Transitionen durchaus behandelt und beschrieben werden kann.

Die wichtigsten Begriffe der Theorie der Petri-Netze können nun

in dieser Terminologie behandelt werden. Sie seien hier abschlie-
ßend nur noch qualitativ erläutert. Das Hauptinteresse bei Petri-
Netzen besteht darin, die schaltfähigen Transitionen irgendwie zu
übersehen und das Phänomen der "verklemmten" Markierung insofern
zu beherrschen, als man sie durch geeignete Analysen zu vermeiden
lernt. So kann man insbesondere fragen, wann ein Petri-Netz leben-
dig ist, d.h. grob gesprochen schaltfähig ist. Durch die Verwendung
von Petri-Netzen wird es ganz allgemein möglich, das korrekte In-
einandergreifen parallel laufender Prozesse präzise zu formulieren
und damit auch konstruktiv zu realisieren. Man vergleiche etwa
L a u t e n b a c h , S c h m i d [33]. Parallele Abläufe sind insbesondere der Hauptgegenstand der Theorie der Betriebssysteme.
Hierzu vgl. Z i m a [62].

# 10. Überdeckungsstrukturen

## 10.1 Das Überdeckungsproblem

Als Einführung in den Problemkreis, der unter dem Namen Überdeckungsprobleme behandelt werden soll, diene das folgende Beispiel des deutschen Zahlenlottos:

Gegeben sei eine Punktmenge mit ungewissen Entwicklungsmöglichkeiten, hier die Menge der 49 Lottozahlen. Ein Tip ist eine 6-elementige Teilmenge von $\{1,\ldots,49\}$, eine Ziehung ebenfalls. (Das Problem der Zusatzzahl klammern wir aus.) Ein Tip gewinnt, wenn im Durchschnitt von Tip und Ziehung wenigstens 3 Elemente liegen. Es interessiert die folgende Frage:
Kann man ein System von Tips angeben, welches einen Gewinn garantiert, egal wie die Ziehung ausfällt?

Das System aller $\binom{49}{6}$ möglichen Tips bietet natürlich diese Garantie. Daher ist die Frage so zu verstehen, daß eine möglichst ökonomische Problemlösung mit Erfolgsgarantie gesucht wird.

Wir werden später sehen, daß beim Lotto ein System von 207 Tips eine leicht übersehbare Gewinn-Garantie bieten kann, wobei hiermit aber nur eine Mindestgarantie für einen Tip mit 3 richtigen Zahlen gemeint ist.

Wir formulieren nun in Anlehnung an dieses Beispiel das Überdeckungsproblem in allgemeiner Form:
Gegeben seien eine Anfangsmenge $A$ und eine Zielmenge $Z$, welche durch eine Relation $R \subseteq A \times Z$ in Beziehung stehen.

Definition 10.1  Seien $A \in A$ und $Z \in Z$.
Sei $N_A := \{Z \mid (A,Z) \in R\}$, sei $V_Z := \{A \mid (A,Z) \in R\}$

$N_A$ heißt Nachbereich von A, $V_Z$ heißt Vorbereich von Z.

Für $B \subseteq A$ und $Y \subseteq Z$ definieren wir entsprechend:

$N_B := \{Z \mid \exists A \in B ((A,Z) \in R)\}$ $\qquad V_Y := \{A \mid \exists Z \in Y ((A,Z) \in R)\}$

Definition 10.2  Ist $R \subseteq A \times Z$, so heißt $(A,Z,R)$ Überdeckungsstruktur. $B \subseteq A$ heißt Überdeckung von $(A,Z,R)$, falls $N_B = Z$.

Eine Überdeckung $B$ ist also dadurch charakterisiert, daß es für jedes $Z \in Z$ ein $A \in B$ gibt mit $(A,Z) \in R$. Statt $(A,Z) \in R$ sagt man auch:

Z wird von A überdeckt oder A überdeckt Z.

Das Überdeckungsproblem besteht nun darin, zu einer gegebenen Überdeckungsstruktur minimale Überdeckungen zu finden, d.h. Überdeckungen mit möglichst wenigen Elementen.

Jede endliche Überdeckungsstruktur läßt sich als eine 0-1-Matrix
darstellen: Es wird vertikal $A$, horizontal $Z$ aufgetragen und eine
1 in die Matrix an die Stelle (A,Z) gesetzt, falls $(A,Z) \in R$. Fig.
10.1 zeigt zwei verschiedene Darstellungen derselben Überdeckungsstruktur. Dabei ist die Matrix-Darstellung offenbar übersichtlicher.
An den offenen Stellen der Matrizen ist hier wie oft im folgenden
eine 0 zu denken.

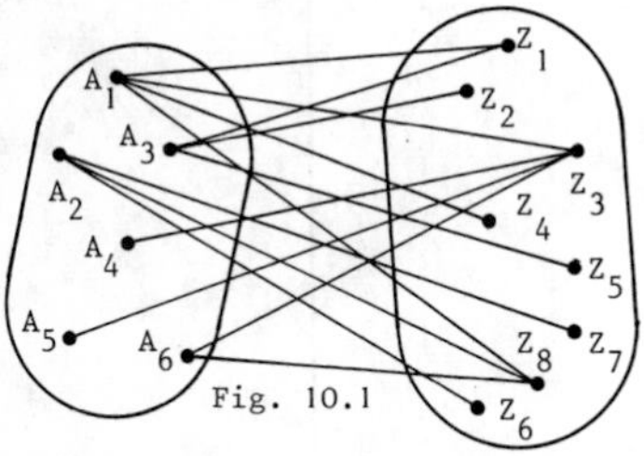

Fig. 10.1

|       | $Z_1$ | $Z_2$ | $Z_3$ | $Z_4$ | $Z_5$ | $Z_6$ | $Z_7$ | $Z_8$ |
|-------|-------|-------|-------|-------|-------|-------|-------|-------|
| $A_1$ | 1     |       | 1     | 1     |       |       |       |       |
| $A_2$ |       |       |       |       |       | 1     | 1     | 1     |
| $A_3$ | 1     | 1     |       |       | 1     |       |       |       |
| $A_4$ |       | 1     |       |       |       |       |       |       |
| $A_5$ |       | 1     |       |       |       |       |       |       |
| $A_6$ |       | 1     |       |       |       |       |       | 1     |

Eine minimale Überdeckung ist hier $B = \{A_1, A_2, A_3\}$.

Für das Überdeckungsproblem gibt es z.Z. keinen einfachen allgemeinen Lösungsalgorithmus. Es ist zu vermuten, daß dieses Problem
nicht polynomial ist (vgl. Abschnitt 1.2). Die Lösbarkeit mit po-
lynomialem Schrittzahl-Aufwand würde z.B. auch die polynomiale
Lösbarkeit des Traveling-Salesman-Problems (vgl. Abschnitt 7.4)
nach sich ziehen (vgl. K a r p [28]).

Die Anzahl der Anwendungen zum Überdeckungsproblem ist unüberseh-
bar. In beinahe allen Bereichen, in denen es insbesondere um diskrete Optimierungsfragen geht, sind solche Aufgaben auffindbar.
Erwähnt sei hier zunächst nur das Problem der Erkennung von Schalt-
fehlern in Booleschen Netzwerken durch Anlegen von (möglichst wenigen) Test-Schaltungen (vgl. Abschnitt 4.6). Bevor wir nun einige
spezielle Fragen behandeln, soll aber an einem Beispiel gezeigt
werden, daß auch solche Probleme als Überdeckungsprobleme (mit
einer Optimalitätsforderung!) formulierbar sind, die auf den ersten
Blick ganz anderer Natur zu sein scheinen, nämlich reine Existenz-
probleme ohne Interesse an Optimalität.

Beispiel 10.1  Man betrachte erneut das Beispiel 7.1 der rotieren-
den Trommel. Sei $A$ die Menge der $2^{2^n}$ möglichen Trommelbelegungen
und $Z$ die Menge der Zahlen Z mit $0 \leqslant Z < 2^n$. Man definiere $R$ wie
folgt: Es sei $(A,Z) \in R$, falls es eine Position der Trommelbelegung
A gibt, bei der Z dual realisiert wird. Fig. 10.2 zeigt die Situation für n=2 in der Matrixdarstellung der Überdeckung.

| $A$ \ $Z$ | 00 | 01 | 10 | 11 | 000 | 001 | 010 | 011 | 100 | 101 | 110 | 111 |
|---|---|---|---|---|---|---|---|---|---|---|---|---|
| 0000 | 1 | | | | 1 | | | | | | | |
| 0001 | 1 | 1 | 1 | | 1 | 1 | 1 | | 1 | | | |
| 0010 | 1 | 1 | 1 | | 1 | 1 | 1 | | 1 | | | |
| 0011 | 1 | 1 | 1 | 1 | | 1 | | 1 | 1 | | 1 | |
| 0100 | 1 | 1 | 1 | | 1 | 1 | 1 | | 1 | | | |
| 0101 | | 1 | 1 | | | | 1 | | | 1 | | |
| 0110 | 1 | 1 | 1 | 1 | | 1 | | 1 | 1 | | 1 | |
| 0111 | | 1 | 1 | 1 | | | | 1 | | 1 | 1 | 1 |
| 1000 | 1 | 1 | 1 | | 1 | 1 | 1 | | 1 | | | |
| 1001 | 1 | 1 | 1 | 1 | | 1 | | 1 | 1 | | 1 | |
| 1010 | | 1 | 1 | | | | 1 | | | 1 | | |
| 1011 | | 1 | 1 | 1 | | | | 1 | | 1 | 1 | 1 |
| 1100 | 1 | 1 | 1 | 1 | | 1 | | 1 | 1 | | 1 | |
| 1101 | | 1 | 1 | 1 | | | | 1 | | 1 | 1 | 1 |
| 1110 | | 1 | 1 | 1 | | | | 1 | | 1 | 1 | 1 |
| 1111 | | | | 1 | | | | | | | | 1 |

Fig. 10.2.a            Fig. 10.2.b

Es liegt offenbar eine Überdeckungsstruktur vor. Die in Beispiel
7.1 behandelte Frage nach der Existenz einer universellen Trommelbelegung bedeutet nichts anderes als die Frage nach einer ein-ele-
mentigen Überdeckung. Hier existiert tatsächlich eine Minimalüber-
deckung dieser Art, nämlich z.B. $B = \{0110\}$.

Aufgabe 10.1  Führt man drei Leseköpfe zum Ablesen von Zahlen Z
mit $0 \leqslant Z < 8$ ein und behält man die Trommel aus Beispiel 10.1 mit vier
Segmenten weiter bei, so gibt es lediglich zwei-elementige Mini-
malüberdeckungen (vgl. Fig. 10.2.b). Dies bedeutet, daß zur Adressierung aller Z hier zwei Trommelspuren erforderlich sind.

Als nächstes wollen wir zeigen, wie sich unser Lotto-Beispiel in
diese allgemeine Theorie der Überdeckungsstrukturen einordnet.

Beispiel 10.2  Wir wählen $A = Z = \{A \mid A \subseteq \{1,\ldots,49\} \wedge |A| = 6\}$ und interpre-

tieren $A$ als Menge der möglichen Lotto-Tips, $Z$ als Menge der möglichen Ziehungen. $R$ wird wie folgt definiert: $(A,Z) \in R$, falls $A \cap Z \geqslant 3$
Zwei 6er-Mengen stehen also in der Relation $R$, wenn ihr Durch-
schnitt mindestens 3 Elemente besitzt, d.h. noch anders, eine Ziehung Z wird von einem Tip A überdeckt, wenn A mindestens 3 Zahlen
der Ziehung enthält. Eine Überdeckung $B$ zu dieser Überdeckungsstruktur $(A,Z,R)$ hat dann die Eigenschaft, daß es zu jeder Ziehung
Z aus $Z$ einen Tip A$\in$B gibt, der mit Z wenigstens 3 Zahlen gemeinsam hat. Also wird durch $B$ eine "Gewinn-Garantie" gegeben.

Im folgenden Beispiel wollen wir zu einer Überdeckungsstruktur
eine Überdeckung angeben. Dabei verstehen wir unter $V^{[k]}$ die Menge
aller k-Mengen von V (vgl. Abschnitt 2.1).

Beispiel 10.3 (Projektive Ebene)
Sei V={1,...,7} und $A:=V^{[3]}$, $Z:=V^{[2]}$. $R$ sei definiert durch $(A,Z) \in R$,
falls Z$\subseteq$A. Eine Überdeckung $B$ besteht dann aus einem System von
Dreiermengen mit der Eigenschaft, daß je zwei Punkte aus V in wenigstens einer Dreiermenge aus $B$ liegen. Von den insgesamt $\binom{7}{3}$=35
Dreiermengen in $A$ reichen 7 zur Bildung einer solchen Überdeckung
aus; z.B. ist

$B=\{\{1,2,3\}, \{1,5,6\}, \{1,4,7\}, \{2,5,7\}, \{2,4,6\}, \{3,4,5\}, \{3,6,7\}\}$ eine
(minimale) Überdeckung, wie man durch Betrachtung aller $\binom{7}{3}$ Paar-
mengen leicht feststellt. Man kann
dieses $B$ durch Fig. 10.3 veran-
schaulichen und nennt $B$ eine projektive Ebene. An dieser Stelle
sei angemerkt, daß i.a. projektive Ebenen als eine Menge P von

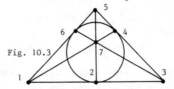

Fig. 10.3

Punkten und eine Menge G von Geraden, versehen mit einer Inzidenz-
relation I$\subseteq$P×G definiert werden, so daß folgende Axiome gelten:
(P1) Zu je zwei verschiedenen Punkten p,q$\in$P gibt es genau eine Gerade g$\in$G mit $(p,g) \in I$ und $(q,g) \in I$. (Statt $(p,g) \in I$ sagt man auch
"p liegt auf g" oder "g geht durch p" oder "p inzidiert mit g").
(P2) Zu je zwei verschiedenen Geraden g,h$\in$G gibt es genau einen
Punkt p$\in$P, der auf beiden Geraden liegt.
(P3) Es gibt vier Punkte, von denen keine drei auf einer Geraden
liegen.
Interpretiert man im obigen Beispiel die Elemente von $B$ als Gera-
den - wie in Fig. 10.3 dargestellt - so liefert die Überdeckungs-

eigenschaft von $B$ gerade das Axiom (P1) für projektive Ebenen.

Aufgabe 10.2: Man überlege sich, daß (P1) - (P3) zwangsläufig als Minimalmodell für eine projektive Ebene auf Fig. 10.3 führen. Endliche projektive Ebenen enthalten − wie man leicht beweist − auf jeder Geraden gleich viele Punkte. Ist diese Zahl gleich n+1, so heißt die Ebene "von der Ordnung n". In Beispiel 10.3 liegt eine projektive Ebene der Ordnung 2 vor.

Durch Fortlassen einer beliebigen Geraden und aller ihrer Punkte entsteht aus einer projektiven Ebene eine affine Ebene der Ordnung n mit n Punkten auf jeder Geraden. In affinen Ebenen schneiden sich zwei beliebige Geraden i.a. nicht. Sie heißen dann parallel. Aus dem Minimalmodell der projektiven Geometrie (vgl. Fig. 10.3)

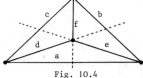

Fig. 10.4

entsteht durch Fortlassen der rund gezeichneten Geraden das Minimalmodell affiner Ebenen (vgl. Fig. 10.4). Dabei sind z.B. die Geraden d und b parallel.

Definition 10.3 $(A,Z,R)$ heißt reguläre Überdeckungsstruktur, falls

1) A,B$\in A$ → $|N_A|$ = $|N_B|$ und 2) Y,Z$\in Z$ → $|V_Y|$ = $|V_Z|$

Bei regulären Überdeckungsstrukturen überdeckt jedes A$\in A$ gleich viele Elemente der Zielmenge und jedes Element Z$\in Z$ wird gleich oft überdeckt. Dies bedeutet für die Matrix der Überdeckungsstruktur gleich viele Einsen in jeder Zeile und ebenso gleich viele Einsen in jeder Spalte.

Für das Lotto-Beispiel 10.2 gilt

$$|N_A| = \binom{6}{3}\binom{43}{3} + \binom{6}{4}\binom{43}{2} + \binom{6}{5}\binom{43}{1} + \binom{6}{6}\binom{43}{0} = 250624 = |V_Z|.$$

$|N_A|$ = 250624 sagt aus, daß durch einen Tip 250624 Ziehungen überdeckt werden können. Wegen $|Z|=\binom{49}{6}=13.983.816$ erhält man nun, daß eine Überdeckung mindestens $\lceil\frac{13983816}{250624}\rceil$ = 56 Tips enthalten muß.

$\lceil a \rceil$ bedeutet dabei die kleinste ganze Zahl größer oder gleich a.
Es liegt also eine reguläre Überdeckungsstruktur vor.
Im Beispiel 10.3 der projektiven Ebene gilt $|N_A|=\binom{3}{2}=3$ und $|V_Z|=5$.
Also ist auch diese Überdeckungsstruktur regulär. Im Rest dieses
Abschnittes werden nur noch reguläre Überdeckungsstrukturen be-
trachtet, und auch Abschnitt 11 ist speziellen Überdeckungsstruk-
turen gewidmet.

## 10.2 Blockpläne und ihre Inzidenzmatrizen

Besonders wichtige Überdeckungsstrukturen werden durch die sog.
Blockpläne gegeben. Hierbei handelt es sich um Verallgemeinerungen
der bereits erwähnten projektiven Ebenen.
Wir gehen aus von einer Grundmenge $V=\{a_1,\ldots,a_v\}$ mit v>0. Anfangsmenge $A$ für die Überdeckungsstrukturen sei stets $V^{[k]}$ mit einem
festen k>0.

Definition 10.4   Jede Teilmenge $B\subseteq A=V^{[k]}$ heißt k-Graph über V.

Wir wählen hier die Bezeichnung k-Graph, da sich für k=2 gerade
die in Abschnitt 7.1 definierten gewöhnlichen Graphen ergeben.
Ferner sei ein t mit $1\leqslant t\leqslant k$ gegeben. Die Zielmenge $Z$ sei $V^{[t]}$ , und
$R$ sei definiert durch $(A,Z)\in R:\leftrightarrow Z\subseteq A$.
Da diese Definition für $R$ auch im Beispiel der projektiven Ebene
verwendet wurde, sind die hier betrachteten Überdeckungsstrukturen
tatsächlich Verallgemeinerungen von projektiven Ebenen. Wir halten
noch einmal fest, daß für alle Überdeckungsstrukturen $(A,Z,R)$
in 10.2 gilt:

> Gegeben seien $V=\{a_1,\ldots a_v\}$ mit v>0
> ein k>0 und ein t mit $1\leqslant t\leqslant k$.
> $A=V^{[k]}$ , $Z=V^{[t]}$ , $(A,Z)\in R:\leftrightarrow Z\subseteq A$

Satz 10.1   $(A,Z,R)$ ist eine reguläre Überdeckungsstruktur.

Beweis: Es gilt   $N_A=\{Z\,|\,(A,Z)\in R\}=\{Z\,|\ Z\subseteq A \wedge Z\in V^{[t]}\}$, also $|N_A|=\binom{k}{t}$
für alle $A\in A$.
Ferner ist $V_Z=\{A\,|\,(A,Z)\in R\}=\{A\,|\ Z\subseteq A \wedge A\in V^{[k]}\}$. Zur Bestimmung von
$|V_Z|$ überlegen wir uns, auf wieviel Arten man eine gegebene t-Men-
ge Z zu einer k-Menge A über V erweitern kann. In Z liegen v-t

Elemente von V nicht, und da man k-t davon zur Bildung von A zu nehmen hat, folgt $|V_Z| = \binom{v-t}{k-t}$, wiederum unabhängig von $Z \in Z$.

Es wird nun noch ein weiterer Parameter $\lambda_t > 0$ betrachtet, der im Zusammenhang mit dem in die Zielmenge $Z$ eingehenden Parameter t stehen soll.

**Definition 10.5** Ein k-Graph $B$ heißt allgemeiner $(v,k,t,\lambda_t)$-Blockplan genau dann, wenn für alle $Z \in Z$ gilt: $|V_Z \cap B| = \lambda_t$. Die Elemente $A \in B$ heißen Blöcke.

Statt $(v,k,t,\lambda_t)$-Blockplan spricht man auch von einer $(v,k,t,\lambda_t)$-Indizenzstruktur.

Die Bedingung $|V_Z \cap B| = \lambda_t > 0$ in Definition 10.5 sagt aus, daß jedes $Z \in Z$ von genau $\lambda_t$ Blöcken aus $B$ überdeckt wird. Daraus folgt unmittelbar:

**Satz 10.2** Jeder Blockplan $B \subseteq A$ ist eine Überdeckung zur Überdeckungsstruktur $(A,Z,R)$. Falls $\lambda_t = 1$, so ist der Blockplan eine minimale Überdeckung.

$|Z| = t$ und $|V_Z \cap B| = \lambda_t$ für alle $Z \in Z = V^{[t]}$ bedeutet gerade, daß je t Elemente von V in genau $\lambda_t$ Blöcken vorkommen. Deshalb sagt man auch: $B$ gibt eine genau $\lambda_t$-fache t-Garantie.

Die Blockplanbedingungen lauten in verbalisierter Form:

> Ein k-Graph $B$ über $V = \{a_1,\ldots,a_v\}$ ist ein $(v,k,t,\lambda_t)$-Blockplan genau dann, wenn je t Punkte aus V in genau $\lambda_t$ Elementen (Blöcken) von $B$ gemeinsam vorkommen.

Die Existenz von Blockplänen ist durch das Beispiel der projektiven Ebene der Ordnung 2 schon bewiesen. Man sollte aber festhalten, daß Blockpläne in gewissem Sinne seltene, allerdings ideale (d.h. genaue) Lösungen eines Überdeckungsproblems sind.

Bietet ein Blockplan $B$ eine t-Garantie, so bietet er auch eine $\tau$-Garantie für $0 \leqslant \tau \leqslant t$. Die Vielfachheit $\lambda_\tau$ dieser $\tau$-Garantie ergibt sich aus dem folgenden Satz:

**Satz 10.3** Sei eine $(v,k,t,\lambda_t)$-Indizenzstruktur $B$ gegeben. Für $0 \leqslant \tau \leqslant t$ bietet $B$ dann auch eine $\lambda_\tau$-fache $\tau$-Garantie, wobei

$$\lambda_\tau = \lambda_t \cdot \frac{\binom{v-\tau}{t-\tau}}{\binom{k-\tau}{t-\tau}} \quad \text{ist.}$$

Beweis: $\tau$ sei fest gewählt mit $0 \leqslant \tau \leqslant t$. T sei irgendeine fest gewählte $\tau$-elementige Menge über V, und sie liege in genau $\lambda(T)$ Blök-
ken von $B$. Zu zeigen bleibt $\lambda(T) = \lambda_\tau$, d.h. $\lambda(T)$ ist von T unabhängig und hat den im Satz angegebenen Wert. Für diesen Beweis be-
nutzen wir die Methode der doppelten Abzählung einer geeigneten
Menge M.

Sei $M := \{(X, B) \mid B \in B \wedge X \in V^{[t]} \wedge B \supseteq X \supseteq T\}$.

1. Abzählung: Wir beginnen mit T. T läßt sich auf $\binom{v-\tau}{t-\tau}$ Arten zu
einem $X \supseteq T$ fortsetzen. Jedes solche X ist nach Voraussetzung in
genau $\lambda_t$ Blöcken von $B$ enthalten. Also folgt nach Satz 2.1

$$|M| = \lambda_t \cdot \binom{v-\tau}{t-\tau}.$$

2. Abzählung: Wir beginnen mit den $\lambda(T)$ Blöcken B, die T enthal-
ten. Zu jedem solchen Block gibt es $\binom{k-\tau}{t-\tau}$ t-Mengen X mit $B \supseteq X \supseteq T$.

Also folgt wiederum nach Satz 2.1 $|M| = \lambda(T) \cdot \binom{k-\tau}{t-\tau}$

Wir setzen gleich und erhalten die Aussage von Satz 10.3.

Betrachtung zweier Spezialfälle:

1) $\tau = 0$

Was bedeutet eine 0-Garantie? Es ist $Z = V^{[0]} = \{\emptyset\}$. Für jedes $Z \in Z$
(also für $Z = \emptyset$) gilt $V_Z = A$, denn $\emptyset \subseteq A$ ist für jedes $A \in A$ erfüllt. Damit folgt:

$$\lambda_0 = |V_Z \cap B| = |A \cap B| = |B|$$

$\lambda_0$ bedeutet also die Blockzahl von $B$ und wird oft b genannt.

2) $\tau = 1$

$\lambda_1$ gibt an, in wievielen Blöcken jeder einzelne Punkt aus V vorkommt. Man sagt dafür auch: $\lambda_1$ ist die Anzahl der Blöcke durch
einen Punkt. Diese Zahl wird häufig auch r genannt.

Da wir im folgenden i.a. diese neuen Bezeichnungen verwenden werden, halten wir fest:

$$\lambda_0 =: b \qquad \lambda_1 =: r$$

Für t=1 und $\tau$=0 ergibt sich dann das folgende Korollar aus Satz
10.3.

<u>Korollar 10.1</u>  $k \cdot b = r \cdot v$

Satz 10.3 gibt einschneidende zahlentheoretische Bedingungen an,
die die Parameter v, k, t und $\lambda_t$ erfüllen müssen, damit überhaupt
die Möglichkeit der Existenz eines $(v, k, t, \lambda_t)$-Blockplans besteht.

188

Alle $\lambda_\tau$ müssen nämlich ganze Zahlen sein. Es sei jedoch festgehalten, daß nicht jede zahlentheoretisch denkbar erscheinende Möglichkeit realisierbar ist (vgl. Aufgabe 10.3).

Die folgende Tabelle zeigt einige Beispiele für Blockpläne und gibt deren spezielle Benennungen an.

| v | k | t | $\lambda_t$ | b | r | Benennung |
|---|---|---|---|---|---|---|
|  |  | 2 |  |  |  | gewöhnlicher Blockplan |
| v | k |  | v |  | k | symmetrischer Blockplan |
|  |  |  | 1 |  |  | allgemeines STEINER-System |
| v | 3 | 2 | 1 | $\frac{v(v-1)}{6}$ | $\frac{v-1}{2}$ | STEINERsches Tripel-System |
| $n^2+n+1$ | n+1 | 2 | 1 | $n^2+n+1$ | n+1 | projektive Ebene der Ordn. n |
|  |  | 6 | $\geqslant 3$ |  |  | Lotto-Garantie-System |
| 26 | 6 | 3 | 1 | 130 |  | VEW 130 (Lotto-System) |
| 22 | 6 | 3 |  | 77 |  | VEW 77 (Lotto-System) |

Bemerkungen zu dieser Tabelle:
1. Die letzten beiden Zeilen der Tabelle geben zwei Lotto-Garantie-Systeme an, die vom Deutschen Zahlenlotto als Systeme angeboten werden. Das VEW 130 besteht z.b. aus 130 Tips, die durch Auswahl von 26 der möglichen 49 Zahlen festgelegt sind. Sind unter den gezogenen Zahlen wenigstens 3 der 26 getippten Zahlen, so garantiert es einen "Gewinn". Man sieht hier leicht, daß durch Kopplung der Systeme VEW 130 und VEW 77, also durch 207 Tips, für jede Ziehung ein "Gewinn" garantiert werden kann.

2. Mit der Tabelle sollen keine Aussagen über die Existenz der angegebenen Blockpläne für alle frei auftretenden Parameter gemacht werden. Insbesondere gibt es nicht zu jedem n eine projektive Ebene der Ordnung n, z.B. nicht für n=6 (vgl. Abschnitt 10.4).

Für (v,3,2,1)-Blockpläne - also STEINERsche Tripel-Systeme - kann man dagegen zeigen, daß für jede Wahl des freien Parameters v, die den zahlentheoretischen Bedingungen des Satzes 10.3 genügt, ein Blockplan existiert:

Satz 10.4 Ein STEINERsches Tripel-System über $V=\{a_1,\ldots,a_v\}$ existiert genau dann, wenn $v \equiv 1 \mod 6$ oder $v \equiv 3 \mod 6$.

Beweis: Die Notwendigkeit der Bedingung $v \equiv 1 \mod 6$ oder $v \equiv 3 \mod 6$
ergibt sich sofort aus der Ganzzahligkeit von $r = \frac{v-1}{2}$ oder $b = \frac{v(v-1)}{6}$.
Daß diese Bedingung auch hinreichend für die Existenz ist, wurde
schon 1859 konstruktiv von R e i s s bewiesen. Wir verzichten
hier auf den Beweis und verweisen auf H a l l [19], S. 239.

Blockpläne $B$ stellen wir, wie auch schon gerichtete Graphen, durch
Matrizen dar. Die Inzidenzmatrix M eines Blockplans $B$ ist eine Matrix mit v Spalten und b Zeilen. Man numeriert die Blöcke von $B$
durch und setzt in $M_B$

$$a_{ij} := \{^{1, \text{ falls } a_j \in B_i}_{0 \text{ sonst}}$$

Diese Indizenzmatrizen sind i.a. nicht die 0-1-Matrizen der Überdeckungsstruktur.

Für den in Beispiel 10.3 angegebenen Blockplan (projektive Ebene)
$B = \{\{1,2,3\},\{1,5,6\},\{1,4,7\},\{2,5,7\},\{2,4,6\},\{3,4,5\},\{3,6,7\}\}$
erhält man die Inzidenzmatrix:

$$M = \begin{pmatrix} 1 & 1 & 1 & 0 & 0 & 0 & 0 \\ 1 & 0 & 0 & 0 & 1 & 1 & 0 \\ 1 & 0 & 0 & 1 & 0 & 0 & 1 \\ 0 & 1 & 0 & 0 & 1 & 0 & 1 \\ 0 & 1 & 0 & 1 & 0 & 1 & 0 \\ 0 & 0 & 1 & 1 & 1 & 0 & 0 \\ 0 & 0 & 1 & 0 & 0 & 1 & 1 \end{pmatrix}$$

Die Garantie dieses Blockplans läßt sich matrizentheoretisch wie
folgt formulieren: Zu je zwei Spalten von M gibt es genau eine
Zeile, in der in den beiden gewählten Spalten eine 1 steht.

Ähnlich wie in der Graphentheorie interessieren hier im Zusammenhang mit Inzidenzmatrizen folgende Fragen:
Wie lassen sich die Eigenschaften von Blockplänen matrizentheoretisch formulieren?

Kann man umgekehrt mit Hilfe der Inzidenzmatrizen Aussagen über die
Blockpläne herleiten?

Als Hilfsmatrizen verwenden wir im folgenden zwei spezielle Typen
von Matrizen.

$$E_n := \begin{pmatrix} 1 & 0 & . & . & . & 0 \\ 0 & 1 & 0 & . & . & 0 \\ . & & & & & . \\ . & & & & & . \\ . & & & & & 0 \\ 0 & . & . & . & 0 & 1 \end{pmatrix} \Big\}\, n \qquad J_{m,n} := \begin{pmatrix} 1 & . & . & . & . & 1 \\ . & & & & & . \\ . & & & & & . \\ . & & & & & . \\ . & & & & & . \\ 1 & . & . & . & . & 1 \end{pmatrix} \Big\}\, m$$

Über die Inzidenzmatrix M eines $(v,k,t,\lambda_t)$ Blockplans gilt der folgende Satz.

$\| A \|$ bezeichne die Determinante von $A$.

Satz 10.5   Sei $t \geqslant 2$.

1) $M \cdot J_{v,v} = k \cdot J_{v,v}$

2) $M^T \cdot M = (\lambda_1 - \lambda_2) E_v + \lambda_2 J_{v,v}$

3) $\| M^T \cdot M \| = (\lambda_1 + (v-1)\lambda_2)(\lambda_1 - \lambda_2)^{v-1}$

Zu 1) Bildet man $m \cdot J_{v,v}$, so müssen jeweils die Einsen in den Zeilen von M aufsummiert werden. Da in jeder Zeile von M aber k Einsen stehen, erhält man als Ergebnis eine Matrix, bei der an jeder Stelle k steht.

Zu 2) Man multipliziert die Zeile k von $M^T$ (d.h. die Spalte k von M) mit der Spalte j von M. Für $k = j$ ergibt sich dann die Anzahl der Einsen in der Spalte, also die Anzahl der Blöcke, in denen ein Punkt liegt. Das ist gerade $\lambda_1$. Für $k \neq j$ ergibt die Multiplikation die Anzahl der Blöcke, in denen $a_k$ und $a_j$ gemeinsam vorkommen. Diese Zahl ist wegen der vorhandenen $\lambda_2$-fachen 2-Garantie gerade $\lambda_2$. Man erhält also:

$$M^T \cdot M = \begin{pmatrix} \lambda_1 & \lambda_2 & . & . & . & \lambda_2 \\ \lambda_2 & \lambda_1 & \lambda_2 & & . & \lambda_2 \\ & & . & & & \\ & & . & & & \\ & & . & & & \\ \lambda_2 & . & . & . & \lambda_2 & \lambda_1 \end{pmatrix} = (\lambda_1 - \lambda_2) E_v + \lambda_2 J_{v,v}$$

Zu 3) Wir verwenden 2) und subtrahieren zur Berechnung der Determinante in der dort berechneten Matrix die Spalte 1 von allen anderen Spalten. Das liefert

$$\| M^T \cdot M \| = \begin{Vmatrix} \lambda_1 & \lambda_2 & \cdot & \cdot & \cdot\lambda_2 \\ \lambda_2 & \lambda_1 & \lambda_2 & & \lambda_2 \\ & \cdot & & & \\ & \cdot & & & \\ & \cdot & & & \\ \lambda_2 & \cdot & \cdot & \lambda_2 & \lambda_1 \end{Vmatrix} = \begin{Vmatrix} \lambda_1 & \lambda_2-\lambda_1 & \lambda_2-\lambda_1 & \cdot & \cdot & \lambda_2-\lambda_1 \\ \lambda_2 & \lambda_1-\lambda_2 & 0 & \cdot & \cdot & 0 \\ \lambda_2 & 0 & \lambda_1-\lambda_2 & 0 & \cdot & \cdot & 0 \\ & \cdot & & & & \\ & \cdot & & & & \\ \lambda_2 & & & & & \lambda_1-\lambda_2 \end{Vmatrix}$$

Nun addiere man die Zeilen 2,3,...,v zur 1. Zeile.

$$\| M^T \cdot M \| = \begin{Vmatrix} \lambda_1+(v-1)\lambda_2 & & 0 & & & & 0 \\ \lambda_2 & \lambda_1-\lambda_2 & 0 & & & & 0 \\ \lambda_2 & 0 & \lambda_1-\lambda_2 & & & & \\ \cdot & & & & & & \\ \cdot & & & & & & \\ \cdot & & & & & & 0 \\ \lambda_2 & 0 & \cdot & \cdot & \cdot & 0 & \lambda_1-\lambda_2 \end{Vmatrix}$$

Dies ist die Determinante einer Dreiecksmatrix, die bekanntlich gleich dem Produkt der Diagonalglieder ist. Damit folgt:

$$\| M^T \cdot M \| = (\lambda_1+(v-1)\lambda_2)(\lambda_1-\lambda_2)^{v-1}$$

<u>Aufgabe 10.3</u>  A sei Inzidenzmatrix eines (v,k,2,$\lambda_2$)-Blockplans.
A* entstehe aus A durch Vertauschen von Nullen mit Einsen. Man
zeige: A* beschreibt einen Blockplan mit t=2, den sog. <u>komplemen-
tären</u> Blockplan. Wie lauten die anderen Parameter dieses Blockplanes?

Die Blockzahl b eines Blockplanes ist i.a. $\geq$ der Punktzahl v.
Eine Ausnahme bildet lediglich der Fall v = k. Dann ist nach Satz
10.3 $\lambda_\tau = \lambda_t$ für alle $\tau$ mit $0 \leq \tau \leq t$, und b = $\lambda_0$ kann i.a. jeden Wert
w annehmen. Für v > k gilt aber:

<u>Satz 10.6</u>  (Fisher-Ungleichung)
Sei t $\geq$ 2. Dann gilt: Ist v > k, so ist b $\geq$ v.

Beweis (indirekt): Sei v > k und b < v. Man füge an die Inzidenzmatrix M noch v - b > 0 Nullzeilen an. Für die entstehende Matrix
M* gilt dann $\|M*\| = 0$, also auch $\|M*^T \cdot M*\| = 0$.

Es ist

$$M*^T \cdot M* = (M^T \mid 0) \cdot \binom{M}{0} = M^T \cdot M,$$

denn die Nullen rechts bzw. unten ändern an der Multiplikation nichts. Wegen $t \geqslant 2$ ist Satz 10.5 3) anwendbar und liefert:

(1) $\quad 0 = \|M*^T \cdot M*\| = \|M^T \cdot M\| = (\lambda_1 + (v-1)\lambda_2)(\lambda_1 - \lambda_2)^{v-1}$

Wegen $k > 0$ ist $\lambda_1 > 0$, und da auch $v > 0$ ist, folgt $(\lambda_1 + (v-1)\lambda_2) > 0$. Nach Satz 10.3 gilt $\lambda_1 = \lambda_2 \cdot \frac{v-1}{k-1}$. Aus der Voraussetzung $v > k$ ergibt sich nun $\lambda_1 > \lambda_2$, d.h. auch der Faktor $(\lambda_1 - \lambda_2)^{v-1}$ in $\|M*^T \cdot M*\|$ ist ungleich 0. Damit ist die rechte Seite von (1) ungleich 0. Dies ist ein Widerspruch zur linken Seite.

Satz 10.6 ist über Satz 10.3 hinaus ein weiteres Hilfsmittel, um die Nichtexistenz von Blockplänen nachzuweisen.

**Aufgabe 10.4** Gibt es einen $(21,15,2,7)$-Blockplan?

Lösung: Satz 10.3 liefert $b = \lambda_0 = 14$, $\lambda_1 = 10$. Die Ganzzahligkeitsbedingungen sind also erfüllt und liefern daher keine Aussage über die Nichtexistenz. Wegen $21 > 15$ ist aber die Voraussetzung für die Fisher-Ungleichung erfüllt. Gäbe es also einen Blockplan, so müßte $14 = b \geqslant v = 21$ gelten. Da das nicht der Fall ist, ist die gestellte Frage zu verneinen.

Im folgenden sei $v > k$. Können dann Blockpläne für den nach der Fisher-Ungleichung möglichen Fall $b = v$ auftreten, oder läßt sich die Fisher-Ungleichung sogar verschärfen?

Wie die Übersichtstabelle für Blockpläne zeigt, sind die projektiven Ebenen der Ordnung n (falls existent!) Blockpläne mit $b = v = n^2 + n + 1$. Für $n = 2$ haben wir eine solche Ebene zu Beginn dieses Abschnitts kennengelernt. Blockpläne mit $b = v$ heißen **symmetrisch**.

Für symmetrische Blockpläne gilt ein Dualitätsprinzip, welches die Begriffe "Punkt" und "Block" dual behandelt. Dieses Dualitätsprinzip ist im Spezialfall der projektiven Geometrie bekannt (vgl. R y s e r [51], S. 90).

## 10.3 Verwendung projektiver Geometrien in der Theorie der Datenstrukturen

Es soll an einem ausführlichen Beispiel gezeigt werden, wie etwa die einfachste endliche projektive Ebene in der Theorie der Datenstrukturen verwendet werden kann.

Beispiel 10.4 Sei eine Datei, deren Elemente identifizierbar seien durch Schlüssel, gegeben. Über der Datei seien N Attribute (binäre Merkmale) erklärt. Als Beispiel wählen wir N = 7 und etwa die folgenden Attribute:

$A_1$: verheiratet          $A_5$: jünger als 30 Jahre
$A_2$: selbständig          $A_6$: zwischen 30 und 50 Jahre alt
$A_3$: männlich             $A_7$: älter als 50 Jahre
$A_4$: katholisch

Die Schlüssel $\sigma$ der Datei stellen wir uns als Namen vor, und Zutreffen des Attributes $A_i$ auf $\sigma$ werde durch 1 gekennzeichnet, Nichtzutreffen durch 0. Die Datei hat also etwa folgendes Aussehen:

| $\sigma$ \ A | $A_1$ | $A_2$ | $A_3$ | $A_4$ | $A_5$ | $A_6$ | $A_7$ |
|---|---|---|---|---|---|---|---|
| $\sigma_1$ | 1 | 1 | 1 | 0 | 1 | 0 | 0 |
| $\sigma_2$ | 0 | 1 | 0 | 1 | 1 | 1 | 0 |
| $\sigma_3$ | 0 | 0 | 0 | 1 | 1 | 1 | 1 |
| . | | | . | | | | |
| . | | | . | | | | |
| . | | | . | | | | |

Z.B. ist $\sigma_1$ der Name eines verheirateten, selbständigen, nicht katholischen Mannes, der jünger ist als 30 Jahre. Nun nehmen wir an, daß an die Datei stets Abfragen nach dem Zutreffen gewisser Attribut-Kombinationen gestellt werden. Wir beschränken uns hier auf das Zutreffen eines Attributes und auf das Zutreffen von je zwei Attributen.

1. Es erfolgt Abfragen der Schlüssel nach jeweils einem Attribut $A_i$. Welche Speichermöglichkeiten bestehen, so daß die Schlüssel mit dem Attribut $A_i$ auf ökonomische Weise gefunden werden?

### a) Normalverfahren

Man speichert die Schlüssel sequentiell unter Angabe des Attributenvektors in der oben angedeuteten Weise und sucht sie dann sequentiell mit einer zum Attribut $A_i$ passenden <u>Maske</u> durch.

## b) Kanonisches Verfahren

Man legt N "Listen" an und speichert in Liste i alle Schlüssel, auf die das Attribut $A_i$ zutrifft. Bei einer Abfrage nach $A_i$ sucht man dann nur die Adresse, bei der die Liste $A_i$ beginnt.

Bei a) wird wenig Speicherplatz benötigt, doch müssen stets alle Speicherplätze mit der Maske abgetastet werden. Dieser lange Suchprozeß entfällt bei b), allerdings evtl. zu Lasten eines großen Speicherplatzbedarfes.

Wählen wir etwa 1000 Schlüssel und nehmen an, daß bei allen Attributen Zutreffen und Nichtzutreffen gleichwahrscheinlich ist, so sind bei a) 1000 Speicherplätze zu durchsuchen und aus diesen etwa 500 Schlüssel herauszugreifen. Bei b) legt man 7 Listen an, von denen jede etwa 500 Schlüssel enthält. Man benötigt also 3500 Speicherplätze, die Bearbeitungszeit für die einzelnen Listen ist aber sehr kurz.

Unter der Modellforderung, daß stets eine möglichst kurze Bearbeitungszeit erreicht werden soll, wäre hier das kanonische Verfahren vorteilhafter.

2. Es erfolgt Abfragen nach dem Zutreffen von jeweils <u>zwei</u> Attributen, z.B. welche Schlüssel $A_2$ <u>und</u> $A_4$ erfüllen.
Auch hier bieten sich zunächst die Verfahren a) und b) an.

a) Man arbeitet mit einer Maske, die gleichzeitiges Abfragen nach den beiden vorgegebenen Attributen zuläßt.

b) Jedem der $\binom{N}{2}$ Paare von Attributen ist ein Speicherbereich (Block) zuzuordnen. Man sucht dann den Block, der dem gegebenen Paar entspricht, und findet die gesuchten Schlüssel sequentiell in diesem Teil der Datei gespeichert. Der Nachteil hierbei ist, daß Schlüssel, auf die z.B. $A_1$, $A_2$ und $A_3$ zutreffen, in drei Blöcken abgespeichert werden müssen, nämlich unter den zu $\{A_1, A_2\}$, $\{A_1, A_3\}$ und $\{A_2, A_3\}$ gehörigen Blöcken.

Wir untersuchen nun ein Verfahren, das in gewisser Weise eine Zwischenlösung zwischen a) und b) ist, da weniger Speicherplatz als bei b) benötigt wird und die Bearbeitungszeit kürzer ist als bei a).

## c) Verfahren der endlichen projektiven Geometrie

Da wir uns hier auf Abfragen nach 2 Attributen beschränken und
diese Anzahl die Dimension der Geometrie bestimmt, betrachten wir
projektive Ebenen. Wir zeigen die Idee an unserem speziell gewählten Beispiel auf.
Die 7 Attribute werden mit den 7 Punkten einer projektiven Ebene
der Ordnung 2 identifiziert. Wir übernehmen die Inzidenzmatrix
dieser Ebene.

|       | $A_1$ | $A_2$ | $A_3$ | $A_4$ | $A_5$ | $A_6$ | $A_7$ |
|-------|-------|-------|-------|-------|-------|-------|-------|
| $B_1$ | 1 | 1 | 1 | 0 | 0 | 0 | 0 |
| $B_2$ | 1 | 0 | 0 | 0 | 1 | 1 | 0 |
| $B_3$ | 1 | 0 | 0 | 1 | 0 | 0 | 1 |
| $B_4$ | 0 | 1 | 0 | 0 | 1 | 0 | 1 |
| $B_5$ | 0 | 1 | 0 | 1 | 0 | 1 | 0 |
| $B_6$ | 0 | 0 | 1 | 1 | 1 | 0 | 0 |
| $B_7$ | 0 | 0 | 1 | 0 | 0 | 1 | 1 |

Jede Gerade $B_m$ hat 3 Punkte und entsteht daher auf $\binom{3}{2}$ Arten als
die durch 2 Punkte bestimmte Gerade. Jede Gerade $B_m = \{A_i, A_j, A_k\}$
bestimmt einen Speicherblock, der wiederum aus 4 Unterblöcken besteht. Man speichert nun

im 1. Unterblock alle Schlüssel mit $A_i$ und $A_j$ aber ohne $A_k$

im 2. "         "     "         "  $A_i$ " $A_k$ "    "    $A_j$

im 3. "         "     "         "  $A_j$ " $A_k$ "    "    $A_i$

im 4. "         "     "         "  $A_i$ " $A_j$ und $A_k$.

Bei dieser Speicherung kommt jeder Schlüssel $\sigma$ in jedem Block
höchstens einmal vor, also insgesamt höchstens 7mal, im Gegensatz
zur Speicherung nach b), wo ein Schlüssel $\binom{7}{2}$ = 21 mal vorkommen
kann. Ist ein Paar $\{A_i, A_j\}$ von Attributen gegeben, so muß man zu
zwei Unterblöcken zugreifen, und zwar wie folgt: Man bestimmt die
durch $A_i$ und $A_j$ führende Gerade $B_m = \{A_i, A_j, A_k\}$ und muß in dem zu
$B_m$ gehörenden Block den Unterblock der Schlüssel mit $A_i, A_j$ und $A_k$
heraussuchen.

Bei 1000 Schlüsseln und Gleichverteilung erhält man dann für:

b) $\binom{7}{2}$ = 21 Blöcke, von denen jeder etwa 250 Schlüssel enthält, d.h. es werden 5250 Speicherplätze benötigt.

c) Es entstehen 7 · 4 = 28 Unterblöcke, von denen jeder etwa 125 Schlüssel enthält, d.h. es werden nur 3500 Speicherplätze benötigt. Allerdings muß man aus den 28 Unterblöcken 2 Unterblöcke heraussuchen, in denen jeweils ein Teil der Schlüssel mit den Attributen $A_i$ und $A_j$ sequentiell gespeichert sind.

Trotz einer großen Speicherplatzersparnis gegenüber b) ist damit die Bearbeitungszeit nicht wesentlich größer, so daß die Benutzung der endlichen projektiven Ebene der Ordnung 2 in diesem Beispiel zu einer günstigen Dateispeicherung führt.

Am Rande sei erwähnt, daß es Methoden gibt, nach denen sich bei dieser Speicherung außerdem die Adressen der Blöcke und Unterblöcke elegant berechnen lassen (vgl. A b r a h a m , G h o s h , R a y - C h a u d h u r i [1]).

Es ist klar, daß in das spezielle Beispiel die "zufälligen" Parameter der verwendeten projektiven Ebene entscheidend eingehen. Zur optimalen Lösung solcher Speicherungsaufgaben wird man gelegentlich von kombinatorischen Strukturen nach Art der verwendeten Geometrie vorteilhaft Gebrauch machen können. Die Entwicklung solcher Hilfsstrukturen ist eine wichtige Aufgabe der modernen Kombinatorik.

## 10.4  Lateinische Quadrate

Weitere Beispiele für Überdeckungsstrukturen ergeben sich aus der sog. Versuchsplanung (vgl. L i n d e r [34]). Wir erläutern den Zusammenhang an einem Beispiel.

**Beispiel 10.5**  Es sollen n=4 verschiedene Motor-Typen $M_1, M_2, M_3, M_4$ von Autos getestet werden, und zwar in jeweils vier verschiedenen Geländearten $G_1, G_2, G_3, G_4$. Um eine unterschiedliche Fahrweise der n=4 Fahrer $F_1, F_2, F_3, F_4$ auszugleichen, soll der Versuch so angelegt werden, daß jeder Motor nicht nur (möglichst gleich oft) in jedem Gelände, sondern ferner (möglichst genau so oft) von jedem Fahrer gefahren werden soll. Der Versuchsplan soll also die Bewertung eines "Primärfaktors" (Motor) ermöglichen unter dem Ein-

fluß zweier "Störfaktoren" (Gelände, Fahrer). Die drei Kategorien
Motor, Gelände und Fahrer sind also nicht in einer symmetrischen
Abhängigkeitsbeziehung untereinander, sondern genügen den angege-
benen unsymmetrischen Prioritäten. Eine triviale Lösung ist mit
$n^3$ Testfahrten erzielbar, wenn jeder Fahrer mit jedem Motor in je-
dem Gelände testet. Es geht aber weniger aufwendig mit folgendem
Versuchsschema (in die Tafel sind jeweils nur die Indizes k der
Motoren $M_k$ eingetragen).

|       | $F_1$ | $F_2$ | $F_3$ | $F_4$ |
|-------|-------|-------|-------|-------|
| $G_1$ | 1     | 2     | 3     | 4     |
| $G_2$ | 2     | 1     | 4     | 3     |
| $G_3$ | 3     | 4     | 1     | 2     |
| $G_4$ | 4     | 3     | 2     | 1     |

Es handelt sich hier um ein sog. Lateinisches Quadrat Q der Ordnung n=4, bei dem jede Zahl in jeder Zeile und in jeder Spalte genau einmal vorkommt. Es gibt offenbar Lateinische Quadrate jeder
Ordnung, denn eine Gruppentafel einer Gruppe mit n Elementen induziert in natürlicher Weise ein Lateinisches Quadrat der Ordnung n.

Das gegebene Problem ist wie folgt als Überdeckungsproblem interpretierbar:

Sei $A := \{(G_i, F_j, M_k) \mid 1 \leqslant i, j, k \leqslant n\}$
$A$ enthält also alle möglichen Kombinationen von Tests.

$Z := \{(G_i, M_k) \mid 1 \leqslant i, k \leqslant n\} \cup \{(F_j, M_k) \mid 1 \leqslant j, k \leqslant n\}$
In der Zielmenge wird also jeweils der Primärfaktor mit einem Stör-
faktor in Beziehung gesetzt.
Die Relation $R$ sei wie folgt definiert: Es sei
$((G_i, F_j, M_k), (G_{i'}, M_{k'})) \in R$ , falls i=i' und k=k', sowie
$((G_i, F_j, M_k), (F_{j'}, M_{k'})) \in R$ , falls j=j' und k=k' ist.

Jeder Test überdeckt also die Kombination des Primärfaktors mit je
einem der anderen Faktoren.
Es gilt also $|A| = n^3$ und $|Z| = 2n^2$ sowie $|N_A| = 2$ und $|V_Z| = n$.

Gesucht ist eine minimale Überdeckung $B$. Sie muß, da jedes $A \in A$
zwei Elemente aus $Z$ überdeckt, wenigstens $n^2$ Elemente haben. Die

Menge der sich aus dem Lateinischen Quadrat der Ordnung n ergebenden Tripel (=Tests) $(G_i, F_j, M_{q_{ij}})$ ist nun gerade eine Überdeckung,
die minimal ist, da sie $n^2$ Elemente hat.

Das Problem kann <u>vertieft</u> werden: Angenommen, es sollen auch n=4
Reifenarten $R_1, R_2, R_3, R_4$ in unterschiedlichem Gelände von verschiedenen Fahrern in gleicher Weise getestet werden. Die Kategorie
"Reifen" wäre also ein zweiter Primärfaktor. Für diesen Test böte
sich zunächst das Lateinische Quadrat Q wiederum als Versuchsplan
an. Dabei würde aber jeder Reifentyp $R_1$ stets an ein und denselben
Motor $M_1$ gekoppelt sein. Da aber dadurch wieder ein systematischer
Fehler entstehen kann, verlangt man, daß möglichst jeder Motor $M_k$
mit jedem Reifentyp $R_1$ getestet wird, und zwar jeweils möglichst
gleich oft. Für einen Primärfaktor wirken also andere Primärfaktoren wie Störfaktoren. Eine triviale Lösung besteht darin, jeden
Fahrer in jedem Gelände mit jedem Motor und mit jeder Reifensorte
fahren zu lassen. Damit ist folgende Überdeckungsstruktur nahege-
legt:

Sei $\hat{A} := \{(G_i, F_j, M_k, R_m) \mid 1 \leqslant i,j,k,m \leqslant n\}$,

$\hat{Z} := Z \cup Z' \cup Z^*$, wobei Z bereits definiert wurde. Analog enthalte

$Z' := \{(G_i, R_m) \mid 1 \leqslant i,m \leqslant n\} \cup \{(F_j, R_m) \mid 1 \leqslant j,m \leqslant n\}$ die Kombinationen
des zweiten Primärfaktors mit je einem Störfaktor.
Ferner enthalte

$Z^* := \{(M_k, R_m) \mid 1 \leqslant k,m \leqslant n\}$ die Kombination je zweier Primärfaktoren.

Die Relation $\hat{R}$ sei wie folgt definiert:

$((G_i, F_j, M_k, R_m), (G_{i'}, M_{k'})) \in \hat{R}$, falls i=i' und k=k'

$((G_i, F_j, M_k, R_m), (F_{j'}, M_{k'})) \in \hat{R}$, falls j=j' und k=k'

$((G_i, F_j, M_k, R_m), (G_{i'}, R_m)) \in \hat{R}$, falls i=i' und m=m'

$((G_i, F_j, M_k, R_m), (F_{j'}, R_m)) \in \hat{R}$, falls j=j' und m=m'

$((G_i, F_j, M_k, R_m), (M_{k'}, R_m)) \in \hat{R}$, falls k=k' und m=m'.

Jeder Test überdeckt also alle Kombinationen je beider Primärfaktoren mit je allen anderen Faktoren.

Es ist offenbar $|\hat{A}| = n^4$ und $|\hat{Z}| = 5n^2$, ferner $|N_A| = 5$ und $|V_Z| = n^2$.

Da also jedes $A \in \hat{A}$ fünf Elemente aus $\hat{Z}$ überdeckt, sind wiederum für
eine Überdeckung $\hat{B}$ wenigstens $n^2$ Elemente aus $\hat{A}$ erforderlich. Man
erhält sie aus dem Lateinischen Quadrat Q unter Zuhilfenahme eines

weiteren Lateinischen Quadrates Q', welches zu Q in dem Sinne
"orthogonal" ist, daß bei der Überlagerung beider Quadrate jedes
der sich dann ergebenden Zahlenpaare $(q_{ij}, q'_{ij})$ genau einmal vorkommt. Für n=4 kann gewählt werden

$$Q' = \begin{vmatrix} 1 & 2 & 3 & 4 \\ 3 & 4 & 1 & 2 \\ 4 & 3 & 2 & 1 \\ 2 & 1 & 4 & 3 \end{vmatrix} \text{, so daß} \begin{vmatrix} (1,1) & (2,2) & (3,3) & (4,4) \\ (2,3) & (1,4) & (4,1) & (3,2) \\ (3,4) & (4,3) & (1,2) & (2,1) \\ (4,2) & (3,1) & (2,4) & (1,3) \end{vmatrix}$$

als Überlagerung von Q und Q' ersichtlich lauter verschiedene Paare
enthält. Offenbar bilden nun die $n^2$ Quadrupel $(G_i, F_j, M_{q_{ij}}, R_{q'_{ij}}))$

eine Überdeckung von Z. Damit hat man gegenüber der Gesamtheit von
$n^4$ möglichen Versuchen eine wesentliche Ersparnis.

Es ist nicht selbstverständlich, daß zu einem n ein Paar von orthogonalen Lateinischen Quadraten existiert. Fur n=6 ist dies nicht
der Fall, wie E u l e r bereits vermutete und wie von T a r r y
1900 bewiesen wurde. Für n=10 und allgemeiner für alle n mit
n≡2 modulo 4 wurden erst 1959 durch B o s e , S h r i k h a n d e
und P a r k e r in [8] - entgegen einer Vermutung von Euler -
Paare von orthogonalen Lateinischen Quadraten aufgefunden.
Man kann die Frage in Beispiel 10.5 noch weiter führen und bei
einem dritten Primärfaktor - etwa Stoßdämpfern - nach einer Ver-
suchsanordnung fragen, die möglichst ökonomisch Motoren, Reifen
und Stoßdämpfer unabhängig voneinander zu testen versucht. Dies
wäre gleichbedeutend mit der Frage nach drei Lateinischen Quadraten, die paarweise zueinander orthogonal sind. Für n=4 kann man
tatsächlich noch ein weiteres Quadrat Q'' finden, und zwar

$$Q'' = \begin{vmatrix} 1 & 2 & 3 & 4 \\ 4 & 3 & 2 & 1 \\ 2 & 1 & 4 & 3 \\ 3 & 4 & 1 & 2 \end{vmatrix}$$

Es ist aber bis heute unbekannt, ob z.B. für n=10 drei paarweise
orthogonale Lateinische Quadrate existieren. Demnach sind für gewisse n der Versuchsplanung mit paarweise orthogonalen Lateinischen Quadraten nach heutigem Wissensstand Grenzen gesetzt.

Die Mächtigkeit eines Systems von paarweise orthogonalen Lateinischen Quadraten (POLQs) ist nach oben beschränkt, nämlich durch $n-1$: Angenommen, es gäbe n POLQs der Ordnung n. Die erste Zeile aller Quadrate kann o.B.d.A. (wie schon im Beispiel n=4 geschehen!) gleich 1 2 3 . . n gesetzt werden. In der zweiten Zeile vorn stehen in allen Quadraten wegen der Latinizität nur Zahlen $\neq 1$. Für n Quadrate hat man dort also nur noch n-1 verschiedene Wahlmöglichkeiten; also muß für wenigstens zwei Quadrate Q, Q' gelten, daß $q_{21}=q'_{21}=:k$. Im Gegensatz zur Annahme sind diese beiden Quadrate aber nicht orthogonal; denn in der 1. Zeile gilt ebenfalls $q_{1k}=q'_{1k}=k$, so daß bei der Überlagerung von Q und Q' zweimal das Zahlpaar $(k,k)=(q_{21},q'_{21})=(q_{1k},q'_{1k})$ auftritt.

Systeme von POLQs mit Mächtigkeit n-1 (sog. vollständige Systeme) kommen tatsächlich vor, wie wir für n=4 sahen. Es gibt hier einen sehr interessanten Zusammenhang zur Frage nach der Existenz endlicher projektiver Ebenen.

Satz 10.7 ( B o s e , S t e v e n s 1938 )
Es gibt eine projektive Ebene der Ordnung n genau dann, wenn es ein vollständiges System von POLQs der Ordnung n gibt.

Zum Beweis vgl. R y s e r [51], S. 92.
Projektive Ebenen der Ordnung n - und damit auch vollständige Systeme von POLQs - existieren insbesondere für den Fall, daß n eine reine Primzahlpotenz ist ( V e b l e n , B u s s e y 1908), also für n= 3,4,5,7,8,9,11,13,16,17,19,23,25,27,29,...

B r u c k und R y s e r fanden 1949 eine Bedingung, nach der sich die Fälle n=6,14,21,22,30,... als mögliche n für projektive Ebenen ausschließen lassen. Der einfachste bisher unentschiedene Fall ist n=10. Er hat bisher allen (auch Computer-) Untersuchungen widerstanden.

# 11. Codes

## 11.1 Das Code-Überdeckungsproblem

Im Rahmen der Überdeckungsstrukturen haben wir in Abschnitt 10. Blockpläne als exakte Lösung eines Überdeckungsproblems bei k-Graphen kennengelernt. Unter den Begriff der Überdeckungsstruktur fallen aber auch weitere für Anwendungszwecke recht wichtige diskrete Strukturen, die sog. Codes. Ehe dieser Zusammenhang hergestellt wird, sollen zunächst einige Grundbegriffe aus der Theorie der Codes zusammengestellt werden.

Sei eine k-elementige Menge K gegeben, die wir o.B.d.A. $K = \{0,1,2,\ldots,k-1\}$ setzen. Wir interessieren uns für die Menge $K^n$ aller n-Tupel (n-stelliger Vektoren) über K.

<u>Definition 11.1</u> Jede Teilmenge $C \subseteq K^n$ mit $(0,\ldots,0) \in C$ heißt ein <u>allgemeiner Code</u>. Jedes Element $x \in C$ heißt <u>Codewort</u>.

Als Motivation für diese Definition stellen wir uns folgende Situation vor:

Angenommen, ein deutscher Text soll von einem Sender über eine Leitung zu einem Empfänger übertragen werden (vgl. Fig. 11.1). Man wählt einen Symbolbereich K, mit dem die Nachricht übermittelt werden soll, und verschlüsselt zunächst den Text, d.h. man ordnet z.B. jedem Buchstaben des Alphabets ein Element aus $K^n$ zu, nachdem man sich vorher ein von den jeweiligen Erfordernissen abhängiges n überlegt hat. Für $K = \{0,1\}$ muß man zur Verschlüsselung des Alphabets z.B. $n \geqslant 5$ wählen, denn nur dann gilt $|K^n| \geqslant 26$.

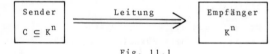

| Sender | Leitung | Empfänger |
|--------|---------|-----------|
| $C \subseteq K^n$ | $\Longrightarrow$ | $K^n$ |

Fig. 11.1

Der Code C ist dann die Menge der als Codewort auftretenden n-Tupel. Der Empfänger kennt die Bedeutung der einzelnen Worte aus C und kann so die empfangene Nachricht wieder entschlüsseln (decodieren). Im Unterschied zu den ungleichmäßigen Codes (vgl. Abschnitt 8.5) ist bei den hier verwendeten gleichmäßigen Codes das Ende eines Codewortes wegen der gleichmäßigen Länge aller $x \in C$ stets lokalisierbar.

Die geschilderte Idealsituation liegt i.a. aber nicht vor, da die Leitung gestört sein kann und dadurch u.U. gesendete Worte falsch beim Empfänger ankommen. Wie z.b. bei der deutschen Sprache eine gewisse Zahl von Übermittlungsfehlern (Druckfehler usw.) toleriert werden kann, wollen wir auch hier annehmen, daß bei der Übermittlung pro Codewort eine Anzahl von Fehlern, z.B. e Stück, erlaubt sind. Bei deutschen Texten wird man die aufgetretenen Fehler i.a. sofort erkennen und häufig mit Hilfe des Kontextes und der natürlichen Redundanz der Sprache korrigieren können. Z.B. wird man beim Lesen des Wortes "Vorlesund" aus dem Kontext entnehmen können, ob das Wort "Vorlesung" oder das Wort "vorlesend" gemeint ist.

Auf die allgemeine Situation übertragen ergibt sich folgendes Problem:

Wie kann man "optimale" Codes finden, d.h. Codes, die nicht zu umfangreich sind und bei denen in ankommenden Worten eine Anzahl $\leqslant$ e Fehler erkannt (und eventuell auch korrigiert) werden kann?

Unter der Annahme, daß pro n-Tupel bei der Übertragung höchstens e Fehler auftreten, muß der Empfänger also bei jedem ankommenden n-Tupel entscheiden können, ob es ein Codewort ist oder wieviel Fehler aufgetreten sind. Bei korrigierbaren Codes muß er sogar für jedes ankommende n-Tupel entscheiden können, welches Codewort gesendet wurde.

Wir versuchen nun, den Zusammenhang zu Überdeckungsstrukturen herzustellen. Mathematisch läßt sich die Fehlerzahl eines Codeworts durch einen speziellen Distanzbegriff erfassen.

Definition 11.2  Seien $x,y \in K^n$.

$h(x,y) := \#$(Komponenten, an denen sich $x$ und $y$ unterscheiden) heißt Hamming-Distanz von $x$ und $y$.

Man weist leicht nach, daß die Hamming-Distanz die üblichen, an eine Metrik zu richtenden Abstandsbedingungen erfüllt. Wir listen diese Bedingungen im folgenden Satz noch einmal auf.

Satz 11.1  Seien $x,y,z \in K^n$. Dann gilt für die Hamming-Distanz:

1) $h(x,x) = 0$            2) $h(x,y) = h(y,x)$

3) $h(x,z) \leqslant h(x,y) + h(y,z)$

Das oben angeschnittene Problem läßt sich nun folgendermaßen formulieren:

Wie kann man einen minimalen (oder kostengünstigsten) Code $C \subseteq K^n$

finden, so daß zu jedem $x \in K^n$ ein $y \in C$ existiert mit $h(x,y) \leqslant e$?
Dies ist das sog. Code-Überdeckungsproblem. In der Terminologie
von Abschnitt 10.1 liegt eine Überdeckungsstruktur $(A, Z, R_e)$ vor
mit $A = Z = K^n$ und einer vom vorgegebenen e abhängigen Relation
$R_e$, die definiert ist durch:

$$(a,z) \in R_e \; : \; \leftrightarrow \; h(a,z) \leqslant e$$

Eine minimale Überdeckung $B \subseteq A$ ist dann ein Code, der zumindest die
oben angegebene Minimaleigenschaft besitzt, d.h. für jede echte
Teilmenge $B'$ von $B$ gibt es einen Vektor $x \in K^n$, für den $h(x,y) > e$ für
alle $y \in B'$ gilt.

Aufgabe 11.1   Man beweise: $(A, Z, R_e)$ ist eine reguläre Überdeckungsstruktur.

Nach Definition 11.1 ist insbesondere $C = K^n$ ein Code. Diese Situation läßt sich folgendermaßen interpretieren:
Gegeben sind $|K^n|$ Informationssymbole. Jedem dieser Informations-
symbole ordnet man ein Element aus $K^n$ als Codewort zu, wobei natürlich auf Injektivität geachtet wird. Dann ergibt sich der Code
$C = K^n$.
Solche Codes, bei denen Information mit möglichst wenig Codewort-
stellen dargestellt wird, werden häufig Quellencodes genannt.

Definition 11.3   Eine Code $C \subseteq K^n$ mit $|K^{n-1}| < |C| \leqslant |K^n|$ heißt
Quellencode.

Die Speicherung solcher Codes in Rechenanlagen benötigt wegen der
Minimalität der Codewortlänge wenig Speicherplatz. Es ist natürlich klar, daß bei solchen Codes eine Fehlererkennung bzw. Fehlerkorrektur kaum möglich ist. Dazu benötigt man redundante Codes
("weitschweifige" Codes), das sind Codes, bei denen die Anzahl der
Codewörter wesentlich kleiner ist als die Anzahl der Vektoren in
$K^n$.
Ohne hier Redundanz genau zu definieren, sei gesagt, daß sie im
wesentlichen von der Differenz $|K^n| - |C|$ abhängt und bei wachsender
Redundanz mehr Fehler erkannt bzw. korrigiert werden können. Auf
der anderen Seite bedeutet große Redundanz aber i.a. auch eine Erhöhung der Übertragungskosten, und so sind wir wiederum bei dem
Problem angelangt, Codes zu finden, die einerseits im vorhandenen
technischen System sicher genug sind und andererseits die Übertragungskosten möglichst klein halten.

## 11.2 Tetraden-Codes

Es sollen hier Quellencodes C betrachtet werden, die die 10 Ziffern
0,1,2,3,4,5,6,7,8,9 des Dezimalsystems in binärer Form darstellen.
Da Rechenanlagen i.a. ausschließlich mit binären Bauelementen arbeiten, müssen insbesondere Dezimalzahlen in binärer Form dargestellt sein, damit intern mit ihnen operiert werden kann. Aus diesem Grunde sind solche Codes überaus wichtig.

Für Quellencodes C, mit denen 10 Ziffern verschlüsselt werden sollen, ergibt sich wegen $2^3 < 10 < 2^4$ die Codewortlänge n=4. Jede Dezimalziffer wird in einem solchen Code also durch eine 4-stellige
Folge aus 0 und 1 dargestellt. Aus diesem Grund nennt man solche
Codes auch Tetraden-Codes.

Für mehrstellige Dezimalzahlen wird jede Ziffer durch eine Tetrade
dargestellt, und diese Tetraden werden entsprechend der Dezimal-
darstellung hintereinander geschrieben.

In der folgenden Tabelle sind die vier wichtigsten Tetraden-Codes
aufgelistet (siehe B a u e r , G o o s [5]):

| Tetraden | Direkter Code | 3-Exzess-Code (Stibitz-Code) | Aiken-Code | Gray-Code |
|----------|---------------|------------------------------|------------|-----------|
| 0000 | 0 |   | 0 | 0 |
| 0001 | 1 |   | 1 | 1 |
| 0010 | 2 |   | 2 | 3 |
| 0011 | 3 | 0 | 3 | 2 |
| 0100 | 4 | 1 | 4 | 7 |
| 0101 | 5 | 2 |   | 6 |
| 0110 | 6 | 3 |   | 4 |
| 0111 | 7 | 4 |   | 5 |
| 1000 | 8 | 5 |   |   |
| 1001 | 9 | 6 |   |   |
| 1010 |   | 7 |   |   |
| 1011 |   | 8 | 5 |   |
| 1100 |   | 9 | 6 | 8 |
| 1101 |   |   | 7 | 9 |
| 1110 |   |   | 8 |   |
| 1111 |   |   | 9 |   |

Die jeweils sechs ungenutzten Tetraden pro Code werden als Pseudotetraden bezeichnet.

Anmerkungen zu den einzelnen Codes:

1. Beim direkten Code werden die 10 Dezimalziffern einfach durch ihre Dualzahldarstellung codiert. Eine mehrstellige Dezimalzahl, z.B. 957, wird hier in 1001 0101 0111 codiert.

2. Der 3-Exzess-Code entsteht aus dem direkten Code, indem man zu jedem Codewort des direkten Codes die Zahl 3 dual addiert. Bei diesem Code ergibt für Ziffern $x \leqslant 4$ die duale Addition der Codewörter für x und 9-x stets die Dualzahl 1111. Das ermöglicht die leichte Bildung des sog. Neunerkomplements, was wiederum Vorteile bei Rechenoperationen an auf solche Art codierten Zahlen mit sich bringt.

3. Der Aiken-Code besitzt ähnliche Symmetrieeigenschaften wie der 3-Exzess-Code.

4. Im Gegensatz zu den drei ersten Tetraden-Codes scheint im Gray-Code eine gewisse Unsystematik zu

liegen. Schreibt man jedoch die
Dezimalziffern der Reihe nach untereinander und die Codewörter daneben,
so ergibt sich leicht ein Bildungs-
prinzip (siehe nebenstehende Tabelle). Der Gray-Code ist progressiv,
d.h. beim Fortschreiten von einer
Dezimalziffer zur anderen (also
bei Addition mit 1) ändert sich im
entsprechenden Codewort jeweils nur
eine Binärstelle. Wegen dieses Auf-

| | |
|---|---|
| 0 | 0000 |
| 1 | 0001 |
| 2 | 0011 |
| 3 | 0010 |
| 4 | 0110 |
| 5 | 0111 |
| 6 | 0101 |
| 7 | 0100 |
| 8 | 1100 |
| 9 | 1101 |

baus ist er besonders gut dazu geeignet, analoge Messungen zu digitalisieren. Nehmen wir als Beispiel dazu an, auf einer von 0 g bis 9 g messenden Waage sollen Wägungen durchgeführt werden, deren Ergebnisse sofort digital abgeführt werden soll. Trägt man nun

nach Fig. 11.2 die Gewichte auf
der Gewichtsskala im Gray-Code
auf und koppelt die vier Stellen jeweils mit Photozellen,
die auf die Zeigerstellung rea-
gieren, so ist bei Zeigerzwi-
schenstellungen nur eine Stelle
nicht einheitlich. Das bedeutet,

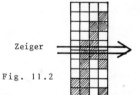

Zeiger

Fig. 11.2

daß bei diesen Zwischenstellungen durch die Digitalisierung höchstens der Nachbarwert als Meßergebnis abgeführt wird.

Bei den vorgestellten Tetraden-Codes ist Fehlererkennung und Fehlerkorrektur allenfalls beim Auftreten von Pseudotetraden möglich. Solche Fragen stehen bei diesen Codes aber auch etwas im Hintergrund. Vielmehr war der Hauptgesichtspunkt beim Aufstellen der angegebenen Tetraden-Codes die Frage, ob sich Rechenoperationen an Dezimalzahlen leicht als binäre Operationen an den entsprechenden Codewörtern nachvollziehen lassen. Hier haben - wie unter Anmerkung 2 schon angedeutet - die vier in obiger Tabelle zusammengestellten Tetraden-Codes jeweils spezifische Eigenschaften, die Vor- oder Nachteile bedeuten können. Zur Durchführung von Additionen und Komplementbildungen in den einzelnen Codes, sei z.B. auf D w o r a t s c h e k [11] verwiesen.

## 11.3 Paritätskontrolle und Blocksicherung bei Tetraden-Codes

Durch Einführung zusätzlicher Bits können auch Tetraden-Codes gegen Fehler abgesichert werden. Die wichtigsten Methoden hierzu seien kurz vorgestellt.

Eine sichere Erkennung von einem Fehler ist durch Erweiterung der Codewortlänge um 1 zu erreichen. Man verwendet die Methode der sog. Paritätskontrolle. Dabei wird die Zusatzstelle (Prüfbit) so gewählt, daß die Gesamtzahl der Einsen im Codewort entweder stets gerade wird (gerade Paritätskontrolle) oder stets ungerade wird (ungerade Paritätskontrolle).

| Dezimalziffer | Prüfbit | Tetrade |
|---------------|---------|---------|
| 0 | 0 | 0011 |
| 1 | 1 | 0100 |
| 2 | 0 | 0101 |
| 3 | 0 | 0110 |
| 4 | 1 | 0111 |
| 5 | 1 | 1000 |
| 6 | 0 | 1001 |
| 7 | 0 | 1010 |
| 8 | 1 | 1011 |
| 9 | 0 | 1100 |

Z.B. ergeben sich beim 3-Exzess-Code mit geraden Paritätskontrolle
zu den einzelnen Tetraden die in vorstehender Tabelle aufgeführten
Prüfbits. Für die so erhaltenen jetzt fünfstelligen Codewörter ergibt sich als minimale Hamming-Distanz zwischen zwei Codewörtern
gerade 2, so daß die Erkennung von einem Fehler möglich ist. Als
Nachteil hierbei ist zu werten, daß bei einem Fehler im Prüfbit
ein Übertragungsfehler simuliert wird.

Eine Fehlerkorrektur bei der Übertragung von Tetraden-Codes ist auf
folgende Weise möglich:
Man betrachtet Folgen von Codewörtern, die man Blöcke nennt. Bei
der Übertragung werden nun Blöcke gleicher Größe gebildet, und zusätzlich zu jedem Block wird als Sicherung eine Prüfzeile (vgl.
Teil B von Fig. 11.3) und pro Codewort ein Prüfbit (vgl. Spalte A
von Fig. 11.3) übertragen. Ferner wird an der Stelle C ein Prüfbit
eingeführt, welches sich aus einer Paritätskontrolle der Prüfzeile
B und der Prüfspalte A ergibt. Legt man z.b. eine gerade Paritätskontrolle zugrunde, sieht solch eine Blocksicherung wie folgt aus:

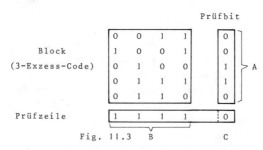

Fig. 11.3

Man beachte, daß C=0 ist, genau dann, wenn im Inneren des Blocks
eine gerade Anzahl von Einsen steht.
Besteht ein Block aus k Tetraden, müssen also pro Block
$4k+k+5=5(k+1)$ Bits übertragen werden. Unter der Voraussetzung, daß
dabei höchstens eines der $5(k+1)$ Bits fehlerhaft ist, kann dieses
sogar lokalisiert und damit korrigiert werden. Dies ergibt sich
aus folgender Überlegung:
Der Übertragungsfehler - falls überhaupt vorhanden - liege
(I) im Inneren des Blocks.
Dann bemerkt der Empfänger, daß ein Prüfbit der Spalte A und ein
Bit in Teil B der Prüfzeile die gerade Parität verletzen. Am

Kreuzungspunkt der beiden entsprechenden Zeilen und Spalten lokalisiert er den Fehler.

(II) im Teil A der Prüfspalte oder im Teil B der Prüfzeile.
Das Bit C verletzt dann <u>nur</u> die gerade Parität der Prüfspalte bzw. die der Prüfzeile. So kann der Übertragungsfehler lokalisiert werden.

(III) im Bit C.
Das Bit C verletzt dann die gerade Parität der Prüfzeile <u>und</u> der Prüfspalte. Der Empfänger stellt nirgendwo sonst einen weiteren Fehler fest, und damit ist der Fehler bei C lokalisiert.

Solch eine Blocksicherung ist nur bei verhältnismäßig sicheren Übertragungskanälen zu empfehlen, bei denen Blöcke aus vielen Tetraden gebildet werden können. Denn pro Block aus k Tetraden ergibt sich das Verhältnis der zur Sicherung benötigten Bits zur Anzahl der Information tragenden Bits zu $\frac{k+5}{4k}$ , und dieses wird bei wachsendem k kleiner, kann aber den Grenzwert $\frac{1}{4}$ selbstverständlich nicht unterschreiten.

## 11.4  Lineare Codes

Codes, die für die Praxis recht nützliche Eigenschaften besitzen, ergeben sich, wenn die Ausgangsmenge K so gewählt wird, daß sie durch Einführung geeigneter Operationen zu einem Körper gemacht werden kann. Dann ist nämlich $K^n$ ein Vektorraum über K, und zur Herleitung von Eigenschaften für geeignete Teilmengen von $K^n$ (Codes) können Sätze der linearen Algebra benutzt werden. Der in den folgenden Abschnitten skizzierte Teil der sog. algebraischen Codierungstheorie setzt wesentliche Kenntnisse aus der linearen Algebra und der allgemeinen Algebra, insbesondere der Theorie der endlichen Körper, voraus. Hierzu vergleiche man z.B. die Lehrbücher  K o w a l s k y  [31] und  v a n  d e r  W a e r d e n  [57].

Allgemein besagt ein bekannter <u>Satz der Algebra</u>:
Genau dann, wenn k eine Primzahlpotenz ist, gibt es einen Körper aus k Elementen.

Wir wollen in den folgenden Abschnitten stets annehmen, daß K ein Körper ist, daß also k∈{2,3,4,5,7,8,9,11,13,16,...} gilt.
Ein wichtiger Spezialfall ergibt sich für k=2, d.h. K={0,1}. Die Verknüpfungen in K sind dann gerade die Booleschen Verknüpfungen

Antivalenz ↮ und Produkt ·(vgl. Abschnitt 4.6).

Definition 11.4   K sei ein Körper. $C \subseteq K^n$ heißt linearer (n,r)-Code
genau dann, wenn C ein Untervektorraum von $K^n$ der Dimension r ist.

Ein linearer (n,r)-Code besteht demnach aus $k^r$ Codeworten der Länge n.

Definition 11.5   Sei $x \in K^n$. Das Gewicht w(x) von x ist die Anzahl
der Komponenten von x, die ungleich 0 sind.

Nach Definition 11.2 gilt w(x)=h(x,0), d.h. das Gewicht eines Vektors ist der Hamming-Abstand dieses Vektors vom Nullvektor. (In
linearen Codes nennt man Codewörter häufig auch Vektoren.) Die
Qualität eines Codes kann man daran messen, wie weit die Codewörter voneinander entfernt sind. Denn davon hängt letztlich ab, wieviele Fehler von dem Code erkannt und eventuell korrigiert werden
können. Zur Präzisierung dieser Code-spezifischen Eigenschaften
definiert man:

Definition 11.6   C sei beliebiger Code.
w(C):={min w(x) | $x \in C \wedge x \neq 0$} heißt Minimalgewicht von C.
h(C):={min h(x,y) | $x,y \in C \wedge x \neq y$} heißt Minimalabstand von C.

Sollen durch einen Code viele Fehler erkennbar sein, so muß er
großen Minimalabstand haben. In linearen Codes stimmen Minimalgewicht und Minimalabstand überein.

Satz 11.2   Ist C ein linearer Code, so gilt w(C)=h(C).
Beweis: Wir zeigen  1) w(C)$\geqslant$h(C)   und   2) w(C)$\leqslant$h(C).
Zu 1) Sei x mit $0 \neq x \in C$ so gewählt, daß w(x)=W(C).
Dann gilt w(C)=w(x)=h(x,0)$\geqslant$h(C), da x,0 ∈ C.
Zu 2) Seien x,y ∈ C, $x \neq y$ so gewählt, daß h(x,y)=h(C).
Da C ein Vektorraum ist, folgt (x-y) ∈ C. Ferner gilt $x-y \neq 0$ und
daher w(C)$\leqslant$w(x-y)=h(x-y,0)$\leqslant$h(x,y)=h(C).

Definition 11.7   Sei e ∈ N.
$S_e(x)$:={y | $y \in K^n \wedge$ h(x,y) $\leqslant$ e} heißt e-Sphäre von x.

In der e-Sphäre von x liegen also alle Vektoren, deren Hamming-Abstand von x höchstens e ist.

Beispiel 11.1   Für K={0,1} und n=3 wollen wir uns anhand eines
geometrischen Modells solche e-Sphären einmal verdeutlichen. Wir
stellen $\{0,1\}^3$ als Eckenmenge eines Würfels wie in Fig. 11.4 dar

und erhalten:

In der e-Sphäre eines Punktes $x$ liegen alle Punkte $y$, die von $x$ aus durch einen Kantenzug aus höchstens e Kanten erreichbar sind.

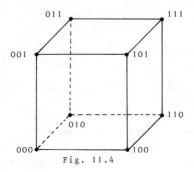

Fig. 11.4

Es gilt z.B. $S_1((0,0,0)) = \{(0,0,0),(0,0,1),(0,1,0),(1,0,0)\}$;
$S_2((0,0,0)) = K^3 \setminus \{(1,1,1)\}$; $S_3((0,0,0)) = K^3$.
Ferner $S_1((1,1,1)) = \{(1,1,1),(0,1,1),(1,0,1),(1,1,0)\}$, usw.

<u>Aufgabe 11.1</u>  Man gebe je einen (5,3)-Code $C \subseteq \{0,1\}^5$ an mit Minimalabstand 1 bzw. 2. Gibt es einen solchen Code auch mit Minimalabstand 3?

Hinweis: Man konstruiert solche Codes, indem man sich jeweils 3 linear unabhängige Vektoren aus $\{0,1\}^5$ vorgibt und die Menge der Linearkombinationen bestimmt. Im ersten Fall wählt man Vektoren mit dem Gewicht 1, im zweiten Fall Vektoren mit dem Gewicht 2 und zwar so, daß bei Bildung von Linearkombinationen kein Vektor mit dem Gewicht 1 entsteht.

Einen verlangten Code mit Minimalabstand 3 kann es nicht geben. Dies folgt aus einer leichten Überlegung über die Gewichte der Vektoren.

Der folgende Satz liefert eine Möglichkeit, aus dem Minimalabstand eines Codes zu erkennen, wieviele Fehler korrigiert werden können.

<u>Satz 11.3</u>  C sei Code mit $h(C) = 2e+1$.

Wenn $x, y \in C$ und $x \neq y$ , dann gilt $S_e(x) \cap S_e(y) = \emptyset$.

Für Codes mit Minimalabstand 2e+1 sind also die e-Sphären verschiedener Codewörter disjunkt.

Der Beweis ergibt sich unmittelbar aus den Abstandseigenschaften

(Satz 11.1).

In Beispiel 11.1 gilt für den trivialen Code $C=\{(0,0,0),(1,1,1)\}$, daß h(C)=3 ist, und demnach sind die beiden angegebenen 1-Sphären disjunkt.

Satz 11.3 besagt das Folgende:
Hat ein Code den Minimalabstand 2e+1, so wird bei Übertragung eines Codeworts $x$ selbst bei e Fehlern das empfangene Wort noch als Bild von $x$ erkannt, weil es in keiner e-Sphäre eines anderen Codewortes liegt, d.h. es können bis zu e Fehler korrigiert werden. Aus diesem Grunde nennt man einen solchen Code C auch e-irrtumskorrigierend. Auf die praktische Fehlererkennung und Korrektur wird in Abschnitt 11.6 eingegangen.

## 11.5 Perfekte Codes

Perfekte Codes sind diskrete Strukturen, welche ähnlich wie die Blockpläne optimal sind.

Definition 11.8  Sei eine Überdeckungsstruktur $(A, Z, R_e)$ mit $A=Z=\mathrm{K}^n$ und $R_e$ wie in Abschnitt 11.1 gegeben. Sei ferner $C\subseteq A$ ein Code mit h(C)=2e+1.
Gilt dann $\underset{x\in C}{\cup} S_e(x) = \mathrm{K}^n$, so heißt C perfekter Code.

Satz 11.4  Ein perfekter Code C ist eine Überdeckung von $(A, Z, R_e)$.

Beweis: Zu zeigen ist nach Definition 10.2, daß $N_C=Z$ ist.
$N_C=\{z\,|\,\exists x\in C\ (x,z)\in R_e\}=\{z\,|\,\exists x\in C\ h(x,z)\leqslant e\} = \underset{x\in C}{\cup} S_e(x) = \mathrm{K}^n = Z$.

Aufgabe 11.2  Man zeige (mit Hilfe von Satz 11.3), daß jeder perfekte Code eine minimale Überdeckung von $(A, Z, R_e)$ ist.

Insgesamt folgt, daß man in einem perfekten Code unter der Voraussetzung, daß höchstens e Übermittlungsfehler pro Codewort auftreten, jedes empfangene $y\in\mathrm{K}^n$ eindeutig decodieren kann, d.h. ihm ein $x\in C$ zuordnen kann mit $(x,y)\in R_e$. Man nehme nämlich das eindeutig bestimmte $x\in C$ mit $y\in S_e(x)$.

Beispiel 11.2 (für einen linearen perfekten Code)

Sei k=2, d.h. K={0,1}, n=7 und e=1.
In der gegebenen Tabelle interpretiere man jede Zeile aus 7 Komponenten als einen Vektor, so daß sich C als Code aus den 16 Vektoren $x_0, x_1, \ldots, x_{15}$ ergibt. Wir zeigen, daß C perfekt ist.

| $x_0$ | 0 | 0 | 0 | 0 | 0 | 0 | 0 | $x_8$ | 1 | 1 | 1 | 1 | 1 | 1 | 1 |
|---|---|---|---|---|---|---|---|---|---|---|---|---|---|---|---|
| $x_1$ | 1 | 1 | 1 | 0 | 0 | 0 | 0 | $x_9$ | 0 | 0 | 0 | 1 | 1 | 1 | 1 |
| $x_2$ | 1 | 0 | 0 | 1 | 1 | 0 | 0 | $x_{10}$ | 0 | 1 | 1 | 0 | 0 | 1 | 1 |
| $x_3$ | 1 | 0 | 0 | 0 | 0 | 1 | 1 | $x_{11}$ | 0 | 1 | 1 | 1 | 1 | 0 | 0 |
| $x_4$ | 0 | 1 | 0 | 1 | 0 | 1 | 0 | $x_{12}$ | 1 | 0 | 1 | 0 | 1 | 0 | 1 |
| $x_5$ | 0 | 1 | 0 | 0 | 1 | 0 | 1 | $x_{13}$ | 1 | 0 | 1 | 1 | 0 | 1 | 0 |
| $x_6$ | 0 | 0 | 1 | 0 | 1 | 1 | 0 | $x_{14}$ | 1 | 1 | 0 | 1 | 0 | 0 | 1 |
| $x_7$ | 0 | 0 | 1 | 1 | 0 | 0 | 1 | $x_{15}$ | 1 | 1 | 0 | 0 | 1 | 1 | 0 |

Wegen $h(C)=3=2e+1$ bleibt $\bigcup_{x \in C} S_1(x) = K^7$ zu zeigen. Dazu verwenden wir ein einfaches Abzählargument.

Sei $x \in C$ beliebig gegeben. Dann liegen in der 1-Sphäre von $x$ genau $1+7=8$ Elemente. Alle 1-Sphären zusammen enthalten also $8 \cdot 16 = 128$ Elemente. Da ferner $|K^7| = 2^7 = 128$ gilt, folgt $\bigcup_{x \in C} S_1(x) = K^7$.

Der angegebene Code C ist - wie man leicht nachrechnet - auch ein linearer Code, also ein Untervektorraum von $K^7$. Es gilt $\dim(C)=4$.

Bemerkung:

Alle Codewörter eines festen Gewichts $\neq 0$ und $\neq 7$ in diesem Code bilden jeweils einen nicht-trivialen Blockplan. Die Vektoren $x_1, \ldots, x_7$ ergeben gerade die projektive Ebene der Ordnung 2, d.h. einen $(7,3,2,1)$-Blockplan. Die Vektoren $x_9, \ldots, x_{15}$ bilden einen dazu komplementären Blockplan (vgl. Aufgabe 10.3).

Zwischen perfekten Codes und Blockplänen gibt es - über Beispiel 11.2 hinaus - einen tieferen Zusammenhang.

Satz 11.5 ( A s s m u s , M a t t s o n [4] 1967)

Sei $C \subseteq K^n$ ein linearer $(n,r)$-Code mit Minimalgewicht $d=2e+1$. Für alle $x=(x_1, \ldots, x_n) \in C$ sei $s(x):=\{i \mid x_i \neq 0\}$. Dann gilt:
C ist perfekt genau dann, wenn $\{s(x) \mid x \in C, \ w(x)=d\}$ ein $(n,d,e+1,(k-1)^e)$-Blockplan über $\{1, \ldots, n\}$ ist.

11.6   Eine Code-Konstruktion mit Fehler-Korrektur

Im folgenden wollen wir zeigen, daß es einen systematischen Weg zur Gewinnung perfekter Codes gibt. Wir beschränken und hier auf den Booleschen Fall $k=2$ und auf $e=1$. Die sich dann ergebenden Codes werden binäre Hamming-Codes genannt. Allgemeinere Ergebnisse können im Rahmen der Codierungstheorie gewonnen werden (siehe z.B. v a n   L i n t [35] oder P e t e r s o n [47]).

Unser Ziel ist es, bei vorgegebener Codewortlänge n einen Code mit
möglichst vielen Codeworten zu konstruieren, bei dem eine Fehlerzahl $\leqslant 1 = e$ pro Codewort korrigiert werden kann und diese Korrektur
systematisch durchgeführt werden kann.

Betrachten wir zunächst den Fall $n = 2^q - 1$. H sei eine Matrix über
$K = \{0,1\}$ mit q Spalten und n Zeilen,
wobei die Nullzeile nicht vorkommt
und die Zeilen $h_1, \ldots, h_n$ entsprechend steigenden Dualzahlen geordnet sein sollen. Für n=7 erhalten
wir dadurch z.B. die nebenstehende
Matrix H.

$$H = \begin{pmatrix} 0 & 0 & 1 \\ 0 & 1 & 0 \\ 0 & 1 & 1 \\ 1 & 0 & 0 \\ 1 & 0 & 1 \\ 1 & 1 & 0 \\ 1 & 1 & 1 \end{pmatrix}$$

Wie man aus dem Zeilenrang sofort abliest, gilt $Rg(H) = q$. H heißt
Kontrollmatrix.

Wir betrachten nun das homogene Gleichungssystem $x \cdot H = 0$, oder aufgelöst als Zeilengleichung:

(1) $\qquad h_1 \cdot x_1 + h_2 \cdot x_2 + \ldots + h_n \cdot x_n = 0$

Faßt man dies als Gleichungssystem über dem Booleschen Körper
$K = \{0,1\}$ auf, so folgt aus den Sätzen der linearen Algebra, daß die
Lösungsgesamtheit von (1) ein Vektorraum der Dimension $r = n - q$ ist.
Im Falle n=7 erhalten wir r=4, d.h. die Lösungsgesamtheit ist ein
Vektorraum der Dimension 4, der damit $2^4 = 16$ Vektoren besitzt. Geht
man im Falle $n = 2^q - 1$ von einer systematisch aufgebauten Kontrollma-
trix der beschriebenen Art aus und definiert den Code C als die
Lösungsgesamtheit des Gleichungssystems (1), so folgt für alle q:

Satz 11.6   C ist ein linearer Code mit w(C)=3.

Beweis: Die Linearität folgt sofort, da die Lösungsgesamtheit
eines homogenen Gleichungssystems ein Vektorraum ist. Satz 11.2
liefert daher w(C)=h(C) und es reicht, $h(C) \doteq 3$ zu zeigen.

Sei $x$ Lösung von (1) mit $x \neq 0$. $x$ kann nicht nur eine 1 als Komponente haben, da sonst aus (1) $h_i = 0$ folgen würde für eine Zeile $h_i$
von H. H hat aber nach Konstruktion keine Nullzeile. Wären aber
genau zwei Einsen in $x$ vorhanden, etwa $x_i = x_j = 1$ (i $\neq$ j), so müßte
nach (1) demnach $h_i + h_j = 0$ sein, also $h_i = h_j$ über dem Körper aus
2 Elementen. Nach Konstruktion von H sind die Zeilen in H aber
paarweise verschieden.

Es bleibt zu zeigen, daß es einen Vektor in C gibt, der genau drei Einsen enthält. Da nach Konstruktion stets $h_1+h_2+h_3=0$ gilt, ist $x=(1,1,1,0,0,\ldots,0)$ eine Lösung von (1) mit $w(x)=3$.

Wegen h(C)=3=2·1+1 folgt e=1. Mit den so konstruierten Codes kann daher 1 Fehler korrigiert werden. Dies ist zunächst eine rein theoretische Aussage. Wie die Korrektur effektiv geschehen kann, werden wir später zeigen.

Aufgabe 11.3   Man zeige: Lineare Codes C mit w(C)=3 können 2 Fehler pro Wort erkennen (aber nicht notwendig korrigieren!).
Anleitung: Wegen w(C)=3 ist ein Wort $y\in K^n$ mit $h(y,x)=2$ für ein Codewort $x$ selber kein Codewort, also als fehlerhaft zu erkennen. (Für $y$ gilt aber u.U. ebenfalls $h(y,x')=2$ mit einem anderen Codewort $x'$. Deshalb ist $y$ nicht eindeutig als zu $x$ gehörig erkennbar).

Bisher haben wir angenommen, daß $n=2^q-1$ gilt. Die angegebene Konstruktion läßt sich aber auch durchführen, wenn n nicht diese Form hat. Dann wähle man eine Kontrollmatrix H mit n Zeilen und $\lceil ld(n+1)\rceil$ Spalten und schreibe wie bisher die Dualzahlen $1,\ldots,n$ als $\lceil ld(n+1)\rceil$-stellige Vektoren in die Zeilen $1,\ldots,n$. Z.B. erhält man für n=5 dann die nebenstehende Kontrollmatrix. Die vorangegangenen Betrachtungen und insbesondere Satz 11.6 gelten auch für diesen allgemeinen Fall. Lediglich die Perfektheit des Codes läßt sich nur im Falle $n=2^q-1$ beweisen:

$$H_1=\begin{pmatrix} 0 & 0 & 1 \\ 0 & 1 & 0 \\ 0 & 1 & 1 \\ 1 & 0 & 0 \\ 1 & 0 & 1 \end{pmatrix}$$

Satz 11.7   Falls $n=2^q-1$, so ist der als Lösungsmenge von (1) definierte Code C perfekt.

Beweis: C hat die Dimension n-q, also $2^{n-q}$ Elemente. Für jedes Element $x$ von C gilt: $|S_1(x)|=1+n$ .
Also werden durch die 1-Sphären genau $2^{n-q}(1+n)$ Elemente von $K^n$ überdeckt. Wegen $n=2^q-1$ folgt $2^{n-q}(1+n)=2^n$, d.h. es werden alle Elemente von $K^n$ überdeckt.

Im angegebenen Konstruktionsverfahren zur Erzeugung von linearen Codes und der spezielleren linearen perfekten Codes wurde noch nichts darüber ausgesagt, wie man die Lösungsgesamtheit von (1) effektiv bestimmt, d.h. wie man überhaupt codieren kann.
Da C gerade $2^{n-q}$ Elemente hat, jedes Element aber ein Vektor der Länge n im Vektorraum der Dimension n-q ist, hat man q Stellen

dieser Vektoren frei für Kontrollzwecke. Genauer bedeutet dies:
Schreibt man alle Codewörter untereinander, so gibt es in der re-
sultierenden $(2^{n-q} \times n)$-Matrix q Spalten, die aus den anderen n-q
Spalten linear kombiniert werden können. Diese n-q bzw. q Spalten
bestimmen die sog. Informations- bzw. Kontroll-Stellen der Codewörter. Die Bezeichnung rührt daher, daß sich aus den Informationsstellen die Kontrollstellen eindeutig berechnen lassen, so daß u.U.
aus den Kontrollstellen auf Übermittlungsfehler im Informationsteil zurückgeschlossen werden kann.

Zur effektiven Lösung des Codierungsproblems beginnen wir mit den
$2^{n-q}$ Vektoren der Länge n-q und ordnen durch Einfügen von Komponenten an geeigneten Stellen jedem dieser Vektoren $v$ einen Vektor
$x(v)$ der Länge n zu. Genauer führen wir in dem n-stelligen Vektor
$x(v)$ die q Stellen $1,2,4...,2^{q-1}$ als Kontrollstellen ein und berechnen diese Stellen mittels (1) aus dem gegebenen (n-q)-stelli-
gen Vektor $v$. Wir führen dies an einem Beispiel durch.

Beispiel 11.3   Sei n=7 und q=3.
Der Vektor $v=(1,1,0,0)$ wird nach Einfügung der zunächst durch Variablen besetzten Stellen 1,2 und 4 durch den Vektor
$x(v)=(p_1,p_2,1,p_3,1,0,0)$ codiert. $p_1,p_2,p_3$ lassen sich mittels (1)
in Abhängigkeit von $v$ wie folgt bestimmen:
Zunächst wird $x(v)$ mit der letzten Spalte von H skalar multipliziert. Das liefert

$$p_1 + 1 + 1 = 0, \quad \text{d.h.} \quad p_1 = 0.$$

Dann multipliziert man $x(v)$ mit der vorletzten Spalte von H.

$$p_2 + 1 = 0, \quad \text{d.h.} \quad p_2 = 1$$

Schließlich wird $x(v)$ mit der ersten Spalte von H multipliziert.

$$p_3 + 1 = 0, \quad \text{d.h.} \quad p_3 = 1$$

Also ist $x(v)=(0,1,1,1,1,0,0)$.
Entsprechend erhält man z.B. für $v=(0,1,1,1)$:

$$p_1 + 1 + 1 = 0$$
$$p_2 + 1 + 1 = 0$$
$$p_3 + 1 + 1 + 1 = 0$$

d.h. $x(v)=(0,0,0,1,1,1,1)$.

Durch diese Codierung erhält man wieder den Code aus Beispiel 11.2.

Wir hatten gesehen, daß man mit so konstruierten Codes <u>einen</u> Fehler korrigieren kann, die Frage nach der effektiven Durchführung dieser Korrektur war aber noch zurückgestellt worden. Nehmen wir nun an, der ankommende n-stellige Vektor $y$ hat einen Fehler gegenüber dem gesendeten Vektor $x=x(v)$. Dann gilt $y = x + u$, wobei $u$ ein Vektor mit genau einer 1 an der fehlerhaften Stelle, etwa der Stelle i, ist. Man bilde den sog. Korrekturvektor oder <u>Korrektor</u>

$$h := y \cdot H$$
$$= (x+u)H = x \cdot H + u \cdot H = 0 + u \cdot H = h_i.$$

Als Korrektor erhält man also die i-te Zeile von H. Da wir in der Kontrollmatrix die Zeilen nach steigenden Dualzahlen anordnet haben, sehe man nach, welche Dualzahl durch den Korrektor dargestellt wird. Diese gibt dann die Stelle des Fehlers in $y$ an. Die Korrektur erfolgt dann natürlich durch Abändern dieser Stelle. Wir betrachten dazu noch einmal Beispiel 11.3. Es werde $y=(1,1,1,1,0,0,0)$ empfangen. Dies ist kein Codewort, und die Frage ist nun, welcher Vektor gesendet wurde. Wir bilden $y \cdot H$ und erhalten $y \cdot H = (1,0,0)$. $(1,0,0)$ stellt die Zahl 4 dual dar, d.h. es liegt an der 4-ten Stelle im Codewort ein Fehler vor. Der korrigierte Vektor lautet also $x=(1,1,1,0,0,0,0)$. Der ursprünglich zu übermittelnde Vektor war also $v=(1,0,0,0)$, wie man einfach durch Fortlassen der Stellen 1,2,4 feststellt (Decodierung). Damit ist die Codierung, die Fehlersuche und die Decodierung beschrieben.

<u>Zusammenfassung:</u> Ausgehend von den $2^{n-q}$ (n-q)-stelligen Vektoren $v$ gehe man wie folgt vor:

1. Codiere auf der Senderseite den Vektor $v$ mit Hilfe der Matrix H zu $x(v)$.

2. Bilde auf der Empfängerseite den Korrektor $y \cdot H$ für den empfangenen Vektor $y$. Ist der Korrektor $\neq 0$, so korrigiere entsprechend der Berechnung.

3. Rekonstruiere $v$ durch Fortlassen der Komponenten $1,2,4,\ldots,2^{q-1}$ im korrigierten Vektor.

Die Praxis der Codierung, Decodierung und Fehlersuche ist für gewisse technische Disziplinen immens wichtig. Prinzipiell könnte man Tabellen der Codes anlegen und auf diese Tabellen zurückgreifen. Die damit verbundenen Schwierigkeiten werden bei Betrachtung des nächstgrößeren Hamming-Codes mit q=4 deutlich. Dann gilt näm-

lich $n=2^4-1=15$, und $K^n$ besteht aus $2^{15}=32768$ 15-Tupeln, während
der zugehörige Hamming-Code $2^{15-4}=2^{11}=2048$ Codewörter besitzt.
Eine Tabelle der Codewörter würde großen Speicherbedarf erfordern
und jede Codierung, Decodierung und Fehlersuche würde einen Vergleich mit 2048 Tabellenelementen erforderlich machen.
Die angegebene Codierung dagegen erfordert lediglich die Bildung
von $q=4$ Skalarprodukten der Länge 15, der gleiche Aufwand ist zur
Ermittlung des Korrektors nötig. Die Decodierung ist völlig trivial,
da lediglich Komponenten zu streichen sind.
So zeigt sich, daß hier Methoden der linearen Algebra eine wertvolle Hilfe bei der mathematischen Behandlung von Problemen bei
linearen Codes sind und daß diese theoretischen Überlegungen direkt
zu einem großen Nutzen für die Praxis führen. Die Durchführung der
oben geschilderten Verfahren mit Methoden der Datenverarbeitung ist
unproblematisch, da für die dabei verwendeten Standard-Techniken
(insbesondere die Bildung von Skalarprodukten) stets Programme existieren.

Aufgabe 11.4   Im (15,11) Hamming-Code codiere man die Vektoren
$(1,0,1,0,1,0,1,0,1,0,1)$ und $(1,1,1,1,1,1,1,0,0,0,0,0)$ nach dem angegebenen Verfahren. Welches Codewort wurde gesendet, wenn im empfangenen Wort $(0,0,0,0,0,0,0,1,1,1,1,1,1,0,1)$ höchstens ein Fehler vorliegt?
Lösung: Die Codierung über die hier 15-reihige Kontrollmatrix H
liefert $(1,0,1,1,0,1,0,0,1,0,1,0,1,0,1)$ bzw.
$(0,0,1,1,1,1,1,0,1,1,0,0,0,0,0)$. Die Multiplikation des empfangenen Worts mit der Kontrollmatrix zeigt, daß an der 14. Komponente
ein Fehler vorliegt. Also wurde $(0,0,0,0,0,0,0,1,1,1,1,1,1,1,1)$ gesendet.


11.7  Große Codes

Am Ende des letzten Abschnitts wurde erwähnt, daß bei wachsender
Codewortlänge n das Problem der Auswahl der Codeworte aus der Menge
$K^n$ der möglichen n-Tupel immer größer wird. Vernünftige große Codes
- darunter verstehen wir Codes mit vielen Codewörtern großer Länge -
sollten also so beschaffen sein, daß der Codierer die Möglichkeit
hat, die Codewörter nach gewissen Vorschriften zu berechnen, wobei
diese Berechnung möglichst durch einfache Schaltungen auf einer

Rechenanlage realisiert werden sollte. Ferner müßte der Decodierer in gleicher Weise leicht entscheiden können, ob ein empfangenes Wort ein Codewort ist und dieses dann decodieren können. Im Falle fehlererkennender oder fehlerkorrigierender Codes müßte zusätzlich die Erkennung bzw. Korrektur von Fehlern ähnlich leicht durchführbar sein.

Im letzten Abschnitt haben wir solche Probleme für eine große Klasse von Codes mit Methoden der linearen Algebra lösen können. Lineare Codes - insbesondere große lineare Codes - lassen sich aber noch weiter in spezielle Klassen unterteilen, und Codes in diesen einzelnen Klassen besitzen zum Teil zusätzliche Eigenschaften, die sich in der Praxis durchaus vorteilhaft auswirken können.

Zum Studium solcher spezieller Codes liefert die Algebra entscheidende Hilfsmittel. Wir wollen das beispielhaft aufzeigen, ohne hier alle benutzten Begriffe zu definieren und die zugrundeliegende Theorie zu erörtern.

Beispiel 11.4  Wir wählen einen (15,5)-Code über $K=\{0,1\}$, da hier noch eine manuelle Kontrolle möglich ist. In einem (15,5)-Code haben Codewörter die Länge 15, und es gibt 5 Informationsstellen, d.h. $2^5=32$ Codewörter. Man könnte mit einem solchen Code also z.B. das deutsche Alphabet verschlüsseln.

Bei der allgemeinen Codekonstruktion, die wir hier skizzieren wollen, wählt man $K=\{0,1,\ldots,p-1\}$ so, daß p Primzahl ist. Die Elemente aus $K^n$ werden als Polynome eines Grades $\leq n-1$ in einer Unbestimmten x mit Koeffizienten aus K interpretiert.

Wählen wir ein beliebiges sog. Hauptpolynom

$$f(x) = f_0 + f_1 \cdot x + f_2 \cdot x^2 + \ldots + f_n \cdot x^n \quad (f_i \in K)$$

vom Grade n für das folgende fest aus, so ergibt sich aus den Voraussetzungen, daß der Restklassenring der Polynome modulo f(x) aus genau $p^n$ verschiedenen Restklassen besteht, d.h. jedes Element aus $K^n$ läßt sich als Repräsentant einer Restklasse interpretieren. Dabei verabreden wir, daß $(a_1,\ldots,a_n) \in K^n$ als Polynom $a_1 + a_2 \cdot x + \ldots + a_n \cdot x^{n-1}$ interpretiert wird.

Wir wählen ein weiteres sog. Basispolynom g(x) aus diesem Repräsentantensystem so aus, daß f(x) durch g(x) teilbar ist. Es soll also eine Darstellung f(x)=g(x)h(x) mit einem Polynom h(x) über K existieren. Einen Code $C \subseteq K^n$ definieren wir nun dadurch, daß wir verabreden, daß genau alle die Polynome c(x) mod f(x) Codewörter sein sollen, für die ein Polynom $b(x)$ mod $f(x)$ mit $c(x)=g(x)b(x)$ existiert.

Besitzt $g(x)$ den Grad $q$, so erhält man für beliebige Wahl von $n-q$ Elementen $b_0, b_1, \ldots, b_{n-q-1} \in K$ durch Produktbildung

(2) $\qquad g(x)(b_0+b_1 \cdot x+b_2 \cdot x^2+ \ldots +b_{n-q-1} \cdot x^{n-q-1}) = c(x)$

alle Codewörter $c(x)$. Daher erhält man einen Code mit $p^{n-q}$ Codewörtern der Länge $n$.

Wegen (2) ist die Codierung leicht, denn man braucht zur Codierung nur zwei Polynome zu multiplizieren. Der Decodierer kann ebenfalls leicht erkennen, ob ein empfangenes Wort $c(x)$ ein Codewort ist, denn er muß nur testen, ob $c(x)$ durch $g(x)$ teilbar ist. Auch dem zu Beginn dieses Abschnitts erwähnten zweiten Gesichtspunkt der Realisierung dieser Rechenoperationen durch einfache Schaltungen wird Genüge getan. Für die Multiplikation und Division von Polynomen modulo eines gegebenen Polynoms lassen sich einfache Schaltungen angeben. Dazu sei auf P e t e r s o n [47] verwiesen.

Durch spezielle Wahl von $n$, $f(x)$ und $g(x)$ erhält man nun Codes mit besonders schönen Eigenschaften. Wählt man speziell $f(x) = x^n - 1$, so erhält man sog. zyklische Codes, die zu den handlichsten und leistungsfähigsten bekannten Codes zählen. Die Bezeichnung zyklischer Code wird durch folgenden Satz motiviert.

Satz 11.8  C sei zyklischer Code. Dann gilt:

$$(a_1, \ldots, a_n) \in C \rightarrow (a_n, a_1, a_2, \ldots, a_{n-1}) \in C$$

(d.h. zyklische Vertauschung der Komponenten eines Codeworts liefert wieder ein Codewort.)

Die Idee des Beweises ist die Überlegung, daß die Multiplikation eines Vektors $(a_1, \ldots, a_n) \in C$ (als Polynom interpretiert) mit $x$ das gleiche ist wie eine zyklische Verschiebung der Komponenten des Vektors $(a_1, \ldots, a_n)$.

Man kann ferner leicht zeigen, daß alle zyklischen Codes insbesondere lineare Codes sind, und damit $(n, n-q)$-Codes. Es gelten also die in Abschnitt 11.4 hergeleiteten Sätze über lineare Codes auch für zyklische Codes.

Wir wollen an dieser Stelle erstmals auf Beispiel 11.4 eingehen. Einen zyklischen $(15,5)$-Code über $K=\{0,1\}$ können wir konstruieren, indem wir $f(x)=x^{15}-1(=x^{15}+1)$ setzen und $g(x)$ als Polynom vom Grade

10 wählen.

Wegen

$$x^{15}+1 = (1+x+x^3+x^5)(1+x+x^2+x^4+x^5+x^8+x^{10})$$

wählen wir

$$g(x) = 1+x+x^2+x^4+x^5+x^8+x^{10}$$
$$= (1+x+x^4)(1+x+x^2+x^3+x^4)(1+x+x^2).$$

Ein Element aus $K^5$, z.B. $(0,1,0,1,1)$ wird nun wie folgt codiert. Man interpretiert $(0,1,0,1,1)$ als Polynom $x+x^3+x^4$, bildet

$$g(x)(x+x^3+x^4) = x+x^2+x^5+x^7+x^{12}+x^{13}+x^{14}$$

und erhält für $(0,1,0,1,1)$ damit das Codewort

$$(0,1,1,0,0,1,0,1,0,0,0,0,1,1,1).$$

Da der Code zyklisch ist, weiß man nun schon, daß auch die folgenden Vektoren Codewörter sind:

$$(1,0,1,1,0,0,1,0,1,0,0,0,0,1,1)$$
$$(1,1,0,1,1,0,0,1,0,1,0,0,0,0,1)$$
$$(1,1,1,0,1,1,0,0,1,0,1,0,0,0,0)$$

$$\text{usw.}$$

Will der Decodierer überprüfen, ob z.B.

$$x = (1,1,1,1,0,1,1,0,0,0,1,1,1,1,0)$$

ein Codewort ist, so wird das dadurch gegebene Polynom

$$x^{13}+x^{12}+x^{11}+x^{10}+x^6+x^5+x^3+x^2+x+1$$

durch $g(x)$ dividiert. Es ergibt sich (Rechnung mod 2!):

$$(x^{13}+x^{12}+x^{11}+x^{10}+x^6+x^5+x^3+x^2+x+1):(x^{10}+x^8+x^5+x^4+x^2+x+1)=x^3+x^2$$
$$\underline{x^{13}+x^{11}+x^8+x^7+x^5+x^4+x^3} \qquad\qquad \text{Rest}$$
$$\qquad\qquad\qquad\qquad\qquad\qquad\qquad\qquad x^8+x^3+x+1$$
$$\qquad x^{12}+x^{10}+x^8+x^7+x^6+x^4+x^2+1$$
$$\qquad \underline{x^{12}+x^{10}+x^7+x^6+x^4+x^3+x^2}$$
$$\qquad\qquad x^8+x^3+x+1$$

Da sich ein Rest $\neq 0$ ergibt, ist $x$ kein Codewort.

Eine weitere Unterteilung der zyklischen Codes ergibt sich durch spezielle Wahl der Codewortlänge n und des Basispolynoms g(x). Zunächst einige Worte zur Codewortlänge n. Zur Konstruktion eines zyklische Codes müssen nicht-triviale Teiler g(x) von $x^n-1$ gefunden werden. [1] Dieses Suchen kann durchaus problematisch sein. Für gewisse Spezialfälle von n gibt es jedoch einfache Algorithmen zur Berechnung der Teiler von $x^n-1$. Das gilt insbesondere dann, wenn n die Form $p^k-1$ ($k \in \mathbb{N}$) hat, wobei p die Primzahl mit $p=|K|$ ist. Deshalb haben große Codes häufig eine Länge dieser Form. Auch in unserem Beispiel haben wir $n=15=2^4-1$ gewählt.

Unter dieser Voraussetzung für n wollen wir nun noch zwei Spezialisierungen des Basispolynoms g(x) betrachten.

1. Hamming-Codes

Kann man g(x) als primitives Polynom [2] vom Grade q=k wählen, so erhält man die im letzten Abschnitt besprochenen Hamming-Codes, die also insbesondere zyklische Codes sind. Wir hatten sie dort als Codes der Länge $n=2^q-1$ speziell über $K=\{0,1\}$ betrachtet. In diesem Fall bestehen sie aus $2^{n-q}$ Codewörtern und besitzen q Kontrollstellen.

Den in Beispiel 11.2 vorgestellten Hamming-Code mit n=7 und q=3 erhält man z.B., indem man g(x) als das primitive Polynom $1+x+x^3$ wählt. Man muß allerdings beachten, daß in der früher gegebenen Tabelle der Codewörter Spaltenvertauschungen vorgenommen werden müssen, die den Code im Prinzip aber nicht verändern.

Ein Hamming-Code ist auch für beliebige k für einfache Fehler fehlerkorrigierend, und er kann zweifache Fehler erkennen (vgl. Aufgabe 11.3). Eine Methode zur Fehlerkorrektur im Fall k=2 wurde im letzten Abschnitt angegeben.

2. BCH-Codes

Sei g(x) ein Produkt

$$g(x) = g_1(x)g_2(x) \ldots g_e(x)$$

von Polynomen, die folgenden Bedingungen genügen:

---

[1] Dazu sei auf die Theorie der Kreisteilungspolynome verwiesen (vgl. z.B. v a n   d e r   W a e r d e n [57]), wo auch die in Fußnote 2 benutzten Begriffe Einheitswurzel und primitive Einheitswurzel erläutert werden.

[2] In diesem Zusammenhang heißt ein Polynom primitiv, wenn es eine primitive n-te Einheitswurzel als Nullstelle besitzt.

(i)     $g_1(x)$ sei ein beliebiges primitives Polynom mit einer Null-
        stelle $\alpha$.

(ii)    Für $i = 2, 3, \ldots, e$ sei $g_i(x)$ jeweils das Minimalpolynom [1]
        des Elements $\alpha^{2i-1}$.

(iii)   $g(x)$ sei ein Teiler von $x^n - 1$.

Die Existenz solcher Polynome $g(x)$ ist nur in wenigen Spezialfällen
gesichert, über die man mit Hilfe von Sätzen der Algebra Auskunft
erhält.

Der von $g(x)$ aufgebaute Code heißt dann ein Bose-Chaudhuri-
Hocquenghem-Code, kurz BCH-Code. [2]

Für die hier definierten BCH-Codes kann man zeigen, daß mit ihnen
e Fehler korrigiert werden können. Ferner kann man für $K = \{0, 1\}$ zeigen, daß es zu vorgegebenen natürlichen Zahlen q und e einen BCH-
Code der Länge $2^q - 1$ gibt, der bis zu e Fehler korrigiert und nicht
mehr als $q \cdot e$ Kontrollstellen benötigt.

Unser gewähltes Beispiel 11.4 eines (15,5)-Codes erweist sich nun
als spezieller BCH-Code. In der bereits angegebenen Zerlegung

$$g(x) = (1 + x + x^4)(1 + x + x^2 + x^3 + x^4)(1 + x + x^2)$$

ist $g_1(x) = 1 + x + x^4$ ein primitives Polynom. Ist $\alpha$ eine Nullstelle von
$g_1(x)$ im endlichen Körper mit $2^4$ Elementen, so ergeben sich mit
Hilfe der Algebra die Minimalpolynome $g_2(x) = 1 + x + x^2 + x^3 + x^4$ für $\alpha^3$
und $g_3(x) = 1 + x + x^2$ für $\alpha^5$. Das motiviert auch die angegebene Fakto-
risierung von $g(x)$.

Es sei angemerkt, daß die Codewortlänge n in einem BCH-Code i.a.
nicht vorgegeben wird, sondern daß man sie aus dem sog. Generator-
polynom $g_1(x)$ vom Grade m ableitet zu $n = 2^m - 1$. Bei großen Codes
muß man sich in der Wahl der Codewort-Länge also i.a. den mathematischen Gegebenheiten anpassen. Generatorpolynome lassen sich
leicht aus aufgestellten umfangreichen Tabellen entnehmen (siehe
z.B. M a r s h [38]). Unser (15,5)-Code ist also ein Code, mit
dem 3 Fehler korrigiert werden können. Wie diese Korrektur im einzelnen durchgeführt wird, können wir hier nicht darstellen. Dazu

---

[1] $g_i(x)$ ist dann das normierte Polynom kleinsten Grades mit
Koeffizienten aus dem Grundkörper K, für das $g_i(\alpha^{2i-1}) = 0$
gilt

[2] Man betrachtet auch allgemeinere BCH-Codes, die mit nicht
primitivem $g_1(x)$ aufgebaut sind.

sei auf die einschlägige Literatur verwiesen, z.B. P e t e r s o n
[47] und  v a n  L i n t [35]. Auf jeden Fall läßt sich die Korrektur wegen der systematischen inneren Struktur dieser Codes leicht
durch Schaltungen realisieren.

Am Schluß haben wir in einer Tabelle die Codewörter des als Beispiel gewählten (15,5)-Codes aufgelistet. Für diesen Code muß
$w(C)=h(C)$ nach Satz 11.2 gelten. $h(C) \geqslant 7$ ergibt sich notwendiger-
weise wegen der 3-fachen Fehlerkorrektur. Der Tabelle entnimmt man
zusätzlich $w(C)=h(C)=7$.

Die Numerierung der Codewörter wurde so vorgenommen, daß Codewort
1 der Nullvektor ist, Codewort 2 gerade $g(x)$. Die Codewörter
3 - 16 entstehen aus Codewort 2 durch zyklische Verschiebung (d.h.
Multiplikation von $g(x)$ mit $x$, $x^2$, ..., $x^{14}$ und Reduktion mod $x^{15}+1$).
Für $i=17,...,31$ ergibt sich Codewort i jeweils durch Komplementie-
rung des Codeworts $i-15$.

Zu den Anwendungsmöglichkeiten solcher Codes sei zum Schluß erwähnt, daß beispielsweise vom Satelliten MARINER 69 Informationen
in einem binären (32,6)-Code zur Erde gesendet wurden. Zugrundege-
legt wurde ein zyklischer - und damit linearer - Code mit 6 Informationsstellen und 26 Kontrollstellen, der dann so ausgewählt
wurde, daß spezielle Codier- und Decodiereigenschaften vorhanden
waren. Aufgrund der in der Codierungstheorie gegebenen weiteren
Klassifizierung solcher Codes bezeichnet man den verwendeten Code
als (32,6) biorthogonalen Reed-Muller-Code. Zur näheren Erläuterung darüber, weshalb gerade dieser Code beim MARINER 69 Projekt
gewählt wurde und wie die Codierung und Decodierung mathematisch
und technisch realisiert wurde, sei auf die Arbeit von P o s n e r
[48] verwiesen.

Tabelle der Codewörter eines (15,5)-BCH-Codes mit Basispolynom

$$g(x) = 1+x+x^2+x^4+x^5+x^8+x^{10}$$

| Codewort Nr. | Codewörter | | | | | | | | | | | | | | |
|---|---|---|---|---|---|---|---|---|---|---|---|---|---|---|---|
| 1  | 0 | 0 | 0 | 0 | 0 | 0 | 0 | 0 | 0 | 0 | 0 | 0 | 0 | 0 | 0 |
| 2  | 1 | 1 | 1 | 0 | 1 | 1 | 0 | 0 | 1 | 0 | 1 | 0 | 0 | 0 | 0 |
| 3  | 1 | 1 | 0 | 1 | 1 | 0 | 0 | 1 | 0 | 1 | 0 | 0 | 0 | 0 | 1 |
| 4  | 1 | 0 | 1 | 1 | 0 | 0 | 1 | 0 | 1 | 0 | 0 | 0 | 0 | 1 | 1 |
| 5  | 0 | 1 | 1 | 0 | 0 | 1 | 0 | 1 | 0 | 0 | 0 | 0 | 1 | 1 | 1 |
| 6  | 1 | 1 | 0 | 0 | 1 | 0 | 1 | 0 | 0 | 0 | 0 | 1 | 1 | 1 | 0 |
| 7  | 1 | 0 | 0 | 1 | 0 | 1 | 0 | 0 | 0 | 0 | 1 | 1 | 1 | 0 | 1 |
| 8  | 0 | 0 | 1 | 0 | 1 | 0 | 0 | 0 | 0 | 1 | 1 | 1 | 0 | 1 | 1 |
| 9  | 0 | 1 | 0 | 1 | 0 | 0 | 0 | 0 | 1 | 1 | 1 | 0 | 1 | 1 | 0 |
| 10 | 1 | 0 | 1 | 0 | 0 | 0 | 0 | 1 | 1 | 1 | 0 | 1 | 1 | 0 | 0 |
| 11 | 0 | 1 | 0 | 0 | 0 | 0 | 1 | 1 | 1 | 0 | 1 | 1 | 0 | 0 | 1 |
| 12 | 1 | 0 | 0 | 0 | 0 | 1 | 1 | 1 | 0 | 1 | 1 | 0 | 0 | 1 | 0 |
| 13 | 0 | 0 | 0 | 0 | 1 | 1 | 1 | 0 | 1 | 1 | 0 | 0 | 1 | 0 | 1 |
| 14 | 0 | 0 | 0 | 1 | 1 | 1 | 0 | 1 | 1 | 0 | 0 | 1 | 0 | 1 | 0 |
| 15 | 0 | 0 | 1 | 1 | 1 | 0 | 1 | 1 | 0 | 0 | 1 | 0 | 1 | 0 | 0 |
| 16 | 0 | 1 | 1 | 1 | 0 | 1 | 1 | 0 | 0 | 1 | 0 | 1 | 0 | 0 | 0 |
| 17 | 0 | 0 | 0 | 1 | 0 | 0 | 1 | 1 | 0 | 1 | 0 | 1 | 1 | 1 | 1 |
| 18 | 0 | 0 | 1 | 0 | 0 | 1 | 1 | 0 | 1 | 0 | 1 | 1 | 1 | 1 | 0 |
| 19 | 0 | 1 | 0 | 0 | 1 | 1 | 0 | 1 | 0 | 1 | 1 | 1 | 1 | 0 | 0 |
| 20 | 1 | 0 | 0 | 1 | 1 | 0 | 1 | 0 | 1 | 1 | 1 | 1 | 0 | 0 | 0 |
| 21 | 0 | 0 | 1 | 1 | 0 | 1 | 0 | 1 | 1 | 1 | 1 | 0 | 0 | 0 | 1 |
| 22 | 0 | 1 | 1 | 0 | 1 | 0 | 1 | 1 | 1 | 1 | 0 | 0 | 0 | 1 | 0 |
| 23 | 1 | 1 | 0 | 1 | 0 | 1 | 1 | 1 | 1 | 0 | 0 | 0 | 1 | 0 | 0 |
| 24 | 1 | 0 | 1 | 0 | 1 | 1 | 1 | 1 | 0 | 0 | 0 | 1 | 0 | 0 | 1 |
| 25 | 0 | 1 | 0 | 1 | 1 | 1 | 1 | 0 | 0 | 0 | 1 | 0 | 0 | 1 | 1 |
| 26 | 1 | 0 | 1 | 1 | 1 | 1 | 0 | 0 | 0 | 1 | 0 | 0 | 1 | 1 | 0 |
| 27 | 0 | 1 | 1 | 1 | 1 | 0 | 0 | 0 | 1 | 0 | 0 | 1 | 1 | 0 | 1 |
| 28 | 1 | 1 | 1 | 1 | 0 | 0 | 0 | 1 | 0 | 0 | 1 | 1 | 0 | 1 | 0 |
| 29 | 1 | 1 | 1 | 0 | 0 | 0 | 1 | 0 | 0 | 1 | 1 | 0 | 1 | 0 | 1 |
| 30 | 1 | 1 | 0 | 0 | 0 | 1 | 0 | 0 | 1 | 1 | 0 | 1 | 0 | 1 | 1 |
| 31 | 1 | 0 | 0 | 0 | 1 | 0 | 0 | 1 | 1 | 0 | 1 | 0 | 1 | 1 | 1 |
| 32 | 1 | 1 | 1 | 1 | 1 | 1 | 1 | 1 | 1 | 1 | 1 | 1 | 1 | 1 | 1 |

Literaturverzeichnis

[1] ABRAHAM, C.T., GHOSH, S.P., RAY-CHAUDHURI, D.K., File organization schemes based on finite geometries, Inform. and Control $\underline{12}$, 1968, 143-163

[2] AHO, A.V., HOPCROFT, J.E., ULLMAN, J.D., The design and analysis of computer algorithms, Reading (Mass.) etc., 1974

[3] AIGNER, M., Kombinatorik, Berlin-Heidelberg-New York, 1975

[4] ASSMUS, E.F., MATTSON, H.F., On Tactical Configurations and Error-Correcting Codes, J. of Combinatorial Theory 2, 1967, 243-257

[5] BAUER, F.L., GOOS, G., Informatik, Erster Teil, Heidelberg, New York, 1971

[6] BERGE, C., GHOUILA-HOURI, A., Programme, Spiele, Transport-netze 2., Leipzig, 1969

[7] BIRKHOFF, G., BARTEE, T.C., Angewandte Algebra, München-Wien, 1973

[8] BOSE, R.C., SHRIKHANDE, S.S., PARKER, E.T., Further results on the construction of mutually orthogonal Latin squares and the falsity of Euler's conjecture, Canad. Jour. Math. $\underline{12}$, 1960, 189-203

[9] COMTET, L., Advanced Combinatorics, Dordrecht-Boston, 1974

[10] DÖRFLER, W., MÜHLBACHER, J., Graphentheorie für Informatiker, Berlin-New York, 1973

[11] DWORATSCHEK, S., Einführung in die Datenverarbeitung 4., Berlin-New York, 1971

[12] ESCHER, G., Branch and Bound-Eine Einführung, in:WEINBERG, F., Branch and Bound-Eine Einführung, Berlin-Heidelberg-New York, 1973

[13] EVEN, S., Combinatorics, New York, London, 1973

[14] FELLER, W., An introduction to probability theory and its applications, Volume I, 3rd Edition, New York, London, Sydney, 1968

[15] FORD, L.R., FULKERSON, D.R., Flows in networks, Princeton (N. Jersey), 1962

[16] GERICKE, H., Theorie der Verbände, 2. Aufl., Mannheim, 1967

[17] GOMORY, R.E., An Algorithm for Integer Solutions to Linear Programs, in: GRAVES, R.L., WOLFE, P., Recent Advances in Mathematical Programming, New York-San Francisco-Toronto-London, 1963

[18] GÖRKE, W., Fehlerdiagnose digitaler Schaltungen, Stuttgart, 1973

[19] HALL, M., Combinatorial Theory, Toronto-London, 1967

[20] HALMOS, P.R., Naive Mengenlehre, 3. Aufl., Göttingen, 1972

[21] HARARY, F., Graph Theory, London, 1969

[22] HENN, R., KÜNZI, H.P., Einführung in die Unternehmensforschung II, Berlin-Heidelberg-New York, 1968

[23] HERMES, H., Aufzählbarkeit, Entscheidbarkeit, Berechenbarkeit, 2. Aufl., Berlin-Heidelberg-New York, 1971

[24] HERMES, H., Einführung in die mathematische Logik, 3. Aufl., Stuttgart, 1972

[25] JAGLOM, A.M., JAGLOM, I.M., Wahrscheinlichkeit und Information, Berlin, 1960

[26] KAERKES, R., Netzplantheorie, Proceedings in O.R., $\underline{3}$, Würzburg, 1973

[27] KAMEDA, T., WEIHRAUCH, K., Einführung in die Codierungstheorie I, Mannheim, Wien, Zürich, 1973

[28] KARP, R.M., Reducibility among combinatorial problems, in: Complexity of computer computations, ed. MILLER, R.E., THATCHER, J.W., New York, London, 1972, 85-103

[29] KNÖDEL, W., Graphentheoretische Methoden und ihre Anwendungen, Berlin-Heidelberg-New York, 1969

[30] KNUTH, D.E., The art of computer programming, Vol 1/ Fundamental Algorithms, 2nd Printing, Reading (Mass.) etc., 1973, Vol 3/ Sorting and Searching, Reading (Mass.) etc., 1973

[31] KOWALSKY, H.-J., Einführung in die lineare Algebra, 2., Berlin-New York, 1974

[32] LAND, A.H., DOIG, A.G., An Automatic Method of Solving Discrete Programming Problems, Econometrica 28, 1960, 497-520

[33] LAUTENBACH, K., SCHMID, H.A., Use of Petri nets for proving correctness of concurrent process systems, in: Information Processing 74, ed. ROSENFELD, J.L., Amsterdam, London, New York, 1974, 187-191

[34] LINDER, A., Planen und Auswerten von Versuchen, 4. Aufl., Basel, 1964

[35] van LINT, J.H., Coding Theory, Berlin-Heidelberg-New York, 1971

[36] LITTLE, J.D.C., MURTY, K.G., SWEENEY, D.W., KAREL, C., An Algorithm for the Traveling Salesman Problem, Operations Research 11, 1963, 972-989

[37] LIU, C.L., Introduction to Combinatorial Mathematics, New York-St.Louis-San Francisco-Toronto-London-Sydney, 1968

[38] MARSH, R.W., Table of Irreducible Polynomials over GF(2) Through Degree 19, Washington, 1957

[39] MAURER, H., Datenstrukturen und Programmierverfahren, Stuttgart, 1974

[40] MC.CLUSKEY, E.J., Introduction to the Theory of Switching Circuits, New York-St.Louis-San Francisco-Toronto-London-Sydney, 1965

[41] MEHLHORN, K., Nearly optimal binary search trees, Acta Inform. 5, 1975, 287-295

[42] MOON, J.W., Various Proofs of Cayley's Formula for Counting Trees, in: HARARY, F., A Seminar on Graph Theory, New York, 1967

[43] MOON, J.W., Topics on Tournaments, New York-Chicago-San Francisco-Atlanta-Dallas-Montreal-Toronto-London, 1968

[44] NEUMANN, K., Dynamische Optimierung, Mannheim, 1969

[45] NIVEN, I., Formal power series, Amer. Math. Monthly 76, 1969, 871-889

[46] NOLTEMEIER, H., Datenstrukturen und höhere Programmiertechniken, Berlin, New York, 1972

[47] PETERSON, W.W., Prüfbare und korrigierbare Codes, München, Wien, 1967

[48] POSNER, E.C., Combinatorial structures in planetary reconnaissance, in: Error correcting codes, MANN, H.B. (ed.), New York etc., 1968, 15-46

[49] PREPARATA, F.P., YEH, R.T., Introduction to Discrete Structures, Reading-Menlo Park-London-Don Mills, 1973

[50] RIORDAN, J., An Introduction to Combinatorial Analysis, New York, 1958

[51] RYSER, H.J., Combinatorial Mathematics, 2., Rahway, 1965

[52] SACHS, H., Einführung in die Theorie der endlichen Graphen, Teil I, Leipzig, 1970

[53] SALOMAA, A., Formal languages, New York, London, 1973

[54] SCHROFF, R., Vermeidung von totalen Verklemmungen in bewerteten Petrinetzen, Dissertation TU München, 1974

[55] SCHUBERT, H., Kategorien I, Berlin-Heidelberg-New York, 1970

[56] THAYSE, A., Boolean differential calculus and its application to switching theory, IEEE Trans.Computers C-22,4 , 1973, 409-420

[57] van der WAERDEN, B.L., Algebra I, 8. Aufl., Berlin-Heidelberg-New York, 1971

[58] WARSHALL, S., A Theorem on Boolean Matrices, J.Assoc.Comput. Mach. 9, 1962, 11-12

[59] WEDEKIND, H., Datenorganisation, Berlin, 1970

[60] WIRTH, N., Algorithmen und Datenstrukturen, Stuttgart, 1975

[61] WOROBJOW, N.N., Die Fibonaccischen Zahlen, Berlin, 1971

[62] ZIMA, H., Betriebssysteme - Parallele Prozesse, Zürich, 1976

[63] ZIMMERMANN, H.J., Netzplantechnik, Berlin, New York, 1971

Ferner als Urform dieses Buches

[64] OBERSCHELP, W., WILLE, D., Diskrete Strukturen, Schriften zur Informatik und Angewandten Mathematik Nr. 16, Aachen, 1974

# Sachverzeichnis